高等院校电子信息类专业规划教材

电工电子技术实验教程

朱建华　董桂丽　主　编
陈正伟　周　律　副主编

电子工业出版社
Publishing House of Electronics Industry
北京·BEIJING

内容简介

本书是基于培养高素质应用型人才的目的，结合工程教育专业论证的毕业要求，依托高等院校工科电类、非电类专业相关课程的要求而编写的实验类课程教材。

本教材的内容涉及电路原理实验、模拟电子技术实验、数字电子技术实验、仿真实验和可编程逻辑器件示例等。根据专业及学时的不同，可对实验内容进行不同的组合，以满足不同专业电工电子学实验教学不同学时的需要。

本书可作为工科电类及非电类专业学生学习电工电子系列课程的实验教材，也可供从事电工电子技术研究和开发的工程技术人员参考。

未经许可，不得以任何方式复制或抄袭本书之部分或全部内容。

版权所有，侵权必究。

图书在版编目（CIP）数据

电工电子技术实验教程/朱建华，董桂丽主编．—北京：电子工业出版社，2018.12
ISBN 978-7-121-35805-0

Ⅰ．①电… Ⅱ．①朱… ②董… Ⅲ．①电工技术-实验-高等学校-教材 ②电子技术-实验-高等学校-教材 Ⅳ．①TM-33 ②TN-33

中国版本图书馆 CIP 数据核字（2018）第 292029 号

策划编辑：贺志洪
责任编辑：贺志洪
印　　刷：三河市华成印务有限公司
装　　订：三河市华成印务有限公司
出版发行：电子工业出版社
　　　　　北京市海淀区万寿路 173 信箱　邮编：100036
开　　本：787×1092　1/16　印张：14.75　字数：377.6 千字
版　　次：2018 年 12 月第 1 版
印　　次：2018 年 12 月第 1 次印刷
定　　价：39.80 元

凡所购买电子工业出版社图书有缺损问题，请向购买书店调换。若书店售缺，请与本社发行部联系。联系及邮购电话：(010) 88254888, (010) 88258888。
质量投诉请发邮件至 zlts@phei.com.cn，盗版侵权举报请发邮件至 dbqq@phei.com.cn。
本书咨询联系方式：(010) 88254609；hzh@plei.com.cn。

前　言

随着现代科学技术的飞速发展，电工与电子技术得到了越来越多的应用。电路原理、模拟电子技术、数字电子技术、电工电子学等课程是高等工科院校理工科电类及非电类的专业基础课程，《电工电子技术实验教程》是配合上述课程编写的实验指导书。

本书是编者在多年实验教学改革和科研工作的基础上，结合工程教育专业论证的毕业要求，参阅大量电工及电子技术相关实验教材后编写而成的。在实验教学内容和方法上突出能力培养，减少了传统的验证型实验，增加了综合应用型及设计型等开放性实验。全书共分为5篇，由15章组成：第1篇为电子技术实验基础，共2章；第2篇为电路原理实验，共3章；第3篇为模拟电子技术实验，共3章；第4篇为数字电子技术实验，共3章；第5篇为仿真及编程实验。根据专业及学时的不同，可对实验内容进行不同的组合，以满足不同专业、不同学时对电工电子技术实验教学的需要。

本书第1章由周律编写，第2~8章由朱建华编写，第9~13章以及第15章由董桂丽编写，第14章由陈正伟编写，最后由朱建华统稿。

在本书编写过程中参考了刘浏、裘君英主编的《电工电子学实验教程》，参考了相关文献和相关企业的公开资料，在此向两位作者及相关文献和资料的作者表示衷心的感谢。本书出版过程中得到了电子工业出版社的大力支持，在此深表感谢。

由于编者水平有限，加之时间仓促，书中难免存在疏漏及不足之处，敬请读者指正，以便不断改进。

朱建华　董桂丽
2018年5月于杭州

目 录

第1篇 电子技术实验基础

第1章 实验基础知识 ··· 1
  1.1 概述 ··· 1
    1.1.1 实验基本情况 ·· 1
    1.1.2 实验过程 ··· 2
    1.1.3 实验报告 ··· 3
    1.1.4 实验守则 ··· 3
  1.2 常用元器件简介 ··· 4
    1.2.1 电阻器 ··· 4
    1.2.2 电容器 ··· 7
    1.2.3 晶体管器件 ··· 9
  1.3 误差分析与数据处理 ·· 12
    1.3.1 测量误差的表示方法 ·· 12
    1.3.2 误差的来源与分类 ·· 14
    1.3.3 测量结果的处理 ·· 15

第2章 常用仪器仪表 ··· 18
  2.1 数字万用表 ··· 18
  2.2 交流毫伏表 ··· 20
    2.2.1 主要技术指标 ·· 20
    2.2.2 使用及注意事项 ·· 20
  2.3 函数信号发生器 ··· 21
    2.3.1 性能特点 ··· 21
    2.3.2 使用说明 ··· 22
    2.3.3 使用举例 ··· 22
  2.4 数字存储示波器 ··· 23
    2.4.1 数字存储示波器简介 ·· 23
    2.4.2 功能检查 ··· 23
    2.4.3 数字存储示波器面板和用户界面 ··· 25
    2.4.4 数字示波器的一般操作 ·· 25

第2篇 电路原理实验

第3章 电路原理验证型实验 ·· 29

3.1 戴维南定理与诺顿定理 ... 29
3.1.1 实验原理 ... 29
3.1.2 实验方法 ... 30
3.1.3 实验报告 ... 31
3.2 网络等效变换 ... 31
3.2.1 实验原理及参考电路 ... 31
3.2.2 实验方法 ... 33
3.2.3 实验报告 ... 34
3.3 三相对称与不对称交流电路电压、电流测量 ... 34
3.3.1 实验原理 ... 35
3.3.2 实验方法 ... 37
3.3.3 实验数据 ... 37
3.3.4 实验报告 ... 38

第4章 电路原理综合设计型实验 ... 39
4.1 线性与非线性电阻元件的伏安特性测定 ... 39
4.1.1 实验原理 ... 39
4.1.2 实验内容 ... 40
4.1.3 实验数据（数据填入相应表格） ... 41
4.1.4 注意事项 ... 42
4.1.5 实验报告 ... 42
4.2 CCVS及VCCS受控源的实验研究 ... 42
4.2.1 实验原理 ... 42
4.2.2 实验方法 ... 43
4.2.3 实验报告 ... 45
4.3 线性无源二端口网络的研究 ... 45
4.3.1 实验原理 ... 46
4.3.2 实验内容 ... 48
4.3.3 实验报告 ... 49

第5章 电路原理应用提高型实验 ... 50
5.1 日光灯功率因数提高方法研究 ... 50
5.1.1 实验原理 ... 50
5.1.2 实验方法 ... 51
5.1.3 实验报告 ... 52
5.2 串联谐振 ... 52
5.2.1 实验原理 ... 53
5.2.2 实验内容 ... 55
5.2.3 实验报告 ... 56
5.3 一阶RC电路的暂态响应 ... 56
5.3.1 实验原理 ... 56

  5.3.2　实验内容 …………………………………………………………………… 57
  5.3.3　实验报告 …………………………………………………………………… 59

第3篇　模拟电子技术实验

第6章　模拟电子技术验证型实验 …………………………………………………… 60
 6.1　常用仪器仪表的使用 ……………………………………………………………… 60
  6.1.1　实验原理 …………………………………………………………………… 60
  6.1.2　实验方法 …………………………………………………………………… 62
  6.1.3　实验报告 …………………………………………………………………… 64
 6.2　晶体管单管放大电路 ……………………………………………………………… 64
  6.2.1　实验原理 …………………………………………………………………… 64
  6.2.2　实验方法 …………………………………………………………………… 67
  6.2.3　实验报告 …………………………………………………………………… 69
 6.3　场效应管放大器 …………………………………………………………………… 69
  6.3.1　实验原理及参考电路 ……………………………………………………… 69
  6.3.2　实验方法 …………………………………………………………………… 71
  6.3.3　实验报告要求 ……………………………………………………………… 72
 6.4　射极跟随器 ………………………………………………………………………… 72
  6.4.1　实验原理 …………………………………………………………………… 73
  6.4.2　实验过程 …………………………………………………………………… 74
  6.4.3　实验总结 …………………………………………………………………… 75
 6.5　差动放大电路 ……………………………………………………………………… 76
  6.5.1　实验原理及参考电路 ……………………………………………………… 76
  6.5.2　实验内容 …………………………………………………………………… 77
  6.5.3　实验报告 …………………………………………………………………… 79

第7章　模拟电子技术应用提高型实验 ……………………………………………… 80
 7.1　负反馈放大器 ……………………………………………………………………… 80
  7.1.1　实验原理及参考电路 ……………………………………………………… 80
  7.1.2　实验内容 …………………………………………………………………… 82
  7.1.3　实验报告 …………………………………………………………………… 83
 7.2　低频OTL功率放大器 …………………………………………………………… 83
  7.2.1　实验原理 …………………………………………………………………… 84
  7.2.2　实验过程 …………………………………………………………………… 85
  7.2.3　实验总结 …………………………………………………………………… 86
 7.3　集成运放组成的基本运算电路设计 ……………………………………………… 87
  7.3.1　实验原理及参考电路 ……………………………………………………… 87
  7.3.2　实验内容 …………………………………………………………………… 89
  7.3.3　实验报告 …………………………………………………………………… 90
 7.4　RC正弦波振荡电路设计 ………………………………………………………… 90

  7.4.1 实验原理及参考电路 ………………………………………………… 91
  7.4.2 实验过程 ……………………………………………………………… 91
  7.4.3 实验报告 ……………………………………………………………… 92
 7.5 集成运放组成的波形发生器 ………………………………………………… 92
  7.5.1 实验原理及参考电路 ………………………………………………… 92
  7.5.2 实验过程 ……………………………………………………………… 94
  7.5.3 实验报告 ……………………………………………………………… 94
 7.6 集成运放组成的有源滤波器设计 …………………………………………… 94
  7.6.1 实验原理 ……………………………………………………………… 95
  7.6.2 实验内容 ……………………………………………………………… 98
  7.6.3 实验报告 ……………………………………………………………… 98
 7.7 集成运放组成的比较器 ……………………………………………………… 98
  7.7.1 工作原理与参考电路 ………………………………………………… 99
  7.7.2 实验设备 ……………………………………………………………… 101
  7.7.3 实验过程 ……………………………………………………………… 101
  7.7.4 实验注意事项 ………………………………………………………… 101
  7.7.5 实验报告要求 ………………………………………………………… 101

第8章 模拟电子技术综合设计型实验 ………………………………………… 102
 8.1 集成功率放大电路设计 ……………………………………………………… 102
  8.1.1 工作原理 ……………………………………………………………… 102
  8.1.2 实验内容与实验步骤 ………………………………………………… 103
  8.1.3 实验注意事项 ………………………………………………………… 104
  8.1.4 实验报告要求 ………………………………………………………… 104
 8.2 集成稳压器设计 ……………………………………………………………… 104
  8.2.1 工作原理与参考电路 ………………………………………………… 105
  8.2.2 实验内容及要求 ……………………………………………………… 105
  8.2.3 实验注意事项 ………………………………………………………… 106
  8.2.4 实验报告要求 ………………………………………………………… 106
 8.3 集成运放组成万用表的设计与调试 ………………………………………… 106
  8.3.1 万用电表参考电路 …………………………………………………… 107
  8.3.2 实验过程 ……………………………………………………………… 108
  8.3.3 实验报告 ……………………………………………………………… 109
 8.4 函数信号发生器的组装与调试 ……………………………………………… 109
  8.4.1 实验内容 ……………………………………………………………… 110
  8.4.2 实验报告 ……………………………………………………………… 110
 8.5 恒温控制电路的制作与调试 ………………………………………………… 111
  8.5.1 工作原理与实验参考电路 …………………………………………… 111
  8.5.2 实验内容与实验步骤 ………………………………………………… 112
  8.5.3 实验报告要求 ………………………………………………………… 113

第4篇 数字电子技术实验

第9章 数字电子技术验证型实验 ········· 114
9.1 TTL集成逻辑门的逻辑功能与参数测试 ········· 114
9.1.1 实验原理 ········· 114
9.1.2 实验内容 ········· 117
9.1.3 实验报告 ········· 118
9.2 CMOS集成逻辑门的逻辑功能与参数测试 ········· 118
9.2.1 实验原理 ········· 119
9.2.2 实验内容 ········· 120
9.2.3 实验报告 ········· 120
9.3 集成逻辑电路的连接和驱动 ········· 121
9.3.1 实验原理 ········· 121
9.3.2 实验内容 ········· 122
9.3.3 实验报告 ········· 123
9.4 触发器逻辑功能测试 ········· 123
9.4.1 实验原理 ········· 124
9.4.2 实验内容 ········· 127
9.4.3 实验报告 ········· 128

第10章 数字电子技术应用提高型实验 ········· 129
10.1 译码器及其应用 ········· 129
10.1.1 实验原理 ········· 129
10.1.2 实验内容 ········· 130
10.1.3 实验报告 ········· 131
10.2 数据选择器及其功能电路设计 ········· 131
10.2.1 实验原理 ········· 131
10.2.2 实验内容 ········· 133
10.2.3 实验报告 ········· 134
10.3 触发器应用 ········· 134
10.3.1 实验内容 ········· 135
10.3.2 实验报告 ········· 135
10.4 计数器及其功能电路设计 ········· 136
10.4.1 实验原理 ········· 136
10.4.2 实验内容 ········· 138
10.4.3 实验报告 ········· 138
10.5 移位寄存器及其应用 ········· 139
10.5.1 实验原理 ········· 139
10.5.2 实验内容 ········· 143
10.5.3 实验报告 ········· 144

10.6 脉冲分配器及其应用 ………………………………………………………… 145
   10.6.1 实验原理 …………………………………………………………… 145
   10.6.2 实验内容 …………………………………………………………… 147
   10.6.3 实验报告 …………………………………………………………… 147

10.7 555 定时器电路及应用 ………………………………………………………… 148
   10.7.1 实验原理 …………………………………………………………… 148
   10.7.2 实验内容 …………………………………………………………… 151
   10.7.3 实验报告 …………………………………………………………… 152

10.8 D/A 和 A/D 电路 ……………………………………………………………… 152
   10.8.1 实验原理 …………………………………………………………… 152
   10.8.2 实验内容 …………………………………………………………… 155
   10.8.3 实验报告 …………………………………………………………… 157

第 11 章 数字电子技术设计与综合型实验 ………………………………………… 158

11.1 组合逻辑电路的设计 …………………………………………………………… 158
   11.1.1 电路设计举例 ……………………………………………………… 158
   11.1.2 设计要求 …………………………………………………………… 159
   11.1.3 实验测试 …………………………………………………………… 160

11.2 时序逻辑电路的设计 …………………………………………………………… 160
   11.2.1 设计思路 …………………………………………………………… 160
   11.2.2 电路设计举例 ……………………………………………………… 161
   11.2.3 设计要求 …………………………………………………………… 162
   11.2.4 实验测试 …………………………………………………………… 162

11.3 智力竞赛抢答器设计 …………………………………………………………… 163
   11.3.1 设计思路 …………………………………………………………… 163
   11.3.2 电路设计举例 ……………………………………………………… 163
   11.3.3 实验测试 …………………………………………………………… 164
   11.3.4 实验报告 …………………………………………………………… 164

11.4 按键扫描编码显示电路设计 …………………………………………………… 164
   11.4.1 设计思路 …………………………………………………………… 165
   11.4.2 电路设计举例 ……………………………………………………… 165
   11.4.3 设计要求 …………………………………………………………… 165
   11.4.4 实验测试 …………………………………………………………… 165
   11.4.5 实验报告 …………………………………………………………… 166

11.5 倒计时器设计 …………………………………………………………………… 166
   11.5.1 设计思路 …………………………………………………………… 166
   11.5.2 设计要求 …………………………………………………………… 167
   11.5.3 实验测试 …………………………………………………………… 167

11.6 $3\frac{1}{2}$ 位直流数字电压表 …………………………………………………… 167

11.6.1 设计思路	167
11.6.2 电路设计举例——$3\frac{1}{2}$位直流数字电压表的组成（实验线路）	169
11.6.3 实验测试	170
11.6.4 实验报告	171

第 5 篇　仿真及编程实验

第 12 章　仿真软件简介 172
12.1　Multisim 仿真软件简介 172
12.1.1　Multisim 的工作界面 174
12.1.2　Multisim 仿真库元器件的提取 177
12.1.3　仿真仪器库的使用 182
12.1.4　仿真步骤 185
12.2　Altium Designer 仿真软件简介 187

第 13 章　仿真实验举例 193
13.1　组合电路的设计与分析 193
13.2　ADC 电路仿真实验 195
13.2.1　实验参考电路 196
13.2.2　实验任务 196
13.3　三相交流电电路仿真实验 196
13.3.1　实验参考电路 196
13.3.2　实验任务 197
13.4　负反馈放大器仿真实验 197
13.4.1　实验电路 197
13.4.2　实验任务 198
13.5　方波和三角波发生电路 198
13.5.1　实验参考电路 198
13.5.2　实验任务 199

第 14 章　组合逻辑电路的 VHDL 语言设计 200
14.1　组合逻辑电路异或门 200
14.1.1　异或门的行为描述 200
14.1.2　异或门的数据流描述 201
14.1.3　异或门的结构描述 201
14.2　三人表决器设计 203
14.2.1　三人表决器的行为描述 203
14.2.2　三人表决器的数据流描述 204
14.2.3　三人表决器的结构描述 205
14.3　4 输入 8 位数据选择器 206
14.3.1　采用 PROCESS—CASE 语句表达多路数据选择器 206

· XI ·

  14.3.2 采用 WITH—SELECT—WHEN 语句表达多路数据选择器 …………… 207
  14.3.3 用 PROCESS—CASE 语句表达非标准的 4 输入 8 位数据选择器 …………… 208
  14.3.4 用 PROCESS：IF—THEN—ELSE—ENDIF 语句表达 4 个 8 位三态门 ……… 209

第 15 章　常用时序逻辑电路的 VHDL 设计 …………… 211
 15.1 D 触发器 …………… 211
 15.2 寄存器 …………… 212
 15.3 串并转换 …………… 213
 15.4 并串转换 …………… 214
 15.5 16 位数据选通器 …………… 216

附录　常用集成电路引脚图 …………… 218

第1篇 电子技术实验基础

第1章 实验基础知识

1.1 概 述

1.1.1 实验基本情况

1. 目标

电工电子技术实验主要包括电工电子技术实验、电路原理实验、模拟电子技术实验和数字电子技术实验，是相关理论课程的一个重要实践环节。通过这一教学环节，期望达到以下教学目标：巩固和加深理解所学的理论知识；掌握相关电路实验方案的设计方法；学会相关电路的实验系统构建方法；正确分析实验结果，解释和处理实验数据；能撰写符合规范的实验报告。

2. 要求

- 能运用电路的基本原理及电路的分析方法设计相关的实验方案。
- 能根据实验方案正确构建实验系统，开展实验研究。
- 能对实验结果进行分析，并能解释和处理实验数据，得出合理的结论。
- 会查阅和利用技术资料，并合理地选用元器件。
- 具有分析和排除基本电子电路一般故障的能力。
- 掌握常用电子电路测量仪器的使用方法和各类电路性能（或功能）的基本测试方法。
- 具有撰写符合规范的实验报告的能力。

3. 类别和特点

本教材所述的实验主要分为电工电子技术实验、电路原理实验、模拟电子技术实验和数字电子技术实验四大类。

每类实验按实验目的和要求分成三种：一是验证型实验，即通过实验检测器件或电路的性能指标或功能，为分析和应用准备必要的技术数据；二是应用提高型实验，即通过实验验证电子电路的基本原理或探索提高电路性能、扩展电路功能的途径或措施；三是综合设计型实验，即综合运用有关知识，设计、安装与调试自成系统的、实用的电子电路。

电工电子实验具有理论性强、工艺性强、测试技术要求高的特点。因此要求学生学好理论知识、认真掌握电子工艺技术并熟练掌握基本的电子电路测量技术和各种测量仪器的使用方法，否则实验的效果将受到不同程度的影响。

1.1.2 实验过程

1. 实验准备
- 实验前必须熟悉实验守则和安全操作规程。
- 认真阅读教材中与本实验有关的内容或其他相关的参考资料，并认真阅读实验教程，明确实验目的、内容，弄清实验原理，对实验中可能出现的现象及结果要有一个事先的分析和估计。
- 预先阅读所需仪器设备的使用说明书及操作注意事项，熟悉各旋钮、按键、开关的功能和作用，以便实验时能顺利进行操作和测试。
- 写好实验预习报告，将实验中要测量的数据图表预先画好，以便节约实验操作时间。

2. 实验方法

电工电子实验时可按以下规则进行。

（1）合理布线

首先应正确合理布线。布线的原则以直观、便于检查为宜。例如，电源的正极、负极和地可以用不同颜色的导线加以区分，一般电源的正极用红色，负极用蓝色，地用黑色，这样便于查错，不至于因接错线造成电源正、负极短路的严重后果。低频接线时，尽量用短的导线，防止电路产生自激振荡。高频实验时，最好将接线焊接在通用板上，如果用面包板，元器件插脚和连线应该尽量短而直，以免分布参数影响电路性能。

（2）检查实验线路

在连接完实验电路后，不急于加电，要认真检查，检查的内容包括：
- 连线是否正确。这其中包括有没有接错的导线，有没有多连或少连的导线。检查的方法是对照电路图，按照一定的顺序逐一进行检查，比如从输入开始，一级一级地排查，一直检查到输出。
- 连接的导线是否导通。这需要用万用表的欧姆挡，对照电路图，一个点一个点地检查，在电路图中应该连接的点，是否都是通的，应该有电阻的两点之间的电阻是否存在等。
- 检查电源的正、负极连线，地线是否正确，信号源连线是否正确。
- 电源到地之间是否存在短路。如果电路比较复杂，常常容易将电源的正极与地接在一起，造成电源短路，如果这时不认真检查，急于通电，容易损坏器件。

（3）通电调试

检查完实验线路后，进入调试阶段。调试包括静态调试与动态调试。在调试前，应先观察电路有无异常现象，包括有无冒烟，是否有异常气味，用手摸摸元器件是否发烫，电源是否有短路现象等。如果出现异常情况，应该立即切断电源，排除故障后再加电。
- 静态调试。在模拟实验中，静态调试是指在不加输入信号的条件下，所进行的直流调试和调整，例如，测试交流放大器的直流工作点等。在数字电子电路中，静态调试是指给电路的输入端加入固定的高、低电平,测试输出的高、低电平值,输出可以用指示灯或数码管显示来指示电路工作是否正常。
- 动态调试。动态调试以静态调试为基础,静态调试正确后,给电路输入端加入一定频率和幅度的信号,再用数字示波器观察输出端的信号,然后用仪器测试电路的各项指标是否符合实验要求。如果出现异常,还要查找出现故障的原因,予以排除后继续进行调试。在数字电路中,动态调试是指用数字示波器观察输入、输出信号波形,以此判断电路时序是否正确。

在进行比较复杂的系统性实验的调试时,应该接一级电路,调试一级,这其中包括静态调试和动态调试,正确后,再将上一级电路的输出加至下一级电路的输入,接着调试下一级电路,这样直到最后一级电路。如果每一级电路的调试结果都正确,最后应该能得到正确的结果。这样做,可以解决电路一次连接起来,由于导线过多调试起来比较困难的问题,不但节省时间,还可以减少许多麻烦。

1.1.3 实验报告

实验报告要求:简明扼要,文理通顺,字迹端正,图表清晰,结论正确,分析合理,讨论力求深入。

实验报告内容一般应包括如下内容:①实验名称、日期;②实验目的;③实验仪器规格及编号、测试电路及元件;④实验内容、实验方案的设计、实验步骤;⑤把测量的原始数据和观察到的波形进行加工整理后制成表格、绘出曲线或波形等;⑥正确分析实验结果、解释和处理实验数据,并得出合理有效的结论。

1.1.4 实验守则

① 实验前必须认真预习相关教材与实验指导书,理解实验目的、原理、方法。按时到实验室上课,未经预习或无故迟到者,指导教师有权停止其实验。

② 进入实验室应衣着整洁,同时应严格遵守实验室的各项规章制度,听从指导教师安排,服从管理,每次做实验应签到登记。不准随意搬弄仪器设备。在实验过程中应保持安静,不得喧哗,不随意串走或乱扔杂物。不得将与实验无关的物品带入实验室,不得将实验室物品带出实验室。

③ 实验操作过程中必须注意安全,使用仪器设备时必须严格遵守操作规程。若发现异常情况或设备发生故障时应立即停止操作,及时报告指导教师进行处理,以防发生事故。

④ 学生必须以实事求是的科学态度进行实验,自己动手认真操作、加工、制作和测定数据,并做好原始数据的记录,不得草率行事。实验后应独立完成实验报告,按时送交指导教师,不得抄袭或臆造。

⑤ 严格遵守操作规程,服从指导教师的指导,如违反操作规程或不听从指导而造成仪器设备损坏等事故者,应按学校有关规定进行赔偿处理。

⑥ 实验完毕后,应清理实验场地,并将仪器工具等归位或归还,经指导教师同意后方可离开实验室。

1.2 常用元器件简介

电阻器、电容器、电感器、晶体管和半导体集成电路等，是构成电子电路的基本元器件。掌握上述元器件的识别与选用知识，是设计、组装、调试电子电路的基本技能之一。这里仅介绍初学者应掌握的一些基本内容，较详细的内容见有关元器件手册。

1.2.1 电阻器

电阻器是电子电路中使用最广泛的基础元器件之一，它在电路中起分压、分流、限流、阻抗匹配等作用。

1. 分类及命名方法

电阻器的种类有很多，按结构可分为固定式和可变式两大类。

固定式电阻器一般称为"电阻"，根据制作材料和工艺的不同，主要有膜式电阻（如碳膜电阻、金属膜电阻、合成膜电阻、氧化膜电阻等）、实芯电阻（如有机实芯电阻和无机实芯电阻）、金属绕线电阻和特殊电阻（如光敏电阻、热敏电阻、压敏电阻等）4种。

可变式电阻器有滑线式变阻器、电位器等。其中电位器应用最为广泛。电位器是一种阻值连续可调的电子元件，按制作材料和工艺不同，电位器主要有膜式、实芯和金属绕线3种。按结构分，常见的有旋转式、推拉式、直滑式、带开关式和多圈电位器等。

电阻器及电位器的型号由4部分组成，其命名方法见表1-1。

表1-1 电阻器型号命名方法

第一部分：主称		第二部分：材料		第三部分：特征分类			第四部分：序号
符号	意义	符号	意义	符号	意义		
						电阻器	电位器	
R W	电阻器 电位器	T H S N J Y C I P U X M G R	碳膜 合成膜 有机实芯 无机实芯 金属膜 氧化膜 沉积膜 玻璃釉膜 硼碳膜 硅碳膜 绕线 压敏 光敏 热敏	1 2 3 4 5 6 7 8 9 G T W D B C P W Z	普通 普通 超高频 高阻 高温 — 精密 高压 特殊 高功率 可调 — — 温度补偿用 温度测量用 旁热式 稳压式 正温度系数	普通 普通 — — — — 精密 特殊函数 特殊 — — 微调 多圈	对主称、材料相同，仅性能指标、尺寸大小有差别，但基本不影响互换使用的产品，给同一序号；若性能指标、尺寸大小明显影响互换时，则在序号后面用大写字母作为区别代号

注：示例如下。
(1) RJ73：精密金属膜电阻器。
(2) WXD3：多圈绕线电位器。

2. 电阻器的主要性能指标

(1) 额定功率

所谓额定功率是指在正常条件下电阻器长期稳定工作所能承受的最大功率。它分为19个等级，其中常用的有 0.25W、0.5W、1W、2W、4W、5W、10W、20W 等。

(2) 标称阻值和容许误差

电阻器表面标注的电阻阻值为其标称阻值。电阻器的实际阻值对于标称阻值的最大容许误差范围称为容许误差，也称精度。电阻器的标注阻值及容许误差参见表1-2。

表1-2 电阻器的标注阻值及容许误差

系列代号	E24	E12	E6	系列代号	E24	E12	E6
容许误差	±5%	±10%	±20%	容许误差	±5%	±10%	±20%
系列标称阻值	1.0	1.0	1.0	系列标称阻值	3.3	3.3	3.3
	1.1				3.6		
	1.2	1.2			3.9	3.9	
	1.3				4.3		
	1.5	1.5	1.5		4.7	4.7	4.7
	1.6				5.1		
	1.8	1.8			5.6	5.6	
	2.0				6.2		
	2.2	2.2	2.2		6.8	6.8	6.8
	2.4				7.5		
	2.7	2.7			8.2	8.2	
	3.0				9.1		

注：电阻器的标称阻值应符合表1-2中所列数值或表中所列数值乘以 10^n。

电阻器的阻值和精度等级，一般用文字或数字标在电阻体上，分直标法和数标法。如："Ⅰ"表示±5%、"Ⅱ"表示±10%、"Ⅲ"表示±20%。数标法主要用于贴片等小体积的电阻上，如：472表示 $47×100Ω$ （4.7kΩ），104则表示 $10×10000Ω$ （100kΩ）。也可用色环或色点表示，称为色标法。其中色环标注法使用很广泛，普通电阻器的色环标注法参见表1-3，精密电阻器的色环标注法参见表1-4。无论用何种形式表示精度等级，只要未标明者，其容许误差均为±20%。

表1-3 普通电阻器的色环标注法

颜色	数值 代号 位数	第一位数 A	第二位数 B	应乘位数 C	第四位数 D
黑		—	0	$×10^0$	—
棕		1	1	$×10^1$	
红		2	2	$×10^2$	

续表

颜色	位数 代号 数值	第一位数 A	第二位数 B	应乘位数 C	第四位数 D
橙		3	3	×10^3	—
黄		4	4	×10^4	—
绿		5	5	×10^5	—
蓝		6	6	×10^6	—
紫		7	7	×10^7	—
灰		8	8	×10^8	—
白		9	9	×10^9	—
金		—	—	×10^{-1}	±5%
银		—	—	×10^{-2}	±10%
无色		—	—	—	±20%
示例		设：A红、B黄、C棕、D金，该电阻器为E24系列，阻值为24×10^1＝240Ω，容许误差为±5%			

表1-4 精密电阻器的色环标注法

颜色	第一色环第一位数	第二色环第二位数	第三色环第三位数	第四色环倍率	第五色环误差
黑	0	0	0	×10^0	—
棕	1	1	1	×10^1	±1%
红	2	2	2	×10^2	±2%
橙	3	3	3	×10^3	—
黄	4	4	4	×10^4	—
绿	5	5	5	×10^5	±0.5%
蓝	6	6	6	×10^6	±0.2%
紫	7	7	7	×10^7	±0.1%
灰	8	8	8	×10^8	—
白	9	9	9	×10^9	—
金	—	—	—	×10^{-1}	±5%
银	—	—	—	×10^{-2}	±10%

3. 选用电阻器常识

① 应根据电子设备的技术指标和电路的具体要求选用电阻器的型号和误差等级。不能片面采用高精度电阻器，以免增加成本，降低经济效益。

② 选用额定功率比其在电路中实际消耗功率大1.5～2倍的电阻为宜，以提高设备可靠性，延长使用寿命。

③ 装接电阻器前应进行预测量，核对无误后再用；在装精密电子设备时，电阻器必须要经过人工老化处理，以提高其稳定性。

④ 关于电阻值的测量。在精度要求不高的场合，用普通万用表测量即可，但测量时手不应接触测试表笔，并要选择适当的量程，应使表针指示到满刻度的20%～80%范围内。用数字万用表测量比普通万用表测量精度高。如要求精度特别高（如容许误差≤0.01%），则须用电桥或其他精度电阻测试仪进行测量。

⑤ 根据电路需要，可以采用串联或并联的方法获得所需要的电阻器。阻值相同的电阻器串联或并联，额定功率等于各个电阻额定功率之和；阻值不同的电阻器串联时，额定功率主要取决于高阻值的电阻器。并联时，主要取决于低阻值的电阻器，且须计算确保无误方可应用。

⑥ 电阻器的好坏可用万用表检查：首先用万用表欧姆挡测量其阻值，若任何挡位测量值均为无穷大，表明电阻器开路已损坏。若与标称阻值相差很大，则表明电阻器已变质。

电位器的检测方法：选择万用表欧姆挡的合适量程，两表笔分别接电位器两固定端，测量阻值是否与标称阻值相符。

1.2.2 电容器

电容器是一种储能元件，在电路中用于调谐、滤波、耦合、旁路和能量转换等。它具有隔直流、通交流、储能等特性。

1. 电容器的分类

电容器由两块金属板中间隔一层绝缘介质所构成。根据绝缘介质的种类可分为纸介、有机薄膜、瓷介、云母、电解电容等。按其结构又可分为固定、可变和半可变（微调）电容器等。电路中电容器的代号用C表示。

不同电容器的外形各不相同，以下介绍一些常用电容器的外形及符号，如图1-1所示，图1-1（a）为瓷介固定电容器，用于振荡、高频等电路；图1-1（b）为电解电容器；图1-1（c）为聚酯膜电容器；图1-1（d）为可变电容器；图1-1（e）为半可变电容器。

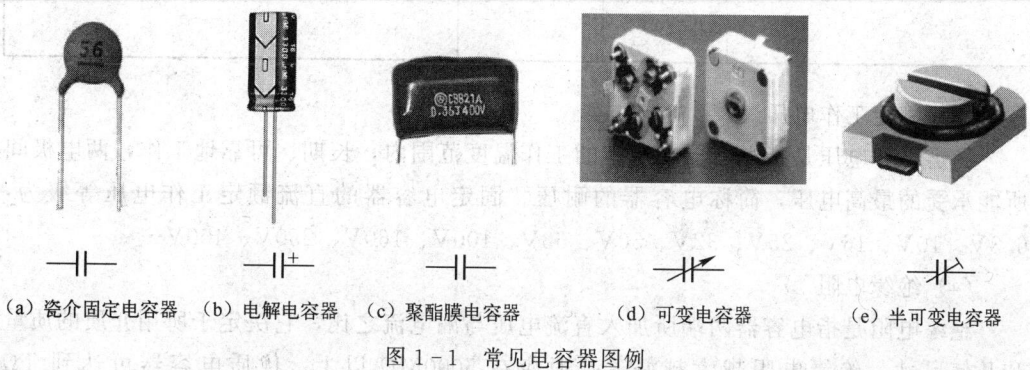

(a) 瓷介固定电容器　(b) 电解电容器　(c) 聚酯膜电容器　(d) 可变电容器　(e) 半可变电容器

图1-1 常见电容器图例

2. 电容器的主要性能指标

(1) 标称电容量

标称电容量是标识在电容器上的"名义"电容量,是指电容器加上电压后,储存电荷的能力。其单位有法拉(F)、微法(μF)和皮法(pF)。皮法也称为微微法($\mu\mu F$)。三者的关系为:

$$1F=10^6\mu F=10^{12}\mu\mu F(pF)$$

国产固定电容器标称电容量的系列为 E_{24}、E_{12}、E_6。

(2) 允许误差

允许误差是实际电容器对于标称电容量的最大允许偏差范围。固定电容器的允许误差范围分为:±1%、±2%、±5%、±10%、±20%、+20%~-30%、+50%~-20%、+100%~-10%八级。

常用固定电容器标称容量系列见表1-5。

图1-5 常用固定电容器标称容量系列

电容类别	允许误差	容量范围	标称容量系列
纸介电容、金属化纸介电容、纸膜复合介质电容、低频(有极性)有机薄膜介质电容	±5% ±10% ±20%	100pF~1μF	1.0；1.5；2.2；3.3；4.7；6.8
		1~100μF	1；2；4；6；8；10；15；20；30；50；60；80；100
高频(无极性)有机薄膜介质电容、瓷介电容、玻璃釉电容、云母电容	±5%		1.0；1.1；1.2；1.3；1.5；1.6；1.8；2.0；2.2；2.4；2.7；3.0；3.3；3.6；3.9；4.3；4.7；5.1；5.6；6.2；6.8；7.5；8.2；9.1
	±10%		1.0；1.2；1.5；1.8；2.2；2.7；3.3；3.9；4.7；5.6；6.8；8.2
	±20%		1.0；1.5；2.2；3.3；4.7；6.8
铝、钽、铌、钛电解电容	±10% ±20% +50% -20% +100% -20%		1.0；1.5；2.2；3.3；4.7；6.8 (容量单位 μF)

(3) 额定工作电压

额定工作电压是指电容器在规定的工作温度范围内,长期、可靠地工作,两电极间所能承受的最高电压,简称电容器的耐压。固定电容器的直流额定工作电压等级为:6.3V、10V、16V、25V、32V、50V、63V、100V、160V、250V、400V…

(4) 绝缘电阻

绝缘电阻是指电容器两端所加入直流电压与漏电流之比,它决定于所用介质的质量和几何尺寸。绝缘电阻越大越好,一般应在5000MΩ以上,优质电容器可达到TΩ($10^{12}\Omega$,称为太欧)级。

3. 电容量的标注

（1）直标法

电容量小于 10000pF 的电容器，一般只标注数值而省去单位。如 330 表示 330pF；10000~1000000pF 之间的电容器，以 μF 为单位，以小数点为标志，也只标注数值而省去单位，如 0.1 表示 0.1μF，0.022 表示 0.022μF；电解电容器以 μF 为单位直接标注在电容器上，如 100μF/25V，表示标称容量为 100μF，耐压为 25V。

（2）数码表示法

用三位数码表示电容器的容量大小，前两位数字表示电容量的有效数字，第三位表示零的个数，单位为 pF。如 103 表示 10000pF（$=10\times10^3$），224 表示 220000pF（$=22\times10^4$）$=0.22\mu F$，如果第三位是 9，则乘 10^{-1}，如 339 表示 3.3pF（$=33\times10^{-1}$）。

（3）色标法

电容器的色标法和电阻器的色标法大致相同。

4. 电容器的性能测量及使用常识

① 用万用表的"Ω"挡可判断电容器的短路、断路、漏电等故障。

0.1μF 以下的电容器用万用表×1K 或×10K 挡位，1μF 以上的电容器用×100 或×10 挡测量电容器两引线之间的电阻值。

若表笔接触瞬间，指针摆动一下后立即回到"∞"位置，将表笔对调再测其阻值，表针出现同一现象，则说明电容器是好的。容量越大，表针摆动的角度也越大，测 1000pF 以下的电容器时几乎看不到表针的摆动。若表针根本不动（小容量电容器除外），则说明电容器已断路。若表针一直停留在"0"位置，说明电容器短路。若表针摆动后，虽然向"∞"位置回摆，但始终不能到达"∞"（大容量电解电容器不能完全回到"∞"位置），说明电解电容器漏电，阻值越小，漏电越严重。断路、短路、漏电的电容器均不能使用。

电解电容器有正负极性之分，判别正负极性的方法是：用万用表"Ω"挡测两极之间的漏电电阻，记下第一次测量的阻值，然后调换表笔再测一次，两次漏电电阻中，大的那次，黑表笔接的是电解电容器的正极，红表笔接的是负极。

② 当现有的电容器的容量和电路要求的容量或耐压不适合时，可以采用串联或并联的方法予以满足。两个工作电压不同的电容器并联时，耐压由低的那只决定；两容量不同的电容器串联时，容量小的那只所承受的电压高于容量大的那只。

③ 电路中电容器两端的电压，应不超过电容器本身的工作电压，使用电解电容器时，除注意耐压外，还要注意"+""-"极不能接反，否则电容器会损坏，甚至发生爆炸。

④ 电容器装入电路前应预测量，判断其是否短路、断路或严重漏电，并应核对标称值后再用。装到电路中应使电容器的标志易于观察且各电容器标志识读方向应一致。

1.2.3 晶体管器件

半导体分立器件品种、规格繁多，其中最常用的是二极管、双极型三极管和单极型场效应管。晶体二极管具有单向导电性,可用于整流、检波、稳压、混频等电路中,晶体三极管对信号有放大作用和开关作用。每一个品种,若按工作频率高低、功率大小和用途又可分为许多型号和规格。一般在外壳上都注有型号,根据型号可以知道其材料、类别和质量等级。然后查阅手册,可知其主要性能指标的具体值。由于分立器件性能的离散性大,使用前还需进行测试。半导体分立器件型号命名方法如表1-6所示。

表1-6 半导体分立器件型号命名方法

第一部分		第二部分		第三部分		第四部分	第五部分
用数字表示器件的电极数目		用字母表示器件的材料和极性		用字母表示器件的类别		用数字表示器件序号	用字母表示规格号
符号	意义	符号	意义	符号	意义		
2	二极管	A	N型,锗材料	P	普通管		
3	三极管	B	P型,锗材料	V	微波管		
		C	N型,硅材料	W	稳压管		
		D	P型,硅材料	C	参量管		
		A	PNP型,锗材料	Z	整流管		
		B	NPN型,锗材料	L	整流堆		
		C	PNP型,硅材料	S	隧道管		
		D	NPN型,硅材料	N	阻尼管		
		E	化合物材料	U	光电器件		
				K	开关管		
				X	低频小功率管 ($f_a<3\text{MHz}$, $P_c<1\text{W}$)		
				G	高频小功率管 ($f_a\geq 3\text{MHz}$, $P_c<1\text{W}$)		
				D	低频大功率管 ($f_a<3\text{MHz}$, $P_c\geq 1\text{W}$)		
				A	高频大功率管 ($f_a\geq 3\text{MHz}$, $P_c\geq 1\text{W}$)		
				T	可控整流器 (半导体闸流管)		
				Y	体效应器件		
				B	雪崩管		
				J	阶跃恢复管		
				CS	场效应器件		
				BT	半导体特殊器件		
				FH	复合管		
				PIN	PIN型管		
				JG	激光器件		

1. 晶体二极管

晶体二极管(简称二极管)是最简单的半导体器件,它由一个PN结、两根电极引线并用外壳封装而成。根据功能不同晶体二极管可分为普通二极管和特殊二极管。

(1) 普通二极管的识别和简单测试方法

普通二极管的外壳上均印有型号和标记。标记箭头所指方向为负极。有的二极管只有色点,有色点的端为正极。

也可以借助万用表欧姆挡做判断。因为万用表的红表笔接表内电池的负极，而黑表笔接表内电池的正极，所以根据 PN 结正向导通电阻小反向截止电阻大的原理可以简单判定二极管的好坏和极性。测量锗管应选用 R×100 电阻挡，测量硅管应选 R×1K 电阻挡。将红、黑表笔分别交换接触二极管的两端，若两次都有读数，且两次读数指示的阻值相差很大，说明该二极管单向导电性好，两次接触中阻值大（几百千欧以上）的那一次红表笔所接为二极管阳极。如果指示的阻值相差不大或没有读数，说明该二极管已坏。

二极管所用的半导体材料分为硅和锗。硅管的正向导通电压为 0.6～0.8V。锗管的正向导通电压为 0.1～0.3V。所以只要测量二极管的正向导通压降，即可判别该二极管所用的材料。

(2) 特殊二极管

- 发光二极管（LED）。发光二极管具有单向导电性，只有在单向导通时才能发光。在使用时一般应在发光二极管前串接一个电阻，防止器件的损坏。
- 稳压二极管。稳压二极管是一种用特殊工艺制造的面接触型硅二极管。稳压管在电路中是反向连接的，在使用时要加限流电阻，它能使稳压二极管所接电路两端的电压稳定在一个规定的电压范围内。

2. 晶体三极管

(1) 普通三极管三电极的判断

- 判断基极和三极管类型：将万用表置欧姆挡，先假设三极管的某极为"基极"，并将黑表笔接在假设的基极上，红表笔分别接在另两极上，如果测得的电阻都很小（或者都很大，大概为几千欧或几十千欧），而对换表笔后测得两个电阻值都很大（或都很小），则可确定基极的假设是正确的。如果测量的数值与上面不同，可另假设一极为基极，再重复上面的方法。当基极确定以后，黑表笔接基极，红表笔分别接另两极，如果测得的值都很小，则该三极管为 NPN 型，反之为 PNP 型。
- 判断集电极和发射极：根据三极管正向应用时 β 值大，反向应用时 β 值小这一有明显差异的特点，就可以判断哪一个是集电极和哪一个是发射极。

以 NPN 管为例，把红表笔接在假设的集电极上，黑表笔接在假设的发射极上，并用手捏住基极和集电极，通过人体，相当于在集电极和基极之间接入偏置电阻。读出表头所示基极和集电极之间的电阻值，然后将红黑表笔反接重测。若第一次测得的电阻值比第二次小则说明假设成立，红表笔所接为集电极，黑表笔所接为发射极。

如果要精确测量三极管，可使用晶体管图示仪，它能精确地显示三极管的输入和输出特性曲线以及电流放大系数等。也可用数字表测量，先假定 e、b、c 三端，然后使假定的三端插入数字表测试端。若测得的 β 值较大，则引脚识别正确，若 β 值很小，则 e、b、c 可能假定错了。

(2) 场效应管

场效应管（简称 FET）是一种电压控制的半导体器件。它分为两大类：结型场效应管，简称 J-FET；绝缘栅场效应管，也叫金属－氧化物－半导体绝缘栅场效应管，简称 MOS-FET。同普通三极管有 NPN 和 PNP 两种极性类型一样，场效应管根据其沟道所采用的半导体材料的不同，可分为 N 沟道和 P 沟道两种。所谓沟道就是电流通道。场效应管各类型符号表示如图 1-2 所示。

N沟道结型　　P沟道结型　　N沟道耗尽型　　P沟道耗尽型　　N沟道增强型　　P沟道增强型

图 1-2　场效应管各类型符号表示

- 场效应管的测量。一般采用万用表来测量，但是由于 MOS 场效应管的输入阻抗极高，为了不至于将栅极击穿，所以不宜采用万用表测量。而结型场效应管无以上情况，可以用万用表判断其引脚和管子性能的优劣。场效应管的三个引脚［漏极（D）、栅极（G）和源极（S）］与普通三极管的三极大致对应，所以判断方法也大致相同。
- 栅极（G）的确定。将万用表置于 R×1K 挡，用黑表笔接触假定为栅极的引脚，然后用红表笔分别接触另外两个引脚，若阻值均比较小（约 5～10kΩ），再将红、黑表笔交换测量一次，如阻值均比较大（∞），说明这是两个 PN 结。原先黑表笔接触假定的引脚是正确的，而且该管子为 N 沟道场效应管。如红、黑表笔对调，两次阻值均较小，则红表笔所接的引脚是栅极，而且该管子是 P 沟道场效应管。当栅极确定后，由于源极和漏极之间是导电沟道，万用表测量其正反电阻基本相同，因此没必要判断。

1.3　误差分析与数据处理

在实际测量电路的各项指标时，往往由于受到测量仪器的精度、测量方法、环境条件或测量者能力等因素的限制，使得实际测量值与客观真实值之间不可避免地存在一定的差异，这种差异称为测量误差。

为了提高测量精度，并获得符合误差要求的测量结果，在实验中一项重要的工作就是要合理地选择测量仪器和测量方法，尽量控制和减小测量误差，使得测量值接近真值。

1.3.1　测量误差的表示方法

误差可以用绝对误差和相对误差来表示。

1. 绝对误差

设被测量的真值为 A_0，测量仪器的示值为 X，则绝对误差为：

$$\Delta X = X - A_0$$

在某一时间及空间条件下，被测量的真值虽然是客观存在的，但一般无法测得，只能尽量逼近它。故常用高一级标准测量仪器的测量值 A 代替真值 A_0，则：

$$\Delta X = X - A$$

在测量前，测量仪器应由高一级标准仪器进行校正，校正量常用修正值 C 表示。对于被测量，高一级标准仪器的示值减去测量仪器的示值所得的差值，就是修正值。实际上，修正值就是绝对误差，只是符号相反：

$$C = -\Delta X = A - X$$

利用修正值便可得该仪器所测量的实际值：

$$A = X + C$$

例如，用电压表测量电压时，电压表的示值为 1.1V，通过鉴定得出其修正值为 −0.01V，则被测电压的真值为

$$A = 1.1 + (-0.01) = 1.09(\text{V})$$

修正值给出的方式可以是曲线、公式或数表。对于自动测验仪器，修正值则预先被编制成有关程序，存于仪器中，测量时对误差进行自动修正，所得结果便是实际值。

2. 相对误差

绝对误差值的大小往往不能确切地反映出被测量的准确程度。例如，测 100V 电压时，$\Delta X_1 = +2\text{V}$，在测 10V 电压时，$\Delta X_2 = 0.5\text{V}$，虽然 $\Delta X_1 > \Delta X_2$，可实际 ΔX_1 只占被测量的 2%，而 ΔX_2 却占被测量的 5%。显然，后者的误差对测量结果的影响相对较大。因此，工程上常采用相对误差来比较测量结果的准确程度。

相对误差又分为实际相对误差、示值相对误差和引用（或满度）相对误差。

(1) 实际相对误差

实际相对误差就是用绝对误差 ΔX 与被测量的实际值 A 的比值的百分数来表示的相对误差，记为：

$$\gamma_A = \frac{\Delta X}{A} \times 100\%$$

(2) 示值相对误差

示值相对误差就是用绝对误差 ΔX 与仪器给出值 X 的比值的百分数来表示的相对误差，即：

$$\gamma_X = \frac{\Delta X}{X} \times 100\%$$

(3) 引用（或满度）相对误差

引用（或满度）相对误差就是用绝对误差 ΔX 与仪器的满刻度值 X_m 之比的百分数来表示的相对误差，即：

$$\gamma_m = \frac{\Delta X}{X_m} \times 100\%$$

电工仪表的准确度等级就是由 γ_m 决定的,如 1.5 级的电表,表明 $\gamma_m \leqslant \pm 1.5\%$。中国电工仪表按 γ_m 值共分 7 级:0.1、0.2、0.5、1.0、1.5、2.5、5.0。若某仪表的等级是 S 级,它的满刻度值为 X_m,则测量的绝对误差为:

$$\Delta X \leqslant X_m \times S\%$$

其示值相对误差为:

$$\gamma_m = \frac{X_m}{X} \times S\%$$

上式总是满足 $X \leqslant X_m$ 的,可见当仪表等级 S 选定后,X 越接近 X_m 时,γ_X 的上限值越小,测量越准确。因此,当我们使用这类仪表进行测量时,一般应使被测量的值尽可能在仪表满刻度值的二分之一以上。

1.3.2　误差的来源与分类

1. 测量误差的来源

测量误差的来源主要有以下几个方面。

(1) 仪器误差

仪器误差是指测量仪器本身的电气或机械等性能不完善所造成的误差。显然,消除仪器误差的方法是配备性能优良的仪器并定时对测量仪器进行校准。

(2) 使用误差

使用误差也叫操作误差,是指测量过程中因操作不当而引起的误差。减小使用误差的办法是测量前详细阅读仪器的使用说明书,严格遵守操作规程,提高实验技巧和对各种仪器和操作能力。

例如:万用表表盘上的符号"⊥、∏、∠60°"分别表示万用表垂直位置使用、水平位置使用、与水平面倾斜成 60°使用。使用时应按规定放置万用表,否则会带来误差,至于用欧姆挡测量电阻前不调零所带来的误差,更是显而易见的。

(3) 方法误差

方法误差也叫理论误差,是指由于使用的测量方法不完善、理论依据不严密、对某些经典测量方法做了不适当的修改简化所产生的,即在测量结果的表达式中没有得到反映的因素,而实际上这些因素在测量过程中又起到一定的作用所引起的误差。例如,用伏安法测电阻时,若直接以电压表示值与电流表示值之比作为测量结果,而不计电表本身内阻的影响,就会引起误差。

2. 测量误差的分类

测量误差按性质和特点可分为系统误差、随机误差和疏失误差三大类。

(1) 系统误差

系统误差是指在相同条件下重复测量同一量时,误差的大小和符号保持不变,或按照一定的规律变化的误差。一般可通过实验或分析方法,查明其变化规律及产生原因后，减少或消除此类误差。电子技术实验中系统误差常由测量仪器的调整不当和使用方法不当所致。

（2）随机误差（偶然误差）

随机误差也叫偶然误差。在相同条件下多次重复测量同一量时，误差大小和符号无规律的变化的误差称为随机误差。随机误差不能用实验方法消除。但从随机误差的统计规律中可了解它的分布特性，并能对其大小及测量结果的可靠性做出估计，或通过多次重复测量，然后取其算术平均值来达到目的。

（3）疏失误差

疏失误差也叫过失误差。这种误差是由于测量者对仪器不了解、粗心，导致读数不正确而引起的，测量条件的突然变化也会引起过失误差。含有过失误差的测量值称为坏值或异常值。必须根据统计检验方法的某些准则去判断哪个测量值是坏值，然后去除。

1.3.3 测量结果的处理

测量结果通常用数字或图形表示，下面分别进行讨论。

1. 测量结果的数据处理

（1）有效数字

由于存在误差，所以测量的总是近似值，它通常由可靠数字和欠准数字两部分组成。例如，由电流表测得的电流为 12.6mA，这是个近似数，12 是可靠数字，而末位 6 为欠准数字，即 12.6 为三位有效数字。有效数字对测量结果的科学表述极为重要。

对有效数字的正确表示，应注意以下几点：

- 与计量单位有关的"0"不是有效数字，例如，0.054A 与 54mA 这两种写法均为两位有效数字。
- 小数点后面的"0"不能随意省略，例如，18mA 与 18.00mA 是有区别的，前者有两位有效数字，后者则有四位有效数字。
- 对后面带"0"的大数目数字，不同写法其有效数字位数是不同的，例如，3000 如写成 30×10^2，则有两位有效数字；若写成 3×10^3，则有一位有效数字；如写成 3000 ± 1，就有四位有效数字。
- 如已知误差，则有效数字的位数应与误差所在位相一致，即：有效数字的最后一位数应与误差所在位对齐。如：仪表误差为 ±0.02V，测得数为 3.2832V，其结果应写成 3.28V。因为小数点后面第二位"8"所在位已经产生了误差，所以从小数点后面第三位开始后面的"32"已经没有意义了，在结果中应舍去。
- 当给出的误差有单位时，则测量值的写法应与其一致。如：频率计的测量误差为数千赫兹，其测得某信号的频率为 7100kHz，可写成 7.100MHz 和 7100×10^3Hz，若写成 7100000Hz 或 7.1MHz 则是不行的。因为后者的有效数字与仪器的测量误差不一致。

(2) 数据舍入规则

为了使正、负舍入误差出现的机会大致相等，现已广泛采用"小于5舍，大于5入，等于5时取偶数"的舍入规则。即：

- 若保留 n 位有效数字，当后面的数值小于第 n 位的0.5单位就舍去。
- 若保留 n 位有效数字，当后面的数值大于第 n 位的0.5单位就在第 n 位数字上加1。
- 若保留 n 位有效数字，当后面的数值恰为第 n 位的0.5单位，则当第 n 位数字为偶数（0，2，4，6，8）时应舍去后面的数字（即末位不变），当第 n 位数字为奇数（1，3，5，7，9）时，第 n 位数字应加1（即将末位凑成为偶数）。这样，由于舍入概率相同，当舍入次数足够多时，舍入的误差就会抵消。同时，这种舍入规则，使有效数字的尾数为偶数的机会增多，能被除尽的机会比奇数多，有利于准确计算。

(3) 有效数字的运算规则

当测量结果需要进行中间运算时，有效数字的取舍，原则上取决于参与运算的各数中精度最差的那一项，一般应遵循以下规则：

- 当几个近似值进行加、减运算时，在各数中（采用同一计量单位），以小数点后位数最少的那一个数（如无小数点，则为有效位数最少者）为准，其余各数均舍入至少比该数多一位后再进行加减运算，结果所保留的小数点后的位数，应与各数中小数点后位数最少者的位数相同。
- 进行乘除运算时，在各数中，以有效数字位数最少的那一个数为准，其余各数及积（或商）均舍入至少比该因子多一位后再进行运算，而与小数点位置无关。运算结果的有效数字的位数应取舍成与运算前有效数字位数最少的因子相同。
- 将数平方或开方后，其结果可比原数多保留一位。
- 用对数进行运算时，n 位有效数字的数应该用 n 位对数表示。
- 若计算式中出现如 e、π、$\sqrt{3}$ 等常数时，可根据具体情况来决定它们应取的位数。

2. 测量结果的曲线处理

在分析两个（或多个）物理量之间的关系时，用曲线比用数字、公式表示常常更形象和直观。因此，测量结果常要用曲线来表示。在实际测量过程中，由于各种误差的影响，测量数据将出现离散现象，如将测量点直接连接起来，将不是一条光滑的曲线，而是呈折线状，如图1-3所示。但我们应用有关误差理论，可以把各种随机因素引起的曲线波动抹平，使其成为一条光滑均匀的曲线，这个过程称为曲线的修匀。

在要求不太高的测量中，常采用一种简便、可行的工程方法——分组平均法来修匀曲线。这种方法是将各测量点分成若干组，每组含2~4个数据点，然后分别估取各组的几何重心，再将这些重心连接起来。图1-4所示的就是每组取2~4个数据点进行平均后的修正曲线。这条曲线，由于进行了测量点的平均处理，在一定程度上减少了偶然误差的影响，较为符合实际情况。

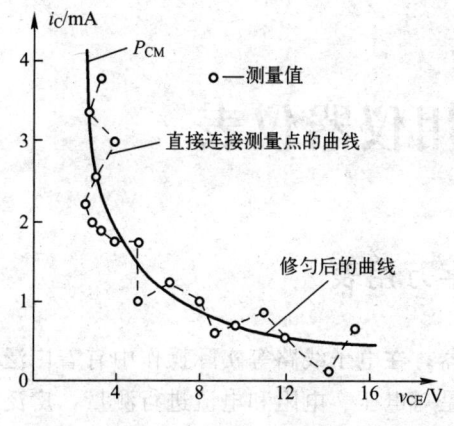

图 1-3 直线连接测量点时曲线的波动情况

图 1-4 分组平均法修匀曲线

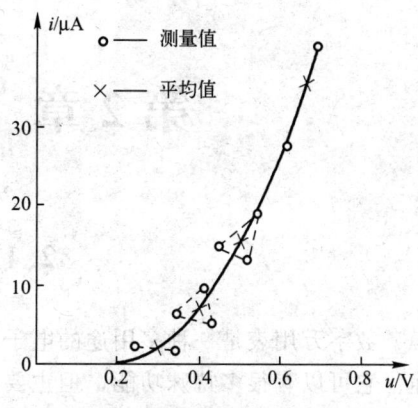

第 2 章　常用仪器仪表

2.1　数字万用表

数字万用表是一种多用途的电子测量仪器，在电子线路等实际操作中有着广泛的用途。它可以有很多特殊功能，但主要功能就是对电压、电阻和电流进行测量，广泛用于物理、电气、电子等测量领域。

数字万用表型号规格众多，但其基本功能和使用方法是相似的，以下以一款常用的数字万用表为例介绍其主要功能和使用方法。

VC97 数字万用表可用来测量直流电压、交直流电流、电阻、电容和频率、温度占空比、三极管、二极管及通断测试等。同时还设计有单位符号显示、数据保持、相对值测量、自动/手动量程转换、自动断电及报警功能。

1. 操作面板

VC97 数字万用表操作面板如图 2-1 所示。

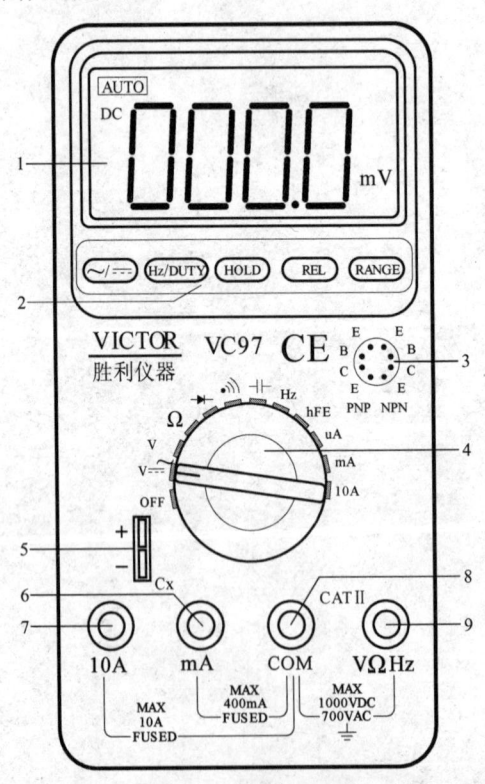

图 2-1　VC97 数字万用表操作面板

位置 2 处各功能键的功能如下。

RANGE 键：用于选择自动量程或手动量程工作方式。仪表起始为自动量程状态，并在位置 1 左上方显示"AUTO"。按此功能键转为手动量程，按一次增加一挡，由低到高依次循环。直流电压有 400mV、4V、40V、400V 和 1000V 挡，交流电压有 400mV、4V、40V、400V 和 700V 挡。如在手动量程方式显示器显示"OL"，表明已超出量程范围。如持续按下此键长于 2 秒，会回到自动量程状态。

REL 键：按下此键，读数清零，进入相对值测量，在液晶显示器上方显示"REL"符号，再按一次，退出相对值测量。

HOLD 键：按此功能键，仪表当前所测数值保持在液晶显示器上，在液晶显示器上方显示"HOLD"符号，再按一次，退出保持状态。

Hz/DUTY 键：测量交直流电压（电流）时，按此功能键，可切换频率/占空比/电压（电流），测量频率时切换频率/占空比（1%～99%）。

～/═键：交直流工作方式转换键。

2. 使用要点

- 测试线位置：黑表笔接（8）——公共地，红表笔接被测插孔（6、7 或 9）。其中（7）——10A 电流测试插孔，（6）——小于 400mA 电流测试插孔，（9）——电流以外的其他测试量（电压、电阻、频率）的测试插孔。

- 将（4）——功能转换开关拨到所需挡位，开关从 OFF（关闭状态）按顺时针旋转，依次可进行直流电压（DC）测试、交流电压（AC）测试、电阻测试、二极管测试、通断测试、电容测试（电容测试插座在图 2-1 位置 5 处）、频率测试、三极管测试（三极管测试插座在位置 3 处）、μA 电流测试、mA 电流测试、大电流测试。

- 测量结果和测试单位在 1——液晶显示器中显示。

3. 万用表使用注意事项

- 测量前，要检查表笔是否可靠接触，是否正确连接、是否绝缘良好等，防止触电。

- 测量时应保证测量值不超过规定的极限值，以防电击和损坏仪表。在测量高于 60V 直流和 40V 交流时应小心谨慎，防止触电。

- 选择正确的功能，谨防误操作。

- 该仪表所测量的交流电压峰值不得超过 700V，直流电压不得超过 1000V。交流电压频率响应为：700V 量程为 40～100Hz，其余量程为 40～400Hz。

- 切勿在电路带电情况下测量电阻。不要使用电流挡、电阻挡、二极管挡和蜂鸣器挡测量电压。

- 转换功能时，表笔要离开测试点。仪表在测试时，不能旋转功能转换开关，特别是高电压和大电流时，严禁带电转换量程。

- 当屏幕出现电池符号时，说明电量不足，应更换电池。

- 在每次测量结束后，应把仪表关掉。

2.2 交流毫伏表

交流毫伏表（简称毫伏表）为通用交流电压表，可测量 100μV～300V（10Hz～1MHz）的交流电压。以某毫伏表为例，该表是一种普通的交流毫伏表，具有双路输入、单一通道、可同时测量两种大小不同的交流信号的有效值及对两种信号进行比较等功能。它具有较高的灵敏度和温度稳定性。

2.2.1 主要技术指标

- 测量交流电压范围：100μV～300V，共分 1mV，3mV，10mV，30mV，100mV，300mV，1V，3V，10V，30V，300V 共 11 挡级。
- 测量电平范围：−60dB～+50dB。
- 频率范围：20Hz～1MHz。
- 频率响应：100Hz～100kHz（误差≤±5%）；10Hz～1MHz（误差≤±8%）。
- 交流精度：±3%。
- 输入阻抗：1MΩ//45pF。

2.2.2 使用及注意事项

1. 操作面板

毫伏表操作面板如图 2-2 所示。

图 2-2 毫伏表操作面板

2. 调整机械调零

未接通电源前应先检查电表指针是否处于指零位置，若有偏差可调整机械调零的螺丝，使指针指在零位。

3. 电调零

接通电源将"输入线"与"接地线"短路，待 2～3 分钟后，若指针不指零，应调节"电调零"电位器，使指针指零。小于 1V 的各挡，每次换挡时，都重校准一次电调零。然后断开输入线，即可进行测量。

4. 测量电压

- 将"量程范围"开关拨至所需测量范围。
- 在低量程挡（如 1mV～1V），测量时应先接地线，然后再接输入线。测量完毕，则以相反顺序取下，以免因人体感应电位，使电表指针急速打向满刻度而损坏表针。
- 要求接地良好，即接地端与被测电路板的机壳之间连接良好，以免受干扰，影响测量误差。
- 测量完毕，应将"测量范围"开关放到最大量程（300V），然后关闭电源。

2.3 函数信号发生器

函数信号发生器是一种信号发生装置，能产生某些特定的周期性时间函数波形（正弦波、方波、三角波、锯齿波和脉冲波等）信号，普通函数信号发生器频率范围可从几个微赫到几十兆赫。除供通信、仪表和自动控制系统测试用，还广泛用于其他非电测量领域。

函数信号发生器型号规格众多，但其基本功能和使用方法是相似的，以下以一款函数信号发生器为例介绍其主要功能和使用方法。

该系列双通道函数/任意波形发生器使用直接数字合成（DDS）技术，可生成稳定、精确、纯净和低失真的正弦信号。它还能提供 5MHz、具有快速上升沿和下降沿的方波。另外它还具有高精度、宽频带的频率测量功能，实现了易用性、优异的技术指标及众多功能特性的结合。

2.3.1 性能特点

- 函数信号发生器可输出 5 种基本波形，内置 48 种任意波形。
- 它具有 100MSa/s 采样率。
- 输入/输出：外接调制源，外接 10MHz 基准时钟源，外触发输入，波形输出，数字同步信号输出。
- 测量功能：可以测量频率、周期、占空比、正/负脉冲宽度等物理量。
- 频率范围：100mHz～200MHz（单通道）。
- 标准配置接口：USB Host、USB Device。

2.3.2 使用说明

函数信号发生器操作面板如图2-3所示,包括各种功能按键、旋钮及菜单软键,可以进入不同的功能菜单或直接获得特定的功能应用。

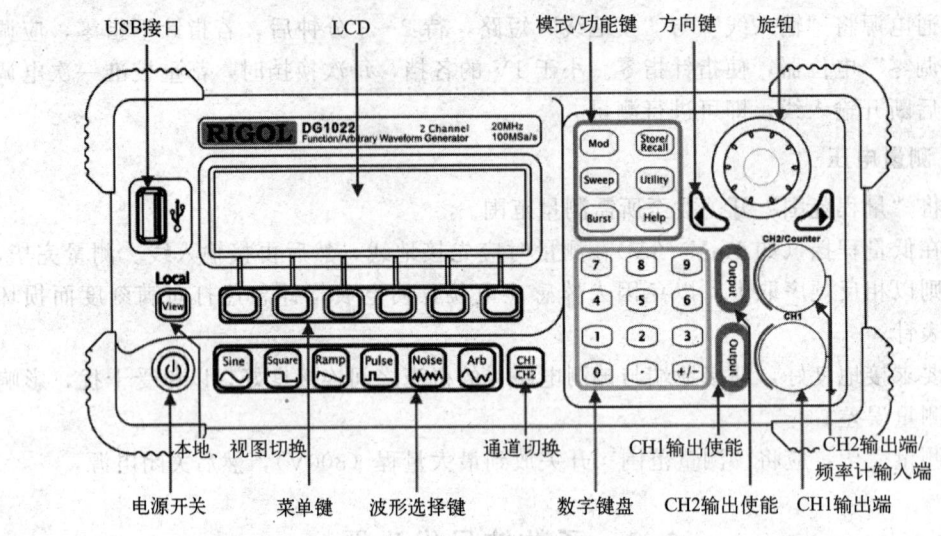

图2-3 函数信号发生器操作面板

2.3.3 使用举例

输出一个频率为20kHz,幅值为2.5VPP,偏移量为500mVDC,初始相位为10°的正弦波形。

【操作步骤】

1. 设置频率值

(1) 按 Sine 键→按"频率/周期"软键切换,软键菜单"频率"反色显示。

(2) 使用数字键盘输入"20",选择单位"kHz",设置频率为20kHz。

2. 设置幅度值

(1) 按"幅值/高电平"软键切换,软键菜单"幅值"反色显示。

(2) 使用数字键盘输入"2.5",选择单位"VPP",设置幅值为2.5VPP。

3. 设置偏移量

(1) 按"偏移/低电平"软键切换,软键菜单"偏移"反色显示。

(2) 使用数字键盘输入"500",选择单位"mVDC",设置偏移量为500mVDC。

4. 设置相位

(1) 按"相位"软键使其反色显示。

(2) 使用数字键盘输入"10",选择单位"°",设置初始相位为10°。

上述设置完成后，按 View 键切换为图形显示模式，信号发生器输出如图 2-4 所示正弦波。

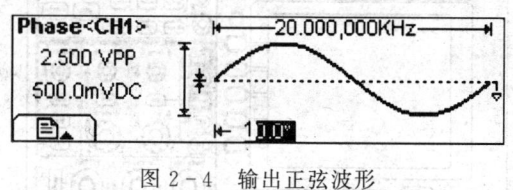

图 2-4 输出正弦波形

2.4 数字存储示波器

2.4.1 数字存储示波器简介

所谓数字存储就是在示波器中以数字编码的形式来储存信号。它具有以下特点：①可以显示大量的预触发信息；②可以通过使用光标和不使用光标两种方法进行全自动测量；③可以长期存储波形；④可以将波形传送到计算机进行储存或供进一步的分析之用；⑤可以在打印机或绘图仪上制作硬拷贝以供编制文件之用；⑥可以把新采集的波形和操作人员手工或示波器全自动采集的参考波形进行比较；⑦可以按通过/不通过的原则进行判断；⑧波形信息可以用数学方法进行处理。

数字存储示波器是用数字电路来完成存储功能的，因此将"Digital Storage Oscilloscope"简称为 DSO。输入信号的波形在 CRT 上获得之前先要存储到存储器中去。它用 A/D 转换器将模拟波形转换成数字信号，然后存储在存储器 RAM 中，需要时再将 RAM 中存储的内容调出，通过相应的 D/A 转换器，再将数字信号恢复为模拟量，显示在示波管的屏幕上。在数字存储示波器中，信号处理功能和信号显示功能是分开的，其性能指标完全取决于进行信号处理的 A/D、D/A 转换器 RAM。我们在示波器的屏幕上看到的波形是将所采集到的数据重建的波形，而不是输入连接端上所加信号的立即的、连续的波形显示。

下面以某公司 DS1000E-EDU，DS1000D-EDU 系列数字示波器为例对其操作面板使用及功能做简单的描述和介绍。

2.4.2 功能检查

1. 接通仪器电源

电线中供的是电压为 100V 至 240V 的交流电，其频率为 45Hz～440Hz。接通电源后，仪器将执行所有自检项目，并确认通过自检。按 Storage 按键，用菜单操作键从顶部菜单框中选择存储类型，然后调出出厂设置菜单框。通电检查如图 2-5 所示。

2. 示波器接入信号

按照如下步骤接入信号。

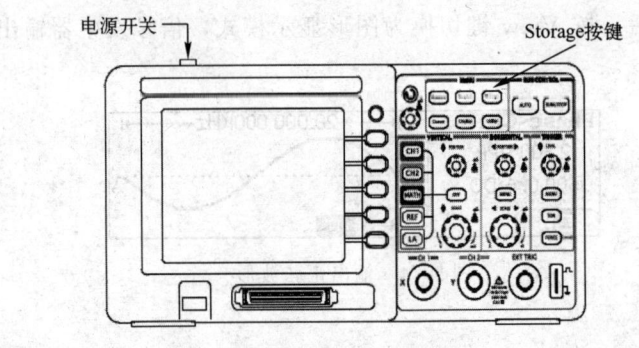

图 2-5 通电检查

① 用示波器探头将信号接入通道 1（CH1）：将探头连接器上的插槽对准 CH1 同轴电缆插接件（BNC）上的插口并插入，然后向右旋转以拧紧探头，完成探头与通道的连接后，将数字探头上的开关设定为 10X。探头补偿连接如图 2-6 所示。

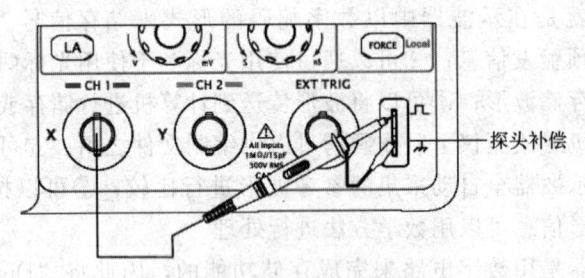

图 2-6 探头补偿连接

② 示波器需要输入探头衰减系数。此衰减系数将改变仪器的垂直挡位比例，以使得测量结果能正确反映被测信号的电平（默认的探头菜单衰减系数设定值为 1X）。设置探头衰减系数的方法如下：按 CH1 功能键显示通道 1 的操作菜单，应用与探头项目平行的 3 号菜单操作键，选择与您使用的探头同比例的衰减系数，如图 2-7 所示。此时设定的衰减系数为 10X，如图 2-8 所示。

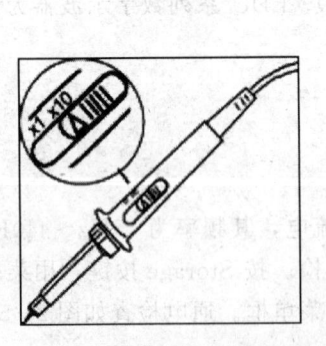

图 2-7 设定探头上的系数　　　图 2-8 设定菜单中的系数

③ 把探头端部和接地夹接到探头补偿器的连接器上，再按 AUTO（自动设置）按

键。几秒钟内，就可见到方波显示。

④ 以同样的方法检查通道 2（CH2）。按 OFF 功能按键或再次按下 CH1 功能按键以关闭通道 1，按 CH2 功能按键以打开通道 2，重复步骤②和步骤③。

2.4.3 数字存储示波器面板和用户界面

1. 示波器面板

DS1000E-EDU，DS1000D-EDU 系列数字示波器向用户提供简单而功能明晰的面板，以进行基本的操作。面板上包括旋钮和功能按键。旋钮的功能与其他示波器类似。显示屏右侧的一列 5 个灰色按键为菜单操作键（自上而下定义为 1 号至 5 号）。通过它们，可以设置当前菜单的不同选项；其他按键为功能键，通过它们，可以进入不同的功能菜单或直接获得特定的功能应用。

DS1000D-EDU 系列面板图，如图 2-9 所示。

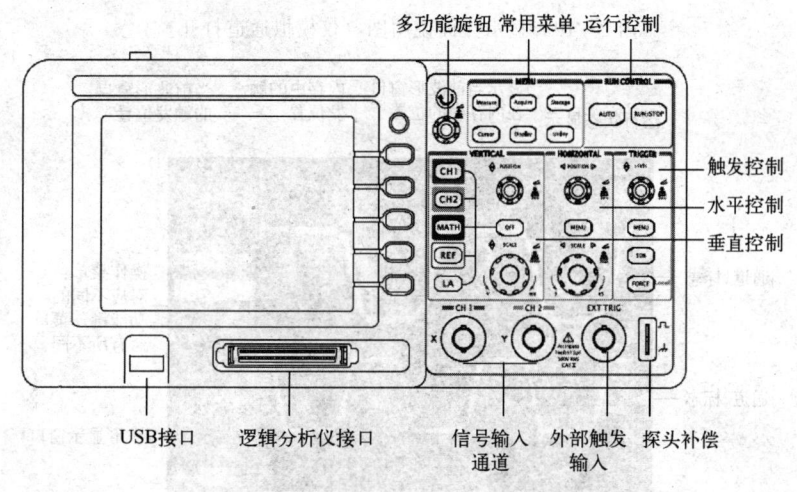

图 2-9 DS1000D-EDU 系列面板图

2. 显示界面

显示界面的显示内容主要有：波形显示、运行状态显示、当前波形窗口在内存中的位置、内存中的触发位置、当前波形窗口的触发位置、通道标志、操作菜单、数字通道关闭、数字通道打开等。显示界面说明图（仅模拟通道打开）如图 2-10 所示，显示界面说明图（模拟和数字通道同时打开）如图 2-11 所示。

2.4.4 数字示波器的一般操作

1. 波形显示的自动设置

数字示波器一般具有自动设置的功能。根据输入的信号，可自动调整电压倍率、时基以及触发方式，使波形显示达到最佳状态。应用自动设置要求被测信号的频率大于或等于 50Hz，占空比大于 1%。使用自动设置时，其步骤如下：

① 将被测信号连接到信号输入通道。

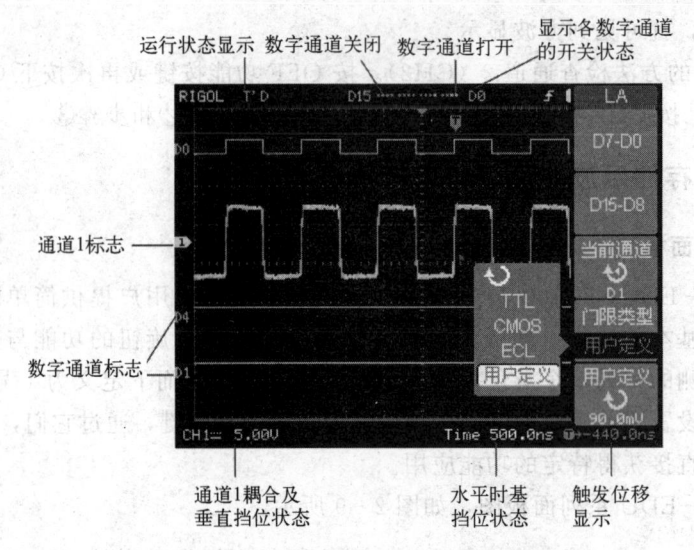

图 2-10 显示界面说明图（仅模拟通道打开）

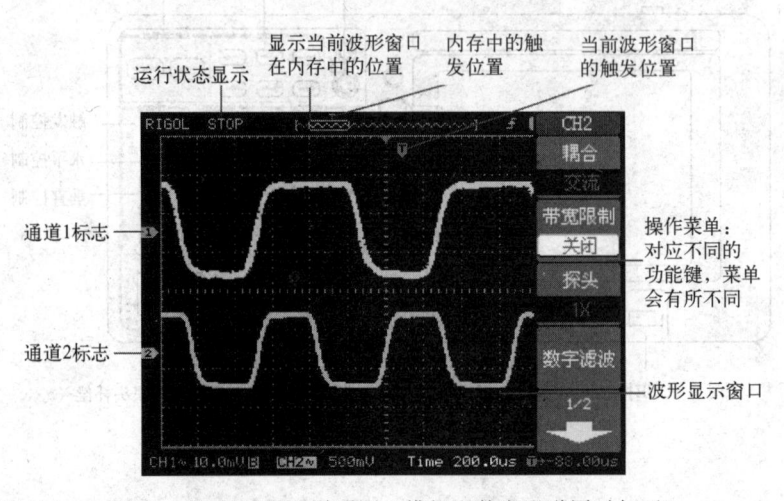

图 2-11 显示界面说明图（模拟和数字通道同时打开）

② 按下 AUTO 按键。示波器将自动设置垂直、水平和触发控制。如需要，可手动调整这些控制使波形显示达到最佳。

2. 垂直系统

如图 2-12 所示，在垂直控制区（VERTICAL）有一系列的按键、旋钮。

① 使用垂直旋钮在波形窗口居中显示信号。

垂直旋钮 ⊚POSITION 用于控制信号的垂直显示位置。当转动垂直旋钮 ⊚POSITION 时，指示通道地（GROUND）的标志会跟随波形而上下移动。

② 改变垂直设置，并观察因此导致的状态信息的变化。

可以通过波形窗口下方的状态栏显示的信息，确定任何垂直方向挡位的变化。转动垂直旋钮 ⊚SCALE 可以改变"Volt/div（伏/格）"垂直挡位，可以发现状态栏对应通道的挡位显示发生了相应的变化。按 CH1、CH2、MATH、REF、LA，屏幕显示对应通道的操作菜单、标志、波形和挡位状态信息。按 OFF 键关闭当前选择的通道。

3. 水平系统

如图 2-13 所示，在水平控制区（HORIZONTAL）有一个按键、两个旋钮。

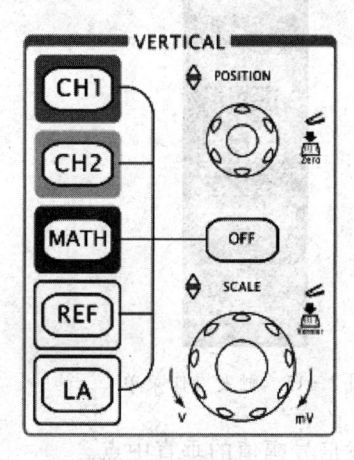

图 2-12　垂直控制区　　　　图 2-13　水平控制区

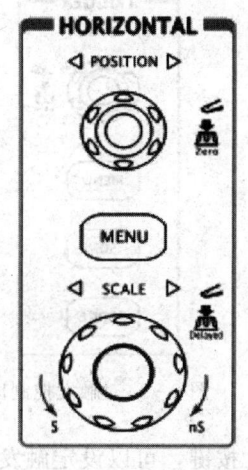

① 使用水平旋钮 SCALE 可以改变水平挡位设置，并显示因此导致的状态信息变化。转动水平旋钮 SCALE 可以改变 "s/div（秒/格）" 水平挡位，还可以显示状态栏对应通道的挡位发生相应变化。水平扫描速度从 2ns 至 50s，以 1-2-5 的形式步进。

② 使用水平旋钮 POSITION 可以调整信号在波形窗口的水平位置。

水平旋钮 POSITION 用于控制信号的触发位移。当转动水平旋钮 POSITION 调节触发位移时，可以观察到波形随旋钮而水平移动。

③ 按 MENU 按键，显示 Time 菜单。在此菜单下，可以开启/关闭延迟扫描或切换 Y-T、X-Y 和 ROLL 模式，还可以设置水平触发位移复位。

4. 触发系统

如图 2-14 所示，在触发控制区（TRIGGER）有一个旋钮、三个按键。

① 使用 LEVEL 旋钮可以改变触发电平设置。

转动 LEVEL 旋钮，可以发现屏幕上出现一条橘红色的触发线以及触发标志，随旋钮转动而上下移动。停止转动旋钮，此触发线和触发标志会在约 5 秒后消失。在移动触发线的同时，可以观察到在屏幕上触发电平的数值发生了变化。

② 使用 MENU 可以调出触发操作菜单（见图 2-15），可以改变触发的设置，观察由此造成的状态变化。

- 按 1 号菜单操作按键，可以选择 "边沿触发"。
- 按 2 号菜单操作按键，可以选择 "信源选择" 为 CH1。
- 按 3 号菜单操作按键，可以设置 "边沿类型" 为上升沿。
- 按 4 号菜单操作按键，可以设置 "触发方式" 为自动。

● 按 5 号菜单操作按键，可以进入"触发设置"二级菜单，对触发的耦合方式、触发灵敏度和触发释抑时间进行设置。

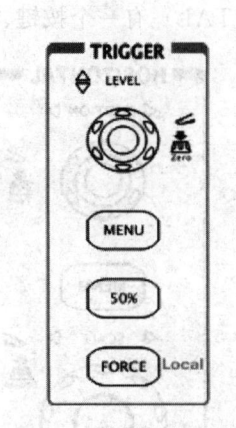

图 2-14 触发控制区　　图 2-15 触发操作菜单

③ 按 50% 按键，可以设定触发电平在触发信号幅值的垂直中点。

④ 按 FORCE 按键：可以强制产生一个触发信号，主要应用于触发方式中的"普通"和"单次"模式。

第 2 篇　电路原理实验

第 3 章　电路原理验证型实验

3.1　戴维南定理与诺顿定理

【教学内容】

验证戴维南定律与诺顿定律。

【教学要求】

- 能描述戴维南定律与诺顿定律，能描述有源二端网络的外特性，能理解等效概念；
- 能正确搭建有源二端网络的外特性测试电路；
- 能准确测量有源二端网络的外特性；
- 能分析实验数据并判断其等效性；
- 能撰写符合规范的实验报告。

【实验设备与器件】

直流电压源、直流电流源、电流表、电压表、电阻等。

3.1.1　实验原理

任何一个线性网络，如果只研究其中的一个支路的电压和电流，则可将电路的其余部分看做一个含源一端口网络，而任何一个线性含源一端口网络对外部电路的作用，可用一个等效电压源来代替，该电压源的电动势 E_S 等于这个含源一端口网络的开路电压 U_K，其等效内阻 R_S 等于这个含源一端口网络中各电源均为零时（电压源短接，电流源断开）无源一端口网络的入端电阻 R，这个结论就是戴维南定理。

如果用等效电流源来代替，其等效电流 I_S 等于这个含源一端口网络的短路电流 I_d，其等效内电导等于这个含源一端口网络各电源均为零时无源一端口网络的入端电导，这个结论就是诺顿定理。

本实验用图 3-1 所示线性网络来验证以上两个定理。

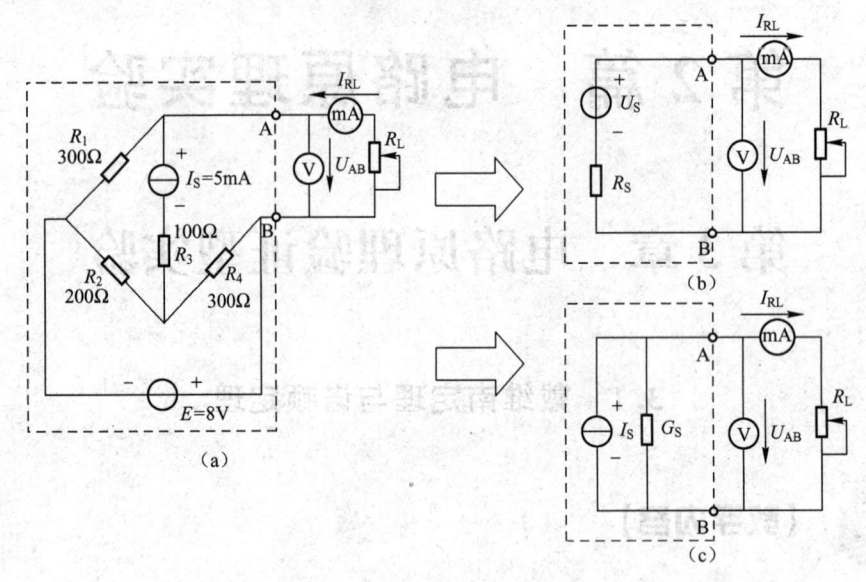

图 3-1 一线性含源网络等效为电压源或电流源

3.1.2 实验方法

（1）按图 3-1 所示接线，改变负载电阻 R_L，测量出 U_{AB} 和 I_{RL} 的数值，特别注意要测出 $R_L=\infty$ 及 $R_L=0$ 时的电压和电流，并填入表 3-1 中。

表 3-1 线性含源一端口网络（图 3-1）的实验数据记录表

R_L/Ω	0							∞
U_{AB}/V								
I_{RL}/mA								

（2）测量无源一端口网络的入端电阻。

将电流源去掉（开路），电压源也去掉，然后用一根导线代替它（短路），再将负载电阻开路，用伏安法或直接用万用表电阻挡测量 AB 两点间的电阻 R_{AB}，该电阻即为网络的入端电阻。

（3）调节电阻箱的电阻，使其等于 R_{AB}，然后将稳压电源输出电压调到 U_K（步骤（1）时所得的开路电压）与 R_{AB} 串联如图 3-1（b）所示，重复测量 U_{AB} 和 I_{RL} 的值（填入表 3-2 中），并与步骤（1）所测得的数值进行比较，以验证戴维南定理。

表 3-2 图 3-1 用戴维南定理等效为电压源后的实验数据记录表

R_L/Ω	0							∞
U_{AB}/V								
I_{RL}/mA								

（4）验证诺顿定理。用一电流源，其大小为实验步骤（1）中 R_L 短路的电流与一等效电导 $G_S=1/R_S$ 并联后组成的实际电流源，接上负载电阻，重复步骤（1）的测量，其值填入表 3-3 中，与步骤（1）所测得的数值进行比较，以验证诺顿定理。

表 3-3　图 3-1 用诺顿定理等效为电压源后的实验数据记录表

R_L/Ω	0								∞
U_{AB}/V									
I_{RL}/mA									

3.1.3　实验报告

（1）根据实验测得的 U_{AB} 及 I_{RL} 数据，分别绘出曲线，验证它们的等效性，并分析误差产生的原因。

（2）根据 3.1.1 节步骤（1）所测得的开路电压 U_K 和短路电流 I_D，计算有源二端网络的等效内阻，与步骤（3）中所测得的 R_{AB} 进行比较。

3.2　网络等效变换

【教学内容】

研究线性无源网络丫形网络和△形网络的等效性。

【教学要求】

- 能描述丫形网络和△形网络的电路结构；
- 能描述丫形和△形网络等效互换的条件；
- 能正确搭建无源网络丫形网络和△形网络的外特性测试电路；
- 能准确测量无源网络的外特性；
- 能分析实验数据并判断其等效性；
- 能撰写符合规范的实验报告。

【实验仪器仪表与器件】

直流电压源、直流电流源、电流表、电压表、电阻等。

3.2.1　实验原理及参考电路

在许多场合下广泛应用具有 3 个独立参数的网络，这种网络中最常用的是丫形网络（也称星形或 T 形网络）和△形网络（也称 π 形网络），例如，如图 3-2 所示，任意一个具有输入端口和输出端口的非线性无源网络,都可以用一个丫形或△形网络来等效代替。而丫形和△形网络相互间也可互相转换等效代替。这种等效变换往往可以简化电路结构,并且丫形和△形网络转换并不影响网络其余未经变换部分的电压和电流。

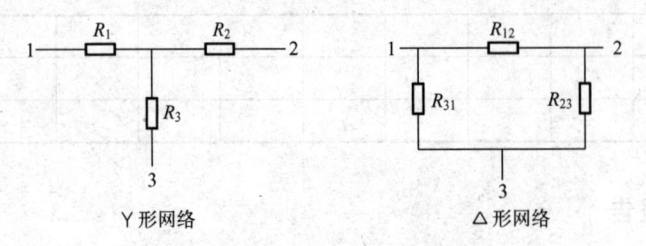

图 3-2 丫形网络和△形网络

丫形和△形网络等效互换的条件是变换前后网络的外特性不变,这就是说,如果我们在这两种网络相对应的端钮上分别施加相同的电流 I_1 和 I_2,则各对应端钮间的电压 U_{13} 和 U_{23} 该相等,如图 3-3（a）及（b）所示。

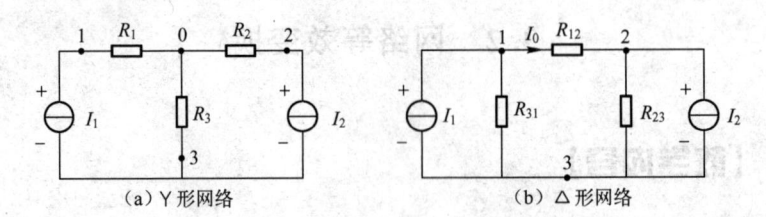

图 3-3 丫形网络和△形网络的等效替换

对丫形网络来说

$$U_{13}=R_1I_1+R_3(I_1+I_2)$$
$$U_{23}=R_2I_2+R_3(I_1+I_2)$$

即

$$U_{13}=(R_1+R_3)I_1+R_3I_2$$
$$U_{23}=R_3I_1+(R_2+R_3)I_2$$

对△形网络来说,把图中电流源与电阻并联的实际电流源可等效转换成电压源与电阻串联的实际电压源。这样便可求得

$$I_0=(R_{31}I_1-R_{23}I_2)/(R_{12}+R_{23}+R_{31})$$

以及

$$U_{13}=R_{31}I_1-R_{31}I_0$$
$$U_{23}=R_{23}I_0+R_{23}I_2$$

由此可得：

$$U_{31}=\frac{R_{31}(R_{12}+R_{23})}{R_{12}+R_{23}+R_{31}}I_1+\frac{R_{23}R_{31}}{R_{12}+R_{23}+R_{31}}I_2$$

$$U_{23}=\frac{R_{23}R_{31}}{R_{12}+R_{23}+R_{31}}I_1+\frac{R_{23}(R_{12}+R_{31})}{R_{12}+R_{23}+R_{31}}I_2$$

这两式和丫形网络得出的两式中 I_1 与 I_2 前面对应的系数应分别相等，所以可得下列等式：

$$R_1+R_3=\frac{R_{31}(R_{12}+R_{23})}{R_{12}+R_{23}+R_{31}}$$

$$R_3=\frac{R_{23}R_{31}}{R_{12}+R_{23}+R_{31}}$$

$$R_2+R_3=\frac{R_{23}(R_{12}+R_{31})}{R_{12}+R_{23}+R_{31}}$$

解上三式可得：

$$R_1=R_{12}R_{31}/(R_{12}+R_{23}+R_{31})$$

$$R_2=R_{12}R_{23}/(R_{12}+R_{23}+R_{31})$$

$$R_3=R_{23}R_{31}/(R_{12}+R_{23}+R_{31})$$

上面三式就是由已知的△形网络的3个电阻，求等效的丫形网络3个电阻的公式。同样，也可解得

$$R_{12}=\frac{R_1R_2+R_2R_3+R_3R_1}{R_3}$$

$$R_{23}=\frac{R_1R_2+R_2R_3+R_3R_1}{R_1}$$

$$R_{31}=\frac{R_1R_2+R_2R_3+R_3R_1}{R_2}$$

这三式是由已知的丫形网络的3个电阻，求等效的△形网络3个电阻的公式。

3.2.2 实验方法

按图3-4所示实验线路中丫形网络的参数计算得出等效△形网络的参数，并对两个网络的外特性分别进行测量，再比较验证它们的等效性质。

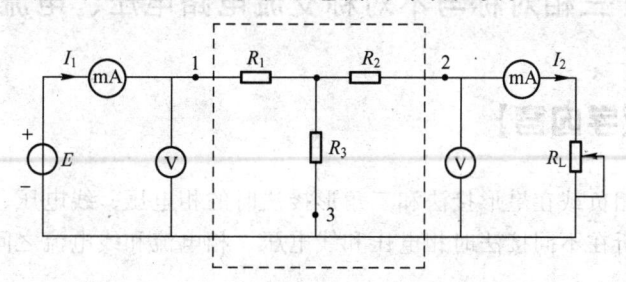

图3-4 丫形网络参数测试电路

步骤如下：

(1) 实验时调节直流稳压电源，使输出电压为8V保持不变，改变电阻 R_L 的值，测量并记录 U_1、U_2、I_1、I_2，填入表3-4中。

(2) 将根据丫形网络参数计算出的△形网络参数代替丫形网络，重测 U_1、U_2、I_1、I_2，填入3-4中。

实验中可搭建A、B两个网络进行测试，A、B两网络的内部结构如图3-5所示。

表 3-4 网络等效变换实验数据测试表

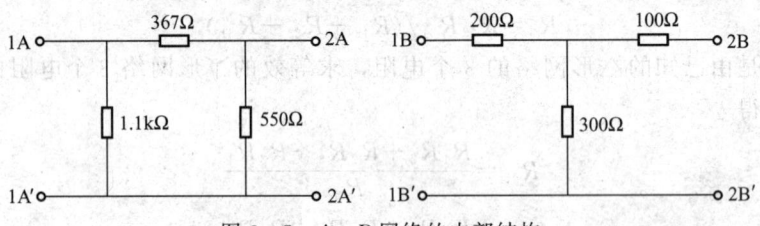

测量内容	R_L/Ω	0	50	100	200	300	500	1k	2k	5k	∞
Y形网络	I_1/mA										
	I_2/mA										
	U_1/V										
	U_2/V										
△形网络	I_1/mA										
	I_2/mA										
	U_1/V										
	U_2/V										

图 3-5 A、B 网络的内部结构

3.2.3 实验报告

（1）完成实验测试，数据填入表。
（2）从实验测试中比较分析Y形与△形网络转换的等效性。
（3）在上述实验线路中固定 R_L 而改变 E 不同值，请测试列表验证两个网络的互换等效性。

3.3 三相对称与不对称交流电路电压、电流测量

【教学内容】

测量各种三相负载在星形接法和三角形接法时的相电压、线电压、相电流、线电流及三相功率，分析在不同接法时相电压和线电压、相电流和线电流之间的关系。

【教学要求】

- 能牢记安全电压的数值；
- 能描述触电的原因及触电的形式；
- 能理解三相交流电路中负载在Y形接法或△形接法时的相电流、线电流、相电压、线电压之间的关系；
- 能正确连接Y形接法或△形接法时的三相负载；

- 能正确测量三相负载对称或不对称时三相交流电路的电压、电流和功率；
- 撰写符合规范的实验报告。

【实验设备与器件】

实验设备与器件有：三相交流电源、单相交流功率表、交流电压表、交流电流表、白炽灯等。

3.3.1 实验原理

将三相负载（见图3-6）各相的一端X、Y、Z连接在一起接成中点，U、V、W分别接于三相电源，此连接即为星形连接，这时相电流等于线电流，如电源为对称三相电压，则因线电压是对应的相电压的矢量差，在负载对称时它们的有效值相差$\sqrt{3}$倍，即

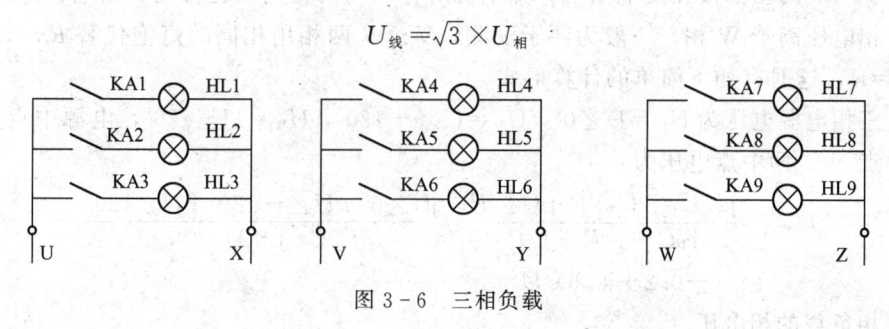

$$U_{线} = \sqrt{3} \times U_{相}$$

图3-6 三相负载

这时各相电流也相互对称，电源中点与负载中点之间的电压为零，如用中线将两中点之间连接起来，中线电流也等于零，如果负载不对称，则中线就有电流流过，这时如将中线断开，三相负载的各相相电压不再对称，各相电灯出现亮、暗不同的现象，这就是中点位移引起各相电压不等的结果。

如果将图3-6所示的三相负载的X与V、Y与V、Z与W分别相连，再在这些连接点上引出三根导线接至三相电源，此接法即为三角形连接法。这时的线电压等于相电压，但线电流为对应的两相电流的矢量差，负载对称时，它们也有$\sqrt{3}$倍的关系，即$I_{线} = \sqrt{3} \times I_{相}$。

若负载不对称，虽然线电流间不再有$\sqrt{3}$倍的关系，但线电流仍为相应的相电流矢量差，这时只有通过矢量图，方能计算它们的大小和相位。

在三相电源供电系统中，电源线相序的确定是件极为重要的事情，因为只有同相序的系统才能并联工作，三相电动机的转子的旋转方向也完全决定于电源线的相序，许多电力系统的测量仪表及继电保护装置也与相序密切有关。

确定三相电源相序的仪器称相序指示器，其电路实际上是一个星形连接的不对称电路，一相中接有电容C，另两相分别接入相等的电阻R（或两个相同的灯泡）如图3-7所示。

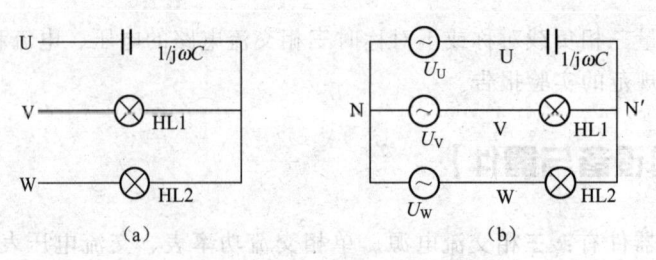

图 3-7 星形连接的不对称电路

如果把图 3-7（a）所示的电路接到对称三相电源上，等效电路如图 3-7（b）所示，则如果认定接电容的一相为 U 相，那么，其余两相中相电压较高的一相必定是 V 相，相电压较低的一相是 W 相，V、W 两种电压的相差程度决定于电容的数值，电容可取任意值，在极限情况下 V、W 两相电压相等，即如果 $C=0$，U 相断开，此时 V、W 两相电阻串接在线电压上，如两电阻相等，则两相电压相同，如 $C=\infty$，U 相短路，此时，V、W 两相都接在线电压上，如电源对称，则两相电压也相同。当电容为其他值时，V 相电压高于 W 相，一般为便于观测，V、W 两相用相同的灯泡代替 R，如选择 $1/j\omega C=R$，这时有如下简单的计算形式。

设三相电源电压为 $U_U=U\angle 0°$，$U_V=U\angle -120°$，$U_W=U\angle 120°$，电源中点为 N，负载中点 N′，两中点电压为：

$$U_{NN'}=\frac{j\omega_C U_U+U_V/R+U_W/R}{j\omega C+1/R+1/R}=\frac{jU\angle 0°+U\angle -120°+U\angle 120°}{j+2}$$
$$=(-0.2+j0.6)U$$

V 相负载的相电压

$$U_{VN'}=U_V-U_{N'N}=U\angle -120°-(-0.2+j0.6)U$$
$$=(-0.3-j1.47)U=1.5U\angle -105.5°$$

W 相负载的相电压

$$U_{CN'}=U_C-U_{N'N}=U\angle 120°-(-0.2+j0.6)U$$
$$=(-0.3-j0.266)U=0.4U\angle -138.4°$$

由计算可知，V 相电压较 W 相电压高 3.8 倍，所以 V 相灯泡较 W 相亮，因此是灯亮的一相，电源相序就可确定了。

对于三相四线制供电的三相星形连接的负载（即 Y₀ 接法），可用一只功率表测量各相的有功功率 P_A、P_B、P_C，则三相功率之和（$\Sigma P=P_A+P_B+P_C$），即为三相负载的总有功功率值。此方法就是一瓦特表法，如图 3-8 所示。若三相负载是对称的，则只需测量一相的功率，再乘以 3 即得三相总的有功功率。

在三相三线制供电系统中，不论三相负载是否对称，也不论负载是 Y 接还是 △ 接的，都可用二瓦特表法测量三相负载的总有功功率。测量线路如图 3-9 所示。若负载为感性或容性的，且当相位差 $\varphi>60°$ 时，线路中的一只功率表指针将反偏（数字式功率表的读数将出现负值），这时应将功率表电流线圈的两个端子调换（不能调换电压线圈端子），其读数应记为负值。而三相总功率 $\Sigma P=P_1+P_2$（P_1、P_2 本身不含任何意义）。

图 3-8 一瓦特表法

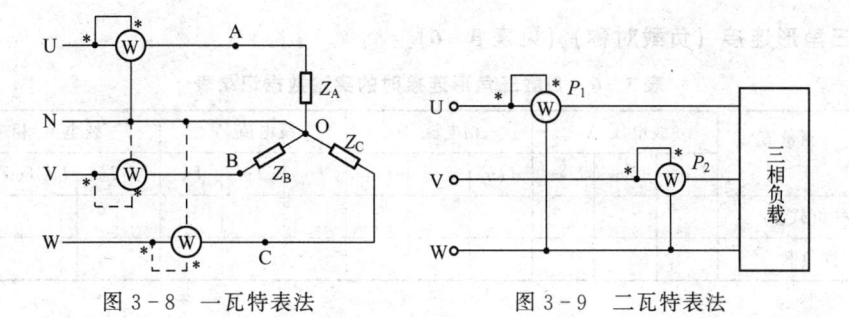

图 3-9 二瓦特表法

对于三相三线制供电的三相对称负载，可用一瓦特表法测得三相负载的总无功功率 Q，测试原理线路如图 3-10 所示。

图示功率表读数的 $\sqrt{3}$ 倍，即为对称三相电路总的无功功率。除了此图给出的一种连接法（I_U、U_{VW}），还有另外两种连接法，即接成（I_V、U_{WU}）或（I_W、U_{UV}）。

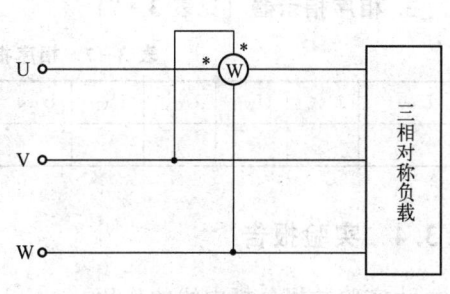

图 3-10 三相对称负载的功率测量

3.3.2 实验方法

（1）将三相阻容负载按星形接法连接，接至三相对称电源。

（2）测量有中线时负载对称和不对称的情况下，各线电压、相电压、线电流、相电流和中线电流的数值。

（3）拆除中线后，测量负载对称和不对称的情况下，各线电压、相电压、线电流、相电流的数值。观察各相灯泡的亮暗，测量负载中点与电源中点之间的电压，分析中线的作用。

（4）将三相灯板接成三角形连接，测量在负载对称及不对称时的各线电压、相电压、线电流、相电流读数，分析它们互相间的关系。

（5）用两相灯泡负载与一相电容器组成一只相序指示器接上三相对称电源检查相序，并测量指示器各相电压、线电压、线电流及指示器中点与电源中点间的电压。

3.3.3 实验数据

1. 星形连接（见表 3-5）

表 3-5 负载星形连接时的实验数据记录表

负载状态	测量值	线电压/V U_{UV}	U_{VW}	U_{WU}	相电压/V 相（线） U_U	U_V	U_W	电流/A I_U	I_V	I_W	中线电流/A	中点间电压/V
负载对称	有中线											
	无中线											
负载不对称	有中线											
	无中线											

2. 三角形连接（负载对称）（见表 3-6）

表 3-6 负载三角形连接时的实验数据记录表

测量值 负载状态	线电压/V			相电流/V			线电流/V			线电流/相电流		
	U_{UV}	U_{VW}	U_{WU}	I_{UV}	I_{VW}	I_{WU}	I_U	I_V	I_W	I_U/I_{UV}	I_V/I_{VW}	I_W/I_{WU}
对称负载												
不对称负载												

3. 相序指示器（见表 3-7）

表 3-7 相序指示器的实验数据记录表

U_{UV}	U_{VW}	U_{WU}	U'_{UN}	U'_{VN}	U'_{WN}	I_U	I_V	I_W	$U_{NN'}$	R_V	R_W	C

3.3.4 实验报告

由实验数据分析中线的作用。

第4章　电路原理综合设计型实验

4.1　线性与非线性电阻元件的伏安特性测定

【实验内容】

测定线性电阻、非线性电阻、二极管、稳压管等常用电工电子元器件的伏安特性。

【实验要求】

- 能牢记并理解线性电阻、非线性电阻、二极管、稳压管等常用元器件的主要参数及物理意义；
- 能描述线性电阻、非线性电阻、二极管、稳压管等常用器件的伏安特性；
- 能正确使用常用电工仪表；
- 能用电流表、电压表及常用线性、非线性元件构成实验电路；
- 能撰写符合规范的实验报告。

【实验仪器仪表及器材】

直流稳压电源、直流电压表、直流电流表、电阻、非线性电阻、硅二极管、硅稳压管等。

4.1.1　实验原理

任何一个电器二端元件的特性可用该元件上的端电压 U 与通过该元件的电流 I 之间的函数关系 $I=f(U)$ 来表示，即用 I-U 平面上的一条曲线来表征，这条曲线称为该元件的伏安特性曲线。

(1) 线性电阻的伏安特性曲线是一条通过坐标原点的直线，如图4-1 (a) 所示，该直线的斜率等于该电阻的电阻值。

(2) 一般的白炽灯，其灯丝电阻从冷态开始随着温度的升高而增大。通过白炽灯的电流越大，其温度越高，阻值也越大。灯丝的"冷电阻"与"热电阻"的阻值可相差几倍至十几倍，它的伏安特性如图4-1 (b) 所示。

(3) 一般的半导体二极管是一个非线性电阻元件，其伏安特性如图4-1 (c) 所示。其正向压降很小（一般的锗管约为0.2~0.3V，硅管约为0.5~0.7V），正向电流随正向压降的升高而急骤上升。而反向电压从零一直增加到十多至几十伏时，其反向电流增加很小，可粗略地视为零。可见，二极管具有单向导电性，但反向电压加得过高，超过管子的极限值，则会导致管子击穿损坏。

（4）稳压二极管是一种特殊的半导体二极管，其正向特性与普通二极管类似，但其反向特性较特别，如图 4-1（d）所示。在反向电压开始增加时，其反向电流几乎为零，但当电压增加到某一数值时（称为管子的稳压值，有各种不同稳压值的稳压管），电流将突然增加，以后它的端电压将基本维持恒定，当反向电压继续升高时其端电压仅有少量增加。

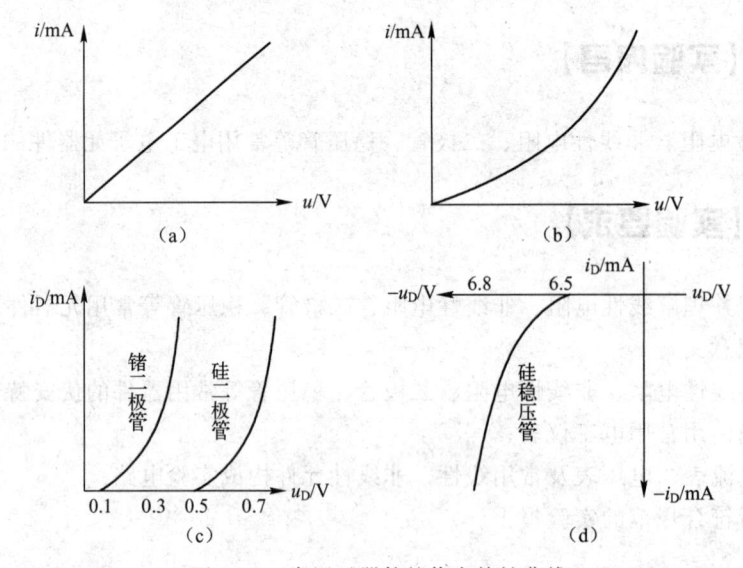

图 4-1 常用元器件的伏安特性曲线

注意：流过二极管或稳压二极管的电流不能超过管子的极限值，否则管子会被烧坏。

对于一个未知的电阻元件，可以参照对已知电阻元件的测试方法进行测量，再根据测得数据描绘其伏安特性曲线，再与已知元件的伏安特性曲线相对照，即可判断出该未知电阻元件的类型及某些特性，如线性电阻的电阻值、二极管的材料（硅或锗）、稳压二极管的稳压值等。

4.1.2 实验内容

1. 测定线性电阻 R_L 的伏安特性

按图 4-2（a）所示接线，调节稳压电源的输出电压，再改变电路中的电流，从而可测得通过电阻 R_L 的电流及相应的电压值。将所读数据列入表 4-1 中（注意流过 R_L 的电流应是电流表读数减去流过电压表中的电流），这里流过 R_L 的电流可用电流表读数近似地代替。

2. 测定非线性电阻的伏安特性

将上述电路中的电阻换成非线性电阻，如图 4-2（b）所示，重复上述步骤即可测得非线性电阻两端的电压及相应的电流数值,填入表4-2。

3. 测定二极管的伏安特性

按图4-2(c)所示接线,同样调节电源输出电压,并记下相对应的电压和电流值,填入表4-3中。

4. 测定稳压二极管的反向伏安特性

将步骤3中的一般二极管换成稳压二极管,如图4-2(d)所示,重复上述步骤并记下读数,填入表4-4中。

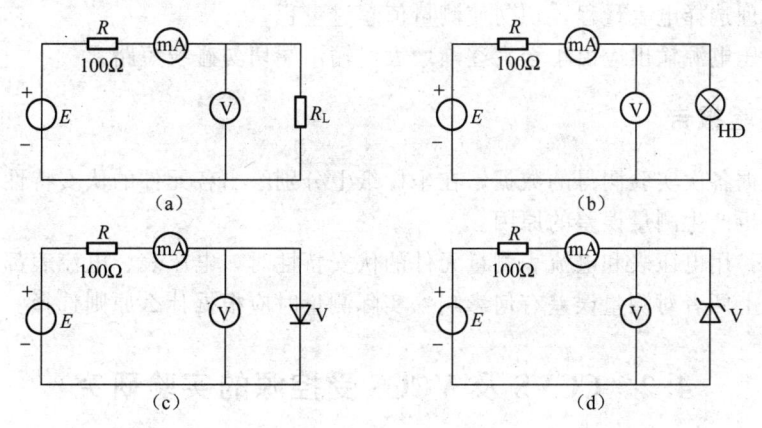

图4-2 伏安特性曲线测试电路

4.1.3 实验数据(数据填入相应表格)

(1)线性电阻R_L的伏安特性(见表4-1)。

表4-1 测试线性电阻伏安特性的实验数据记录表

U/V					
I/mA					

(2)非线性电阻的伏安特性(见表4-2)。

表4-2 测试非线性电阻伏安特性的实验数据记录表

U/V					
I/mA					

(3)一般硅二极管正向伏安特性(见表4-3)。

表4-3 测试一般硅二极管伏安特性的实验数据记录表

U/V					
I/mA					

(4) 稳压二极管反向伏安特性（见表4-4）。

表4-4 测试稳压二极管伏安特性的实验数据记录表

U/V						
I/mA						

4.1.4 注意事项

（1）实验时，电流表应串接在电路中，电压表应并接在被测元件上，极性切勿接错。
（2）合理选择电表量程，切勿使测量值超过量程。
（3）稳压电源输出应由小至大逐渐增大，输出端切勿碰线短路。

4.1.5 实验报告

（1）根据各次实验测得的数据，在坐标纸上分别绘出各元件的伏安特性曲线。
（2）分析产生测量误差的原因。

思考题：用电压表和电流表测量元件的伏安特性时，电压表、电流表都可以内接或外接，理论上两者对测量误差有何影响？实际测量时应根据什么原则选择？

4.2 CCVS及VCCS受控源的实验研究

【教学内容】

CCVS及VCCS受控源的实验研究。

【教学要求】

- 能理解线性CCVS及VCCS受控源的物理意义；
- 能理解CCVS及VCCS受控源特性；
- 能正确搭建CCVS及VCCS受控源转移电阻、转移电导的测量电路；
- 能准确测量CCVS及VCCS的伏安特性、转移电阻及转移电导；
- 能应用实验数据分析CCVS及VCCS的特征；
- 能撰写符合规范的实验报告。

【实验仪器仪表及器件】

直流稳压电源、直流稳流电源、直流电压表、直流电流表、运算放大器、电阻等。

4.2.1 实验原理

电源可分为独立电源（如干电池、发电机等）与非独立电源（或称受控源）两种，受控源在网络分析中已经成为一个与电阻、电感、电容等无源元件同样经常遇到的电路元件。受控源与独立电源不同，独立电源的电动势或电激流是某一固定数值或某一时间函数，不随电路其余部分的状态而改变，且理想独立电压源的电压不随其输出电流而改变，理想独立电流源的输出电流与其端电压无关。独立电源作为电路的输入，它代表了外界对电路的作用。受控源的电动势或电激流则随网络中另一支路的电流或电压的变化而变化，它表示了电子器件中所发生的物理现象的一种模型。受控源又与无源元件不同，无源元件的电压和它自身的电流有一定的函数关系，而受控源的电压或电流则和另一支路（或元件）的电流或电压有某种函数关系。当受控源的电压（或电流）与控制元件的电压（或电流）成正比变化时，该受控源是线性的。理想受控源的控制支路中只有一个独立变量（电压或电流），另一个独立变量等于零，即从入口看，理想受控源或者是短路，即输入电阻 $R_1=0$，因而 $U_1=0$，或者是开路，即输入电导 $G_1=0$，因而输入电流 $I_1=0$；从出口看，理想受控源或者是一理想电流源或者是一理想电压源。受控源有两对端钮，一对输出端钮，一对输入端钮，输入端钮用来控制输出端电压或电流大小，施加于输入端的控制量可以是电压或是电流，因此，有两种受控电压源即电压控制电压源 VCVS，电流控制电压源 CCVS，同样，受控电流源也有两种，即电压控制电流源 VCCS 及电流控制电流源 CCCS。

受控源的控制端与受控端的关系式称转移函数，4 种受控源的转移函数参量分别用 α、g_m、μ、r_m 表示，它们的定义如下。

CCCS：$\alpha = i_2/i_1$　　　　转移电流比（或电流增益）

VCCS：$g_m = i_2/u_1$　　　　转移电导

VCVS：$\mu = u_2/u_1$　　　　转移电压比（或电压增益）

CCVS：$r_m = u_2/i_1$　　　　转移电阻

4.2.2　实验方法

1. CCVS 的伏安特性及转移电阻 r_m 的测试

（1）实验线路如图 4-3 所示。

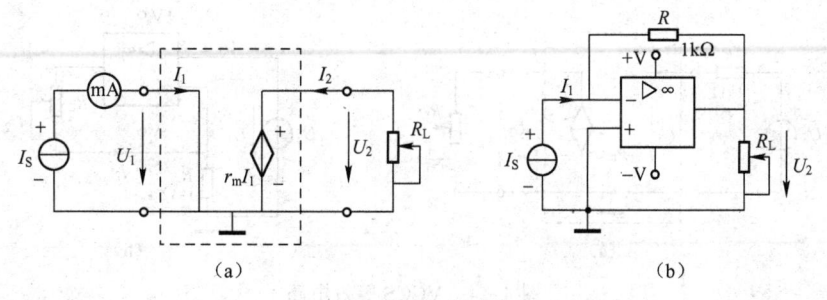

图 4-3　CCVS 等效电路

（2）实验步骤。

① 按图接线，接通电源。

② 调节稳流电源使输出电流 $I_1=+5\text{mA}$ 或 $I_1=-5\text{mA}$，然后改变 R_L 的值分别测

量出 U_1、U_2、I_2，所测数据填入表 4-5，并绘制 CCVS 的外部特性曲线 $U_2=f(I_2)$。

表 4-5 测量 CCVS 伏安特性的实验数据记录表

R_L/Ω	1k	2k	3k	4k	5k	6k	7k	8k	9k	10k	∞
U_2/V											
I_2/mA											

为使 CCVS 能正常工作应使 $I_2<\pm 5mA$，$U_2<\pm 5V$ 及 $R_L>1k\Omega$。

测量电流时可用电压表测量电阻上的压降，再根据欧姆定理求得电流，或直接串入电流表测量电流。

$$U_1 = \underline{\qquad} V \qquad I_1 = 5mA$$

③ 固定 $R_L=1k\Omega$，改变稳流电源输出电流 I_1 为正负不同数值时分别测量 U_1、U_2、I_2，所测数据填入表 4-6，并计算转移电阻 r_m 及绘制输入伏安特性 $U_1=f(I_1)$ 与转移特性 $U_2=f(I_1)$。

表 4-6 测量 CCVS 伏安特性及转移电阻的实验数据记录表

I_1/mA	U_1/V	U_2/V	I_2/mA	$r_m=U_2/I_1/\Omega$	R_L/Ω
5					1k
2					1k
1					1k
-1					1k
-2					1k
-5					1k

注：$\bar{r}_m = \sum_{n=1}^{N} r_{mn}/n$

2. VCCS 的伏安特性及转移电导 g_m 的测试

(1) 实验线路，如图 4-4 所示。

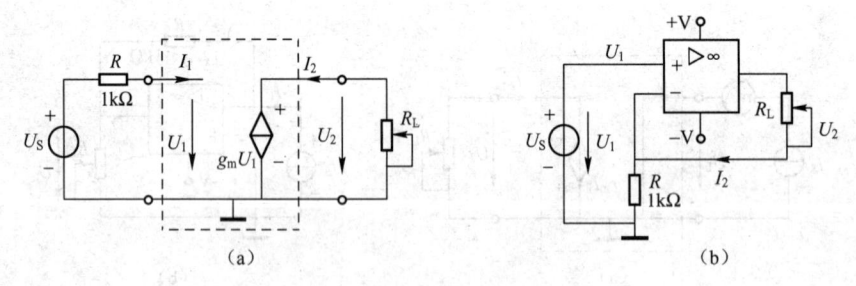

图 4-4 VCCS 等效电路

(2) 实验步骤。

① 按图接线，接通 VCCS 电源。

② 调节稳压电源输出电压。使 $U_1=5V$ 或 $U_1=-5V$，改变 R_L 的值分别测量出

U_2、I_2、I_1，所测数据填入表 4-7，并绘制 VCCS 的外部特性曲线 $I_2=f(U_2)$。为使 VCCS 正常工作应使 U_1（或 U_2）在 ±5V 以内，I_1（或 I_2）在 ±5mA 以内，$R_L<1k\Omega$。

表 4-7　测量 VCCS 伏安特性的实验数据记录表

R_L/Ω	1k	900	800	700	600	500	400	300	200	100
U_2/V										
I_2/mA										

③ 固定 $R_L=1k\Omega$，改变稳压电源输出电压 U 为正负不同数值时分别测量 U_1、U_2、I_2，测试数据填入表 4-8，并计算转移电导 g_m，绘制 VCCS 的输入伏安特性曲线 $U_1=f(I_1)$ 及转移特性曲线 $I_2=f(U_1)$。

表 4-8　测量 VCCS 伏安特性及转移电导的实验数据记录表

U/V	U_1/V	U_2/V	I_2/mA	$g_m=I_2/U_1$ (1/Ω)	R_L/Ω
5					1k
2					1k
1					1k
-1					1k
-2					1k
-5					1k

注：$\overline{g}_m = \sum_{n=1}^{N} g_{mn}/n$

4.2.3　实验报告

(1) 完成数据测试并记入相应表格中。
(2) 计算转移电导 $\overline{g}_m$ 及转移电阻 $\overline{r}_m$。
(3) 通过测试所得的数据分析 CCVS 及 VCCS 两种受控源中控制量与受控量之间的关系。

4.3　线性无源二端口网络的研究

【教学内容】

线性无源二端口的研究，测试一线性二端口网络的传输参数，并将其等效为最简单的二端口网络（丫形网络和△形网络）。

【教学要求】

- 能理解线性无源二端口网络网路参数（A 参数）的物理意义；
- 能理解 A 参数的特性及其等值方法；
- 能正确搭建无源二端口网络 A 参数、开路阻抗、短路阻抗的测量电路；
- 能准确测量 A 参数、开路阻抗、短路阻抗；
- 能应用实验数据计算等值电路参数并验证其正确性；
- 能撰写符合规范的实验报告。

【实验仪器仪表及器件】

直流稳压电源、直流电压表、直流电流表、电阻等。

4.3.1 实验原理

线性二端口网络是电工技术中广泛使用的一种电路形式。网络本身的结构可以是简单的，也可能是极复杂的，但就二端口网络的外部性能来说，一个很重要的问题是要找出它的两个端口（通常也称为输入端和输出端）处的电压和电流之间的相互关系，这种相互关系可以由网络本身结构所决定的一些参数来表示。不管网络如何复杂，总可以通过实验的方法来得到这些参数，从而可以很方便地比较不同的二端口网络在传递电能和信号方面的性能，以便评价它们的质量。

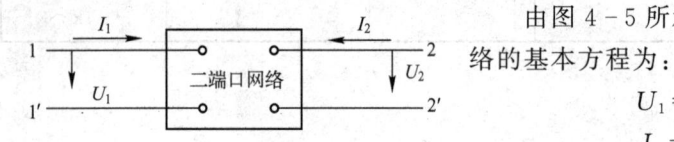

图 4-5 二端口网络

由图 4-5 所示电路分析可知线性二端口网络的基本方程为：

$$U_1 = A_{11}U_2 - A_{12}I_2$$
$$I_1 = A_{21}U_2 - A_{22}I_2$$

式中，A_{11}、A_{12}、A_{21}、A_{22} 称为线性二端口网络的传输参数，或称 A 参数。其数值的大小决定于网络本身的元件及结构。这些参数可以表征网络的全部特性。它们的物理概念可分别用以下的式子来说明。

输出端开路：

$$A_{11} = \left. \frac{\dot{U}_{10}}{\dot{U}_{20}} \right|_{\dot{I}_2=0}$$

$$A_{21} = \left. \frac{\dot{I}_{10}}{\dot{U}_{20}} \right|_{\dot{I}_2=0}$$

输出端短路：

$$A_{12} = \left. \frac{\dot{U}_{1S}}{-\dot{I}_{2S}} \right|_{\dot{U}_2=0}$$

$$A_{22}=\frac{\dot{I}_{1S}}{-\dot{I}_{2S}}\bigg|_{\dot{U}_2=0}$$

可见 A_{11} 是两个电压的比值，是一个无量纲的量，A_{12} 是短路时的转移阻抗；A_{21} 是开路时的转移导纳；A_{22} 是两个电流的比值，也是无量纲的量。A_{11}、A_{12}、A_{21}、A_{22} 四个参数中也只有三个是独立的，因为这些参数间具有如下关系：

$$A_{11} \cdot A_{22} - A_{12} \cdot A_{21} = 1$$

如果是对称的二端口网络，则有

$$A_{11} = A_{22}$$

由上述二端口网络的基本方程组可以看出，如果在输入端 1-1' 接以电源，而输出端 2-2' 处于开路和短路两种状态时，分别测出 $\dot{U}_{10}$、$\dot{U}_{20}$、$\dot{I}_{10}$、$\dot{U}_{1S}$、$\dot{I}_{1S}$ 及 $\dot{I}_{2S}$，就可得出上述 4 个参数。但采用这种方法实验测试时需要在网络两端，即输入端和输出端同时进行测量电压和电流，这在某些实际情况下是不方便的。

在一般情况下，我们常用在二端口网络的输入端及输出端分别进行测量的方法来测定这 4 个参数，把二端口网络的 1-1' 端接以电源，在 2-2' 端开路与短路的情况下，分别得到开路阻抗和短路阻抗。

$$R_{01}=\frac{\dot{U}_{10}}{\dot{I}_{10}}\bigg|_{\dot{I}_2=0}=\frac{A_{11}}{A_{21}}, \quad R_{S1}=\frac{\dot{U}_1}{\dot{I}_1}\bigg|_{\dot{U}_2=0}=\frac{A_{12}}{A_{22}}$$

再将电源接至 2-2' 端，在 1-1' 端开路和短路的情况下，又可得到：

$$R_{02}=\frac{\dot{U}_{20}}{\dot{I}_{20}}\bigg|_{\dot{I}_1=0}=\frac{A_{22}}{A_{21}}, \quad R_{S2}=\frac{\dot{U}_{2S}}{\dot{I}_{2S}}\bigg|_{\dot{U}_1=0}=\frac{A_{12}}{A_{11}}$$

同时由上 4 式可见：

$$\frac{R_{01}}{R_{02}}=\frac{R_{S1}}{R_{S2}}=\frac{A_{11}}{A_{22}}$$

因此 R_{01}、R_{02}、R_{S1}、R_{S2} 中只有 3 个独立变量，如果是对称二端口网络就只有两个独立变量，此时

$$R_{01}=R_{02}, \quad R_{S1}=R_{S2}$$

如果由实验已经求得开路和短路阻抗则可以很方便地算出二端口网络的 A 参数。

由上所述，线性无源二端口网络的外特性既然可以用 3 个参数来确定，那么只要找到一个由具有 3 个不同阻抗（或导纳）所组成的一个简单二端口网络即可。如果后者的参数与前者分别相同，则可认为这两个二端口网络的外特性是完全相同了。由 3 个独立阻抗（或导纳）所组成的二端口网络只有两种形式，即丫形电路和△形电路。二端口网络 A 和二端口网络 B 的电路图如图 4-6 所示。

如果给定了二端口网络的 A 参数，则线性无源二端口网络的丫形等值电路及△形等值电路的 3 个参数可由下式求得。

丫形电路： △形电路：

$$R_1=\frac{A_{11}-1}{A_{21}} \qquad R_{31}=\frac{A_{12}}{A_{22}-1}$$

$$R_2 = \frac{A_{22}-1}{A_{21}} \qquad R_{12} = A_{12}$$

$$R_3 = \frac{1}{A_{21}} \qquad R_{23} = \frac{A_{12}}{A_{11}-1}$$

电工实验台 D02 板上提供的两个双口网络是等价的，其参数如下：

$R_1 = 200\Omega$，$R_2 = 100\Omega$，$R_3 = 300\Omega$，$R_{31} = 1.1\text{k}\Omega$，$R_{12} = 367\Omega$，$R_{23} = 550\Omega$

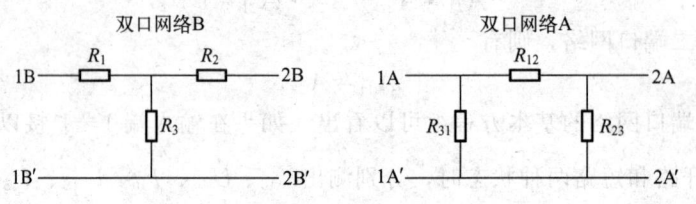

图 4-6 二端口网络 A 和二端口网络 B 的电路图

4.3.2 实验内容

（1）按图 4-7 所示接好线路，固定 $U_1 = E = 5\text{V}$，测量并记录 2-2'端开路时及 2-2'端短路时的各参数，记入表 4-9。

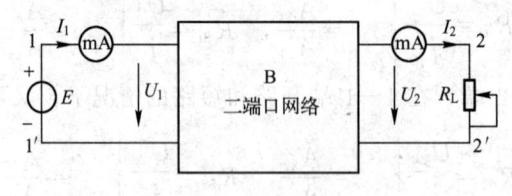

图 4-7 电路

表 4-9 （丫形网络） $E = 5\text{V}$

	U_{10}	U_{20}	I_{10}	I_{20}	A_{11}	A_{21}	R_{01}
2-2'开路				0			
2-2'短路	U_{1S}	U_{2S}	I_{1S}	I_{2S}	A_{12}	A_{22}	R_{S1}
		0					

（2）由第（1）步测得的结果，计算出 A_{11}、A_{12}、A_{21}、A_{22}、R_{01}、R_{S1}，并验证 $A_{11} \cdot A_{22} - A_{12} \cdot A_{21} = 1$，然后计算等值丫形电路的各电阻值。

（3）将图 4-7 所示电路换成 A 网络。在 1-1'端加电压 $U_1 = 5\text{V}$，测量该等值电路的外特性，数据记入表 4-10，并与步骤（1）相比较。

表 4-10 （△形网络） $E = _____$ V

	U_{10}	U_{20}	I_{10}	I_{20}	A_{11}	A_{21}	R_{01}
2-2'开路				0			
2-2'短路	U_{1S}	U_{2S}	I_{1S}	I_{2S}	A_{12}	A_{22}	R_{S1}
		0					

（4）将电源移至 2-2'端，固定 $U_2=5V$。测量并记录 1-1'端开路时及 1-1'端短路时各参数，计算出 R_{02}、R_{S2} 并记入表 4-11，并验证 $\dfrac{R_{01}}{R_{02}}=\dfrac{R_{S1}}{R_{S2}}$。最后将计算出的 A_{11}、A_{12}、A_{21}、A_{22}、R_{01}、R_{S1}、R_{02}、R_{S2} 记入表 4-12，与步骤（2）所得结果相比较。

表 4-11　$E=$ _____ V

1-1'开路	U_{10}	U_{20}	I_{10}	I_{20}	R_{02}
			0		
1-1'短路	U_{1S}	U_{2S}	I_{1S}	I_{2S}	R_{S2}
	0				

表 4-12　计算列表

R_{01}	R_{02}	R_{S1}	R_{S2}	R_{01}/R_{S2}	R_{02}/R_{S2}	A_{11}	A_{12}	A_{21}	A_{22}

4.3.3　实验报告

（1）完成上述数据测试并记入相应表格中，然后计算表中有关数据。

（2）根据测得的结果验证 $A_{11} \cdot A_{22} - A_{12} \cdot A_{21} = 1$。

第5章　电路原理应用提高型实验

5.1　日光灯功率因数提高方法研究

【教学内容】

电感性负载电路提高功率因数的实验研究。

【教学要求】

- 能理解交流电路的瞬时功率、有功功率、无功功率、视在功率与功率因数的概念；
- 能理解提高功率因数的意义及提高功率因数的方法；
- 能正确使用功率表及功率因数表；
- 能正确搭建功率因数补偿实验电路；
- 能正确测量实验数据，绘制 $I=f(C)$ 曲线并解释其含义；
- 能撰写符合规范的实验报告。

【实验设备与器件】

交流电压表、交流电流表、有功功率表、功率因素表、日光灯组件、补偿电容等。

5.1.1　实验原理

日光灯由日光灯管 A、镇流器 L（带铁芯电感线圈）、启动器 S 组成。当接通电源后，启动器内发生辉光放电，双金属片受热弯曲，触点接通，将灯丝预热使它发射电子，启动器接通后辉光放电停止，双金属片冷却，又使触点断开，这时镇流器感应出高电压加在灯管两端使日光灯管放电，产生大量紫外线，被灯管内壁的荧光粉吸收后辐射出可见的光，日光灯就开始正常工作。启动器相当于一只自动开关，能自动接通电路（加热灯丝）和开断电路（使镇流器产生高压，将灯管击穿放电）。镇流器的作用除了感应高压使灯管放电，在日光灯正常工作时，还起限制电流的作用，镇流器的名称也由此而来，由于电路中串联着镇流器，它是一个电感量较大的线圈，因而整个电路的功率因数不高。负载功率因数过低，一方面没有充分利用电源容量，另一方面又在输电电路中增加损耗。为了提高功率因数，一般常用的方法是在负载两端并联一个补偿电容器，抵消负载电流的一部分无功分量,如图 5-1 所示。

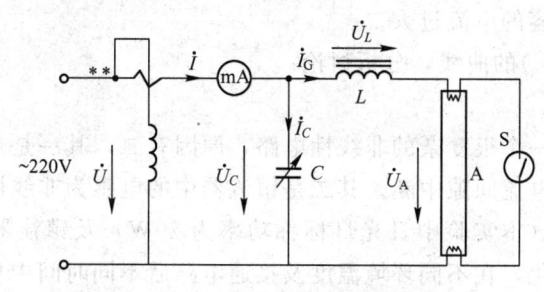

图 5-1 功率因素补偿测量电路

在日光灯接电源两端并联一个可变电容器,当电容器的容量逐渐增大时,电容支路电流 I_C 也随之增大,因 I_C 导前电压 U 90°,可以抵消电流 I_G 的一部分无功分量 I_{GL},结果总电流 I 逐渐减小,但如果电容器 C 增大过多(过补偿),则 $I_C>I_{GL}$,总电流又将增大。

5.1.2 实验方法

(1) 将日光灯及可变电容器元件按图 5-1 所示电路连接。在各支路中串联接入电流表插座,再将功率表接入线路,按图接线并经检查后,接通电源,逐渐将电压增加至 220V。

(2) 改变可变电容器的电容值,先使 $C=0$,测量日光灯单元(灯管、镇流器)二端的电压及电源电压,读取此时灯管电流 I_G 及功率表读数 P,填入表 5-1 中。

表 5-1 功率因数补偿实验数据记录表

电容/μF	总电压 U/V	U_L/V	U_A/V	总电流 I/mA	I_C/mA	I_G/mA	功率 P/W
0							
0.5							
1.0							
1.5							
2.0							
2.5							
3.0							
3.5							
4.0							
4.5							
5.0							
5.5							
6.0							

(3) 逐渐增大电容 C 的数值，测量各支路的电流和总电流。注意：电容值不要超过 $6\mu F$，否则流过电容的电流过大。

(4) 绘出 $I=f(C)$ 的曲线，分析讨论。

注意事项：

- 日光灯电路是一个很复杂的非线性电路，原因有二，其一是灯管在交流电压接近零时熄灭，使电流间隙中断，其二是镇流器中的电感为非线性电感。
- 日光灯管功率（本实验中日光灯标称功率为 20W）及镇流器所消耗功率都随温度的变化而变化，在不同环境温度及接通电路后不同时间中功率会有所变化。
- 电容器在交流电路中有一定的介质损耗。
- 日光灯启动电压随环境温度会有所改变，一般在 180V 左右可启动，日光灯启动时电流较大（约 0.6A），工作时电流约 0.37A，因此要注意仪表量程的选择。
- 功率表的同名端按标准接法连接在一起，否则功率表中模拟指针表会反向偏转，数字表则无显示。
- 使用功率表测量时必须按下相应的电压、电流量限开关，否则可能会有不适当的显示。
- 本实验中如果测量数据不符合理论规律时，首先检查供电电源波形是否畸变，其原因是电网中的波形高次谐波分量相当高，因此可以在电源进线中安装滤波器。
- 如果必须要使用功率与功率因数组合表，则电流部分的量限在启动时应在 4A，正常工作后应在 0.4A 左右。功率因数表动作范围是量限的 10%～120%。

5.1.3 实验报告

(1) 完成上述数据测试，并列表记录。

(2) 绘出总电流 $I=f(C)$ 曲线，并分析讨论。

5.2 串联谐振

【教学内容】

串联谐振及参数设计，用实验方法测定不同 R、C、L 时串联谐振电路的电压和电流并绘制电流谐振曲线。

【教学要求】

- 能描述谐振的原理和谐振产生的条件；
- 能理解串联谐振电路的选频特性和电路品质因数的物理意义；
- 能正确搭建串联谐振实验电路；
- 能根据给定谐振频率设计谐振电路参数；

- 能正确测量谐振频率；
- 能用测试的实验数据绘制电流谐振曲线并确定其选频范围；
- 能撰写符合规范的实验报告。

【实验仪器仪表及器件】

信号发生器、毫伏表、电感、电容、电阻等。

5.2.1 实验原理

在 R、L、C 串联电路中，当外加正弦交流电压的频率可变时，电路中的感抗、容抗和电抗都随着外加电源频率的改变而变化，因而电路中的电流也随着频率而变化。这些物理量随频率而变化的特性绘成一系列曲线，就是它们的频率特性曲线。

由于 感抗 $X_L = \omega L$

容抗 $X_C = \dfrac{1}{\omega C}$

电抗 $X = X_L - X_C = \omega L - \dfrac{1}{\omega C}$

复阻抗 $Z = R + j\left(\omega L - \dfrac{1}{\omega C}\right)$

阻抗模 $|Z| = \sqrt{R^2 + \left(\omega L - \dfrac{1}{\omega C}\right)^2}$

阻抗角 $\varphi = \arctan^{-1} \dfrac{\omega L - \dfrac{1}{\omega C}}{R}$

绘出它们的频率特性曲线，就可以得到如图 5-2 所示的一系列曲线。

当二端电路的端口电压与电流同相位时，即电路呈电阻性，工程上将电路的这种状态称为谐振。当改变电源频率或改变 L、C 的值时，都可以使电抗 $X_L = X_C$，使电路呈电阻性，这时的频率 ω 叫做串联谐振频率 ω_0，这时的电路呈谐振状态。

谐振角频率为 $\omega = \omega_0 = \dfrac{1}{\sqrt{LC}}$

谐振频率 $f_0 = \dfrac{1}{2\pi\sqrt{LC}}$

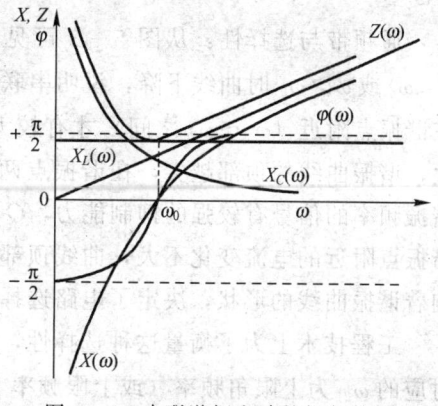

图 5-2 串联谐振电路的幅频特性

可见谐振频率决定于电路参数 L 及 C，随着频率的变化，电路的性质在 $\omega < \omega_0$ 时呈容性，$\omega > \omega_0$ 时电路呈感性，$\omega = \omega_0$ 时，即在谐振点电路呈现纯阻性。

另外由于谐振时电抗 $X = 0$，使阻抗 $Z = R$ 为最小值，所以回路电流达到最大，其

谐振电流 $I_0 = \dfrac{U_i}{R}$（R 指电路的总电阻）。

如维持外加电压 U_i 的幅值不变，谐振时的电流表示为：

$$I_0 = \dfrac{U_i}{R} \quad (\text{这里} R = R_1 + R_L \text{ 或 } R = R_2 + R_L)$$

电路的品质因数为：
$$Q = \dfrac{\omega_0 L}{R} \quad (R = R_1 + R_L \text{ 或 } R = R_2 + R_L)$$

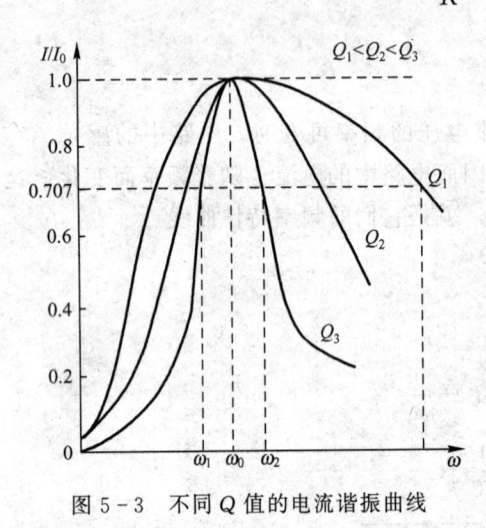

改变外加电压的频率 f，做出如图 5-3 所示的电流谐振曲线，它的表达式为：

$$\dfrac{I}{I_0} = \dfrac{1}{\sqrt{1 + Q^2\left(\dfrac{\omega}{\omega_0} - \dfrac{\omega_0}{\omega}\right)^2}}$$

当电路的 L 及 C 维持不变，只改变 R 的大小时，可以做出不同 Q 值的谐振曲线，Q 值越大，曲线越尖锐，在这些不同 Q 值谐振曲线图上通过纵坐标 $I/I_0 = 0.707$ 处做一平行于横轴的直线，与各谐振曲线交于两点：ω_1 及 ω_2，Q 值越大，这两点之间的距离越小，可以证明：

$$Q = \dfrac{\omega_0}{\omega_0 - \omega_1}$$

图 5-3 不同 Q 值的电流谐振曲线

上式说明电路的品质因数越大，谐振曲线越尖锐，电路的选择性越好，相对通频带 $\dfrac{\omega_2 - \omega_1}{\omega_0}$ 越小，这就是 Q 值的物理意义。

通频带与选择性：从图 5-3 可见，在 $I/I_0 = 1$，即 $\omega = \omega_0$ 时曲线出现顶峰，在 $\omega < \omega_0$ 或 $\omega > \omega_0$ 时曲线下降，说明串联谐振电路对偏离谐振点的输出有抑制作用，只有在谐振点附近（$\omega_1 \sim \omega_2$ 之间）才有较大的输出，电路的这种特性称为选择性。Q 值越大，谐振曲线的顶部越尖，在谐振点两侧曲线越陡。因此，具有高 Q 值的电路对偏离谐振频率的信号有较强的抑制能力，Q 值越高，电路的选择性越好；反之，Q 值越小，谐振点附近的电流变化不大，曲线顶部形状较平缓，电路的选择性差。因此品质因数影响着谐振曲线的形状，决定了电路选择性的好坏。

工程技术上为了衡量这种选择性，定义对应的 ω_1 为下限角频率（或下限频率 f_1），对应的 ω_2 为上限角频率（或上限频率 f_2），$\omega_2 - \omega_1$（或 $f_2 - f_1$）称为通频带。

通频带　　　$BW = \omega_2 - \omega_1$　　单位：rad/s

或　　　　　$BW = f_2 - f_1$　　　单位：Hz

当外加信号电压的幅值不变，频率改变为 $f = f_1$ 或 $f = f_2$ 时，此时回路电流等于谐振值的 $\dfrac{1}{\sqrt{2}} = 0.707$ 倍。

5.2.2 实验内容

(1) 选择 $C=1\mu F$，$R_1=200\Omega$，$L=100mH$（用互感器原边），按图 5-4 所示接好电路。

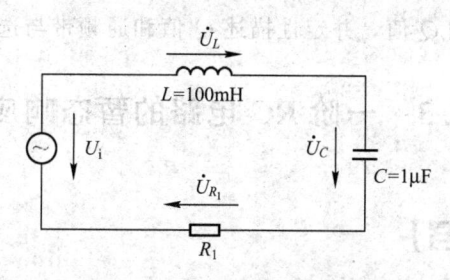

图 5-4 串联谐振电路接线图

(2) 保持 $U_i=8V$ 不变，不断改变电源频率 f，用交流电压表测出各元器件对应的 U_{R_1}、U_C 及 U_L，填入表 5-2 中，并计算 $I=U_R/R_1$ 及 I/I_0 之值。

(3) 使 R_1 变为 $R_2=400\Omega$，其他各参数不变，重复步骤(2)，实验结果填入表 5-2 中。

表 5-2 串联谐振实验数据记录表

$R_1=200\Omega$ 时实验测量数据 $I=U_{R_1}/R_1 \quad I_{01}=U_{R_1 max}/R_1$					
电路参数	$C=1\mu F$	$L=100mH$			
f/Hz					
U_i/V					
U_{R_1}/V					
U_C/V					
U_L/V					
I/mA					
I/I_{01}					

$R_2=400\Omega$ 时实验测量数据 $I=U_{R_2}/R_2 \quad I_{02}=U_{R_2 max}/R_2$					
电路参数	$C=1\mu F$	$L=100mH$			
f/Hz					
U_i/V					
U_{R_2}/V					
U_C/V					
U_{LR}/V					
I/mA					
I/I_{02}					

5.2.3 实验报告

(1) 根据表中的实验结果绘出两种电阻时的电流谐振曲线。
(2) 计算两条电流谐振曲线所对应的品质因数 Q_1 及 Q_2 之值。
(3) 比较两条曲线的 Q 值，并定性描述 Q 值和通频带与选择性的关系。

5.3 一阶 RC 电路的暂态响应

【教学内容】

测定一阶 RC 电路的零状态响应和零输入响应，并从响应曲线中求出 RC 电路时间常数。

【教学要求】

- 能理解零状态响应和零输入响应的物理意义；
- 能正确搭建一阶 RC 电路的暂态响应实验电路；
- 能根据时间常数估算 R、C 参数；
- 能迅速准确地测量单位时间内电流电压的变化情况，并绘出 $U_C = f(t)$ 曲线；
- 能根据绘制的 $U_C = f(t)$ 曲线用 3 种方法计算时间常数 τ；
- 能撰写符合规范的实验报告。

【实验设备与器件】

直流稳压电源、直流电压表、直流电流表、电阻、电容等。

5.3.1 实验原理

图 5-5 所示电路的零状态响应为：

$$i = \frac{U_s}{R} e^{-\frac{t}{\tau}} \qquad u_C = U_s(1 - e^{-\frac{t}{\tau}})$$

式中，$\tau = RC$ 是电路的时间常数。

图 5-6 所示电路的零输入响应为：

$$i = \frac{U_s}{R} e^{-\frac{t}{\tau}} \qquad u_C = U_s e^{-\frac{t}{\tau}}$$

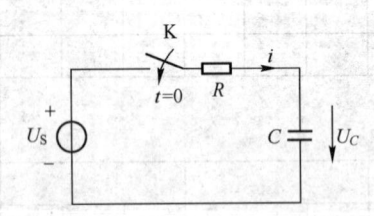

图 5-5 一阶 RC 电路的暂态响应实验电路（1）

在电路参数、初始条件和激励都已知的情况下，上述响应的函数式可直接写出。如果用实验方法来测定电路的响应，可以用示波器等记录仪器记录响应曲线。但如果电路时间常数 τ 足够大（如 20 秒以上），则可用一般电工仪表逐点测出电路在换路后各给定时刻的电流或电压值，然后画出 $i(t)$ 或 $U_C(t)$ 的响应曲线。

根据实验所得响应曲线，确定时间常数 τ 的方法如下：在图 5-7 所示的曲线上任取两点 $P(t_1,i_1)$ 和 $Q(t_2,i_2)$，由于这两点都满足关系式：

$$i=\frac{U_\mathrm{S}}{R}\mathrm{e}^{-\frac{t}{\tau}}$$

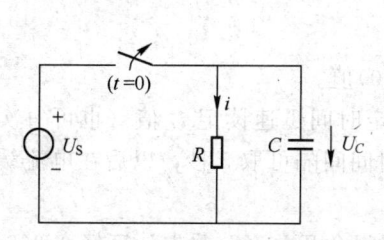

图 5-6 一阶 RC 电路的暂态响应实验电路（2） 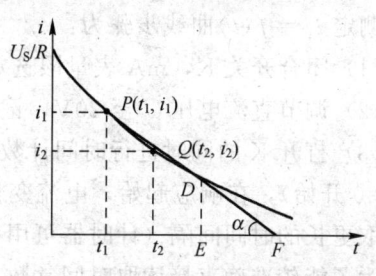　　图 5-7 一阶 RC 电路的响应曲线

所以可得时间常数：

$$\tau=\frac{t_2-t_1}{\ln(i_1/i_2)}$$

在曲线上任取一点 D，作切线 $\overline{DF}$ 及垂线 $\overline{DE}$，则此切距为：

$$\overline{EF}=\frac{\overline{DE}}{\tan\alpha}=\frac{i}{(-\mathrm{d}i/\mathrm{d}t)}=\frac{i}{i\left(\frac{1}{\tau}\right)}=\tau$$

根据时间常数的定义也可由曲线求 τ。对应于曲线上 i 减小到初值 $I_0=U_\mathrm{S}/R$ 的 36.8% 时的时间即为 τ。

t 为不同 τ 时 i 为 I_0 的倍数列表如表 5-3 所示。

表 5-3　t 为不同 τ 时 i 为 I_0 的倍数列表

t	1τ	2τ	3τ	4τ	5τ	…	∞
i	$0.368I_0$	$0.135I_0$	$0.050I_0$	$0.018I_0$	$0.007I_0$	…	0

5.3.2　实验内容

1. 测定 RC 一阶电路零状态响应

测定 RC 一阶电路零状态响应，接线如图 5-8 所示。

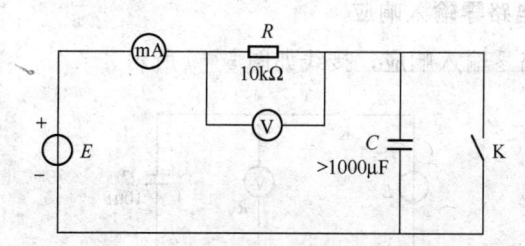

图 5-8　RC 一阶电路零状态响应电路

图中 C 为容量>1000μF/50V 大容量电解电容，实际电容量由实验测定 τ 后由公式 $C=\tau/R$ 求出，因电解电容的容量误差允许为 $-50\%\sim+100\%$，且随时间变化较大，以当时实测为准。另外，电解电容是有正负极性的，如果极性接反了漏电流会大量增加甚至会因内部电流的热效应过大而炸毁电容器，使用时必须特别注意！

测定 $i_C=f(t)$ 曲线步骤为：

(1) 闭合开关 K，mA 表量限选定 2mA。

(2) 调节直流电压 U 至 20V，记下 $i_C=f(0)$ 值。

(3) 打开 K 的同时进行时间计数，每隔一定时间迅速读记 i_C 值（也可每次读数均从 $t=0$ 开始），在响应起始，电流变化较快，时间间隔可取 5 秒，以后在电流缓变部分则可取更长的时间间隔（计时器可用手表）。

为了能较准确直接读取时间常数 τ，可重新闭合开关 K，并先计算好 $0.368i_C(0)$ 的值，打开 K 后读取电流表在 $t=\tau$ 时的值，填入表 5-4 中。

表 5-4 测定 $U_C=f(t)$ 曲线的实验数据记录表

U		R		C		$i_C(0)$		
T								
i_C								
直接测定 τ		曲线两点计算 τ		此切距计算 τ		平均 τ		

测定 $U_C=f(t)$ 曲线步骤为：

(1) 在 R 上并联直流电压表，量限 20V。

(2) 闭合 K，使 $U=20V$，并保持不变。

(3) 打开 K 的同时进行时间记数，方法同上。

(4) 计算 $U_C=U-U_R$，其值填入表 5-5 中。

表 5-5 测定 $U_C=f(t)$ 曲线的实验数据记录表

$U=\qquad V$

T	0							
U_R								
U_C								

2. 测定 RC 一阶电路零输入响应

测定 RC 一阶电路零输入响应，接线如图 5-9 所示。

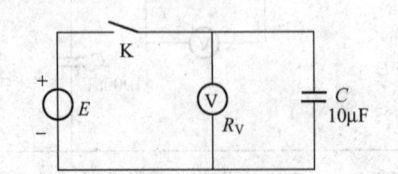

图 5-9 RC 一阶电路零输入响应电路

V表为直流电压表,其各量限内阻均为R_V4MΩ,电阻的精度为0.1%。

测定$i_C=f(t)$及$U_C=f(t)$曲线步骤为:

(1) 闭合K,调节$U=20V$。

(2) 打开K的同时进行时间计数,方法同上。

(3) 计算$i_C=U_C/R_V=U_C/4MΩ$。

将测定的RC一阶零输入响应的实验结果填入表5-6中。

表5-6 测定**RC**一阶零输入响应的实验数据记录表

U				R_S			R			
T	0									
U_C										
i_C										

5.3.3 实验报告

(1) 完成RC一阶电路两种响应的实验测试。

(2) 绘制$u_C=f(t)$及$i_C=f(t)$两种响应曲线。

(3) 用不同方法求出时间常数τ,加以比较。

第 3 篇 模拟电子技术实验

第 6 章 模拟电子技术验证型实验

6.1 常用仪器仪表的使用

【教学内容】

- 学习数字示波器、毫伏表、信号发生器等仪器仪表的使用方法；
- 用信号发生器调制多种模拟信号；
- 用数字示波器、毫伏表测量这些信号的波形、峰峰值、频率、相位差等基本参数。

【教学要求】

- 能正确连接并使用信号发生器、数字示波器、毫伏表；
- 能牢记模拟信号主要指标的含义；
- 能正确连接测量电路；
- 能用信号发生器正确调制给定信号；
- 能用数字示波器正确测量模拟信号的频率、峰峰值和相位差；
- 能撰写符合规范的实验报告。

【实验设备与器件】

函数信号发生器、双踪数字示波器、交流毫伏表、电阻、电容。

6.1.1 实验原理

在模拟电子电路实验中，经常使用的电子仪器有数字示波器、函数信号发生器、直流稳压电源、交流毫伏表及频率计等。它们和万用电表一起，可以完成对模拟电子电路的静态和动态工作情况的测试。

实验中要对各种电子仪器进行综合使用，可按照信号流向，以连线简洁、调节顺手、观察与读数方便等原则进行合理布局,各仪器与被测实验装置之间的布局与连接如图 6-1 所示。接线时应注意,为防止外界干扰,各仪器的公共接地端应连接在一起,称共地。信号源和交流毫伏表的引线通常使用屏蔽线或专用电缆线,数字示波器接线也使用屏蔽线或专用电缆线,直流电源的接线用普通导线。

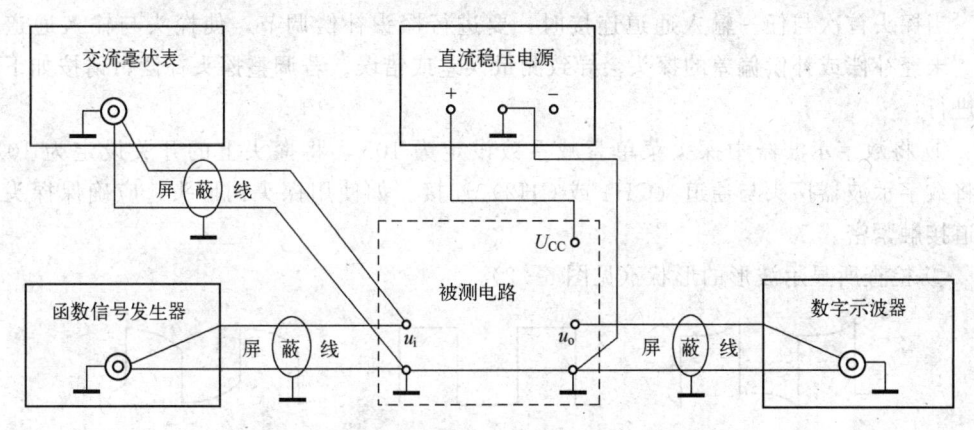

图 6-1 模拟电子电路中常用电子仪器布局图

各仪器的功能介绍如下。
- 函数信号发生器:为电路提供频率、幅值可调的各种周期性输入信号(如正弦波、方波、三角波等)。
- 数字示波器:用于观察电路中各点的波形,以监视电路是否工作正常;同时还可用于定量测量波形的周期、频率、幅值及相位等特性。
- 直流电压(电流)表:用于对电路静态工作状态参数的测量以及对直流信号的测量。
- 交流毫伏表:用于测量电路交流输入、输出信号的有效值。

1. 数字示波器

数字示波器是一种用途很广的电子测量仪器,它既能直接显示电信号的波形,又能对电信号进行各种参数的测量。

2. 函数信号发生器

函数信号发生器按需要输出正弦波、方波、三角波三种信号波形。输出电压最大可达 $20V_{PP}$。通过输出衰减开关和输出幅度调节旋钮,可使输出电压在毫伏级到伏级范围内连续调节。函数信号发生器的输出信号频率可以通过频率分挡开关进行调节。

函数信号发生器作为信号源,它的输出端不允许短路。

3. 交流毫伏表

交流毫伏表只能在其工作频率范围之内,用来测量正弦交流电压的有效值。为了防止过载而损坏,测量前一般先把量程开关置于量程较大位置上,然后在测量中逐挡减小量程。

6.1.2 实验方法

1. 探头补偿及补偿信号的测量

(1) 探头补偿

当探头首次与任一输入通道连接时，要进行探头补偿调节，使探头与输入通道匹配。未经补偿或补偿偏差的探头会导致测量误差或错误。若调整探头补偿，请按如下步骤进行：

① 将数字示波器中探头菜单衰减系数设定为10X，将探头上的开关设定为10X，并将数字示波器探头与通道（CH1或CH2）连接。如使用探头钩形头，应确保探头与通道接触紧密。

② 检查所显示波形的形状（见图6-2）。

图 6-2 探头补偿调节

③ 如必要，用非金属质地的改锥调整探头上的可变电容，直到屏幕显示的波形如图6-2中的"补偿正确"。

④ 必要时，重复以上步骤。

(2) 补偿信号测量

将数字示波器的"补偿信号"通过探头引入选定的通道（CH1或CH2），接好线后，按AUTO键，使数字示波器显示屏上显示出数个周期稳定的方波波形，调整水平控制区的 POSITION 旋钮，使显示屏显示1～2个周期的方波。

① 读取"补偿信号"幅度。在屏幕上读取"补偿信号"垂直方向的格数，读取"补偿信号"V/div所在挡位，填入表6-1中。

② "补偿信号"频率。在屏幕上读取"补偿信号"一周期所占水平格数，读取"补偿信号"t/div所在挡位，填入表6-1中。

表 6-1 测量校正周期的实验数据记录表

示波器 V/div 所在挡位	峰—峰波形高度/格	峰—峰电压 V_{PP}/V	
示波器 t/div 所在挡位	一周期所占水平格数	信号周期 T/ms	频率 f/kHz

2. 用数字示波器和交流毫伏表测量信号参数

调节函数信号发生器有关旋钮，使输出频率分别为100Hz、1kHz、10kHz、100kHz，有效值分别为1V、0.5V、100mV、10mV的正弦波信号。

用数字示波器测量信号源输出电压频率及峰峰值，填入表6-2中。

表 6-2 测量信号的周期及电压峰峰值的实验数据记录表

信号电压频率	数字示波器测量值 周期/ms	数字示波器测量值 频率/Hz	有效值/V	数字示波器测量值 峰峰值/V	数字示波器测量值 折合有效值/V
100Hz			1		
1kHz			0.5		
10kHz			0.1		
100kHz			0.01		

3. 测量两波形间相位差

用双踪显示方式同时观察信号发生器的两个输出波形：按图 6-3 所示连接实验电路，将函数信号发生器的输出电压调至频率为 1kHz，幅值为 2V 的正弦波，经 RC 移相网络获得频率相同但相位不同的两路信号 u_i 和 u_R，也可将函数信号发生器的输出电压调至频率为 1kHz，幅值为 1V 的方波，作为一个输入波形；另一个波形从数字示波器的校准信号取出。分别加到双踪数字示波器的 CH1 和 CH2 输入端。在荧屏上显示出易于观察的两个相位不同的正弦波形 u_i 及 u_R，如图 6-4 所示。

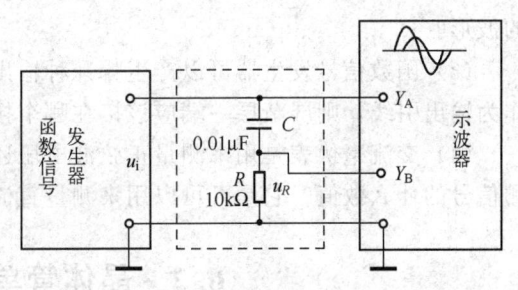

图 6-3 两波形间相位差测量电路

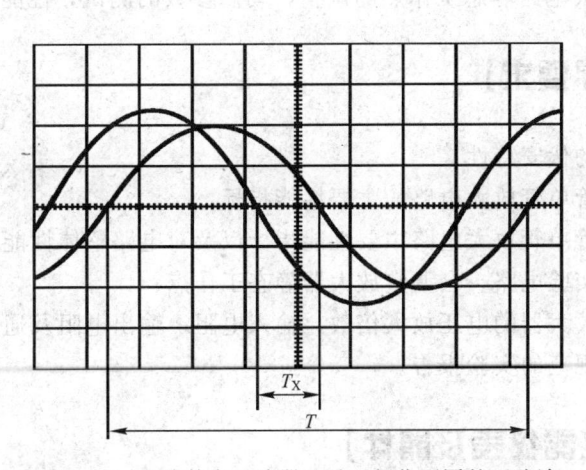

图 6-4 双踪数字示波器显示两相位不同的正弦波

根据两波形在水平方向时间差 T_X，及信号周期 T，则可求得两波形相位差。记录两波形相位差于表 6-3 中。

$$\theta = \frac{T_X}{T} \times 360°$$

式中，T_X——一周期所占格数；

T——两波形在 X 轴方向上的差距格数。

表 6-3 相位差实验数据记录表

周　　期	两波形时间间隔	相　位　差
T=	T_X=	θ=

6.1.3 实验报告

（1）整理实验数据，并进行分析，完成实验报告。

（2）如何操纵数字示波器有关旋钮，以便从数字示波器显示屏上观察到稳定、清晰的波形？

（3）函数信号发生器可以产生哪几种输出波形？它的输出端能否短接，如用屏蔽线作为输出引线，则屏蔽层一端应该接在哪个接线柱上？

（4）交流毫伏表是用来测量正弦波电压还是非正弦波电压的？它的表头指示值是被测信号的什么数值？它是否可以用来测量直流电压的大小？

6.2 晶体管单管放大电路

【教学内容】

晶体管单管放大电路静态工作点的调整，动态参数的测试，性能指标评估。

【教学要求】

- 理解晶体管的伏安特性；
- 能计算晶体管单管放大电路的主要性能指标；
- 能描述晶体管单管放大电路主要性能指标以及对电路整体性能的影响；
- 能正确连接实验电路，会调整放大器静态工作点；
- 能正确测量放大器的电压放大倍数、输入电阻、输出电阻及通频带；
- 能撰写符合规范的实验报告。

【实验仪器仪表及器件】

函数信号发生器、双踪数字示波器、交流毫伏表、数字万用电表、晶体三极管 9013×1（β=50~100）、电阻器、电容器若干。

6.2.1 实验原理

图 6-5 所示为电阻分压式工作点稳定单管放大器实验电路图。它的偏置电路采用 R_{B1} 和 R_{B2} 组成的分压电路，并在发射极中接有电阻 R_E，以稳定放大器的静态工作点。当在放大器的输入端加入输入信号 u_i 后，在放大器的输出端便可得到一个与 u_i 相位相

反，幅值被放大了的输出信号 u_o，从而实现了电压放大。

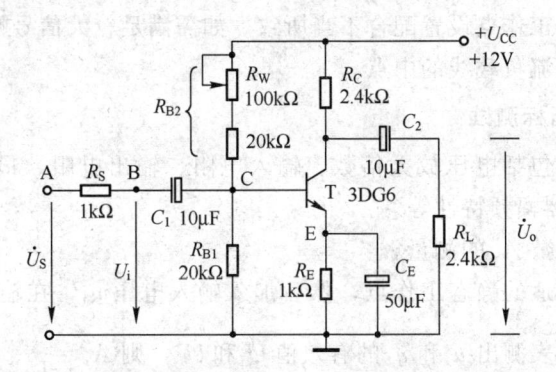

图 6-5 电阻分压式工作点稳定单管放大器实验电路图

在图 6-5 所示电路中，当流过偏置电阻 R_{B1} 和 R_{B2} 的电流远大于晶体管 T 的基极电流 I_B 时（一般 5～10 倍），则它的静态工作点可用下式估算：

$$U_B \approx \frac{R_{B1}}{R_{B1}+R_{B2}} U_{CC}, \quad I_E \approx \frac{U_B-U_{BE}}{R_E} \approx I_C, \quad U_{CE}=U_{CC}-I_C(R_C+R_E)$$

电压放大倍数： $$A_u=-\beta \frac{R_C // R_L}{r_{be}}$$

输入电阻： $$R_i=R_{B1}//R_{B2}//r_{be}$$

输出电阻： $$R_o \approx R_C$$

由于电子器件性能的分散性比较大，因此在设计和制作晶体管放大电路时，离不开测量和调试技术。放大器的测量和调试一般包括：放大器静态工作点的测量与调试及放大器动态指标测试等。

1. 放大器静态工作点的测量与调试

(1) 静态工作点的测量

测量放大器的静态工作点，应在输入信号 $u_i=0$ 的情况下进行。采用测量电压 U_E 或 U_C，然后算出 I_C 的方法，根据公式 $I_C \approx I_E = \frac{U_E}{R_E}$ 算出 I_C（也可根据 $I_C=\frac{U_{CC}-U_C}{R_C}$，由 U_C 确定 I_C），$U_{BE}=U_B-U_E$，$U_{CE}=U_C-U_E$。

(2) 静态工作点的调试

放大器静态工作点的调试是指对管子集电极电流 I_C（或 U_{CE}）的调整与测试。静态工作点是否合适，对放大器的性能和输出波形都有很大影响。如工作点偏高，放大器在加入交流信号以后易产生饱和失真，此时 u_o 的负半周将被削底；如工作点偏低则易产生截止失真，即 u_o 的正半周被缩顶。这些情况都不符合不失真放大的要求。所以在选定工作点以后还必须进行动态调试，即在放大器的输入端加入一定的输入电压 u_i，检查输出电压 u_o 的大小和波形是否满足要求。如不满足，则应调节静态工作点的位置。改变电路参数 U_{CC}、R_C、R_B（R_{B1}、R_{B2}）都会引起静态工作点的变化，但通常多采用调节偏置电阻 R_{B2} 的方法来改变静态工作点，如减小 R_{B2}，则可使静态工作点提高等。

但工作点"偏高"或"偏低"不是绝对的，应该是相对于信号的幅度而言的，如输入信号幅度很小，即使工作点较高或较低也不一定会出现失真。所以确切地说，产生波形失真是信号幅度与静态工作点设置配合不当所致。如需满足较大信号幅度的要求，静态工作点最好尽量靠近交流负载线的中点。

2. 放大器动态指标测试

放大器动态指标包括电压放大倍数、输入电阻、输出电阻、最大不失真输出电压（动态范围）和放大器幅频特性等。

(1) 电压放大倍数 A_u 的测量

调整放大器到合适的静态工作点，然后加入输入电压 u_i，在输出电压 u_o 不失真的情况下，用交流毫伏表测出 u_i 和 u_o 的有效值 U_i 和 U_o，则 $A_u = \dfrac{U_o}{U_i}$。

(2) 输入电阻 R_i 的测量

按图 6-6 所示电路在被测放大器的输入端与信号源之间串入一已知电阻 R，在放大器正常工作的情况下，用交流毫伏表测出 U_S 和 U_i，则根据输入电阻的定义可得：

$$R_i = \frac{U_i}{I_i} = \frac{U_i}{\dfrac{U_R}{R}} = \frac{U_i}{U_S - U_i} R \qquad U_R = U_S - U_i$$

(3) 输出电阻 R_o 的测量

按图 6-6 所示电路接线，在放大器正常工作条件下，测出输出端不接负载 R_L 的输出电压 U_o 和接入负载后的输出电压 U_L，根据 $U_L = \dfrac{R_L}{R_o + R_L} U_o$ 即可求出 $R_o = \left(\dfrac{U_o}{U_L} - 1\right) R_L$。在测试中应注意，必须保持 R_L 接入前后输入信号的大小不变。

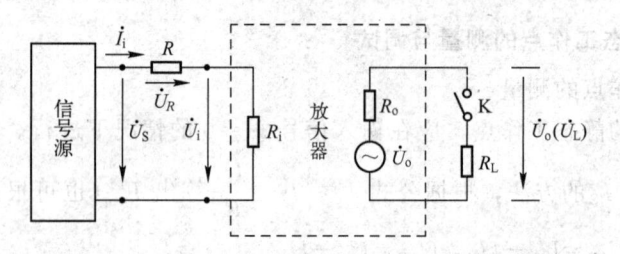

图 6-6 输入、输出电阻测量电路

(4) 最大不失真输出电压 U_{oPP} 的测量（最大动态范围）

如上所述，为了得到最大的输出动态范围，应将静态工作点调在交流负载线的中点。为此在放大器正常工作的情况下，逐步增大输入信号的幅度，并同时调节 R_W（改变静态工作点），用数字示波器观察 u_o，当输出波形同时出现削底和缩顶现象时，说明静态工作点已调在交流负载线的中点。然后反复调整输入信号，使波形输出幅度最大，且无明显失真，此时用交流毫伏表测出 U_o（有效值），则动态范围等于 $2\sqrt{2} U_o$，或用数字示波器直接读出 U_{oPP} 来。

(5) 放大器幅频特性的测量

放大器的幅频特性是指放大器的电压放大倍数 A_u 与输入信号频率 f 之间的关系曲

线。单管阻容耦合放大电路的幅频特性曲线如图6-7所示，A_{um}为中频电压放大倍数，通常规定电压放大倍数随频率变化下降到中频放大倍数的$1/\sqrt{2}$倍，即$0.707A_{um}$所对应的频率分别称为下限频率f_L和上限频率f_H，则通频带$f_{BW}=f_H-f_L$，如图6-7所示。

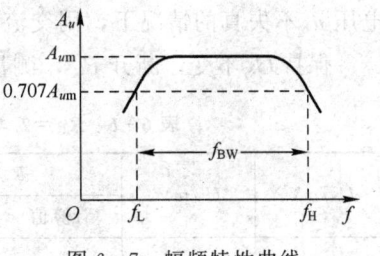

图6-7 幅频特性曲线

放大器的幅率特性就是测量不同频率信号时的电压放大倍数A_u。为此，可采用前述测A_u的方法，每改变一个信号频率，测量其相应的电压放大倍数，测量时应注意取点要恰当，在低频段与高频段应多测几点，在中频段可以少测几点。此外，在改变频率时，要保持输入信号的幅度不变，且输出波形不得失真。

6.2.2 实验方法

按实验电路图6-5所示完成电路连接。

1. 调试静态工作点

接通直流电源前，先将R_W调至最大，函数信号发生器输出旋钮旋至零。接通+12V电源，调节R_W，使$U_E=2.0V$，用直流电压表测量U_B、U_C及用万用电表测量R_{B2}值，填入表6-4中。

表6-4 静态工作点实验数据记录表

测 量 值				计 算 值		
U_B/V	U_E/V	U_C/V	$R_{B2}/k\Omega$	U_{BE}/V	U_{CE}/V	I_C/mA

2. 测量电压放大倍数

在放大器输入端加入频率为1kHz的正弦信号u_S，调节函数信号发生器的输出旋钮使放大器输入电压$U_i\approx10mV$，同时用数字示波器观察放大器输出电压u_o波形，在波形不失真的条件下用交流毫伏表测量负载R_L分别为2.4kΩ和无穷大时的U_o值，并用双踪数字示波器观察u_o和u_i的相位关系，填入表6-5。

表6-5 $U_i=$　　mV时的放大倍数实验数据记录表

$R_C/k\Omega$	$R_L/k\Omega$	U_o/V	A_u	观察记录一组u_o和u_i波形	
2.4	∞			u_i	u_o
2.4	2.4				

3. 测量输入电阻和输出电阻

置$R_C=2.4k\Omega$，$R_L=2.4k\Omega$，使$U_E=2.0V$。输入$f=1kHz$的正弦信号，在输出

电压u_o不失真的情况下，用交流毫伏表测出U_S，U_i和U_L填入表6-6中。

保持U_S不变，断开R_L，测量输出电压U_o，填入表6-6中。

表6-6　$R_C=2.4\text{k}\Omega$　$R_L=2.4\text{k}\Omega$时的输入电阻和输出电阻

U_S/mV	U_i/mV	$R_i/\text{k}\Omega$		U_L/V	U_o/V	$R_o/\text{k}\Omega$	
		计算值	理论值			计算值	理论值

4. 观察静态工作点对输出波形的影响

置$R_C=2.4\text{k}\Omega$，$R_L=\infty$，先关闭函数信号源使$u_i=0$，调节R_W使$U_E=2.0\text{V}$，测出U_{CE}值，再打开函数信号源加入$f=1\text{kHz}$的正弦信号，逐步加大输入信号幅度，使输出电压u_o足够大但不失真，绘出u_o的波形。然后保持输入信号不变，分别增大和减小R_W，使波形出现截止失真、饱和失真，绘出u_o的波形，并测出失真情况下的U_{CE}值，填入表6-7中。每次测U_{CE}值时都要关闭信号源使$u_i=0$。

表6-7　$R_C=2.4\text{k}\Omega$　$R_L=\infty$　$U_i=$　　mV 静态工作点对输出波形的影响

U_{CE}/V	u_o波形	失真情况	管子工作状态
	u_o↑ ──→t		
	u_o↑ ──→t		
	u_o↑ ──→t		

5. 测量幅频特性曲线

取$U_E=2.0\text{V}$，$R_C=2.4\text{k}\Omega$，$R_L=2.4\text{k}\Omega$。保持输入信号u_i的幅度不变，改变信号源频率f，逐点测出相应的输出电压U_o，填入表6-8。

表6-8　$U_i=$　　mV 幅频特性

	f_l	f_0	f_n
f/kHz			
U_o/V			
$A_u=U_o/U_i$			

为了使信号源频率f取值合适，可先粗测一下，找出中频范围，然后再仔细读数。

说明：本实验内容较多，其中"5. 测量幅频特性曲线"可作为选做内容。

6.2.3 实验报告

(1) 列表整理测量结果,并把实测的静态工作点、电压放大倍数、输入电阻、输出电阻之值与理论计算值进行比较(取一组数据进行比较),分析产生误差的原因。

(2) 总结 R_C、R_L 及静态工作点对放大器电压放大倍数、输入电阻、输出电阻的影响。

(3) 讨论静态工作点变化对放大器输出波形的影响。

(4) 分析讨论在调试过程中出现的问题。

6.3 场效应管放大器

【教学内容】

结型场效应管静态工作点的调整,动态参数的测试,性能指标评估。

【教学要求】

- 理解结型场效应管的特性;
- 能计算自偏压共源极放大器的主要性能指标;
- 能描述自偏压共源极放大器主要性能指标对电路整体性能的影响;
- 能正确连接实验电路,会调整放大器静态工作点;
- 能正确测量放大器的电压放大倍数、输入电阻、输出电阻;
- 能撰写符合规范的实验报告。

【实验设备】

函数信号发生器,双踪数字示波器,交流毫伏表,数字万用电表,结型场效应管2SK163、电阻器、电容器若干。

6.3.1 实验原理及参考电路

1. 实验电路

本电路是一种自偏压电路。其中,一些开关和接线柱是为便于进行有关实验内容而设置的,实验电路如图6-8所示。

2. 工作原理

(1) 结型场效应管用做可变电阻

N沟道结型场效应管的输出曲线如实图6-9所示,从图中可以看出,场效应管的工作状态可以分为三个区:可变电阻区(Ⅰ区);饱和区(Ⅱ区);击穿区(Ⅲ区)。在Ⅰ

区内 I_D 与 V_{DS} 的关系近似于线性关系，I_D 增大的比率受 V_{GS} 控制。因此，可以把场效应管的 D、S 之间看成一个受 V_{GS} 控制的电阻。测量 r_{DS} 的电路如图 6-10 所示。

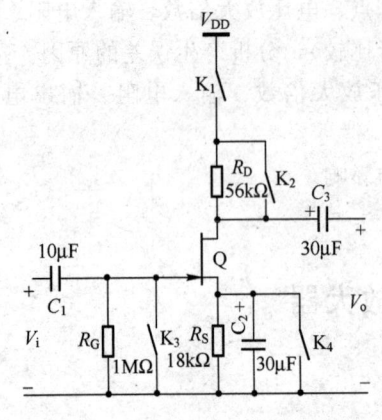

图 6-8 结型场效应管放大电路

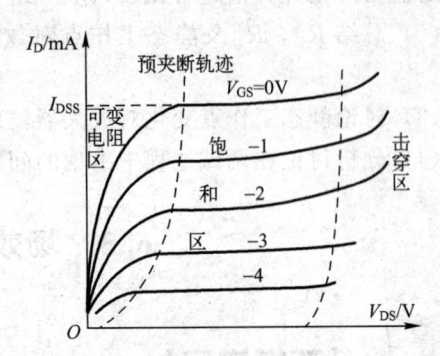

图 6-9 N 沟道结型场效应管的输出曲线

在图 6-10 中，

$$I_D = \frac{V_1}{R_D}$$

$$r_{DS} = \frac{V_2}{I_D} = \frac{V_2}{V_1} R_D$$

在 II 区内，管子在夹断后，电流 I_D 的大小几乎完全受 V_{GS} 的控制，即可以把场效应管看成一个压控电流源，这也是场效应管的放大区。

结型场效应管的转移特性曲线如实图 6-11 所示，图中，$V_{GS}=0$ 时的 I_D 称为饱和漏电流 I_{DSS}，$I_D=0$ 时的 V_{GS} 称为夹断电压 V_P，转移特性曲线可用下式表示：

$$I_D = I_{DSS}\left(1 - \frac{V_{GS}}{V_P}\right)^2 \quad （当 V_P \leq V_{GS} \leq 0 时）$$

图 6-10 测量 r_{DS} 的电路

图 6-11 转移特性曲线

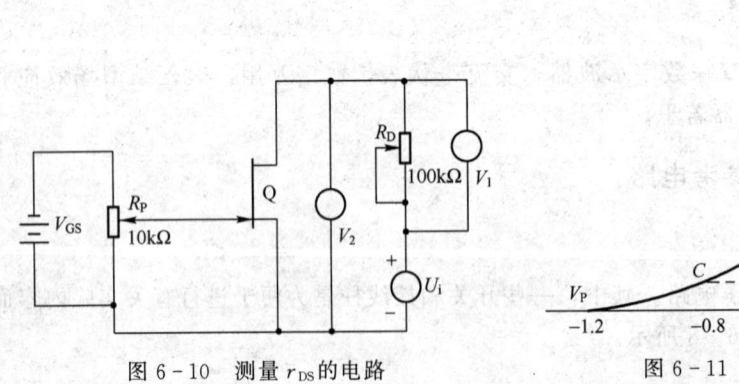

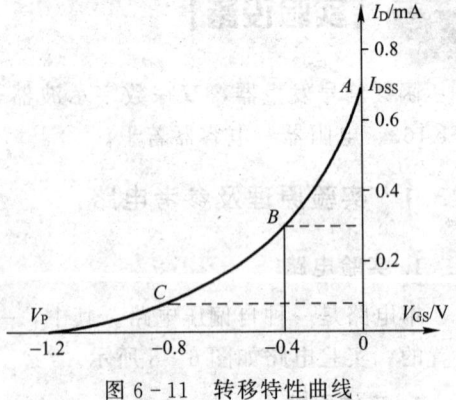

通常利用跨导 g_m 来衡量场效应管的 V_{GS} 对 I_D 的控制能力，即

$$g_m = \frac{\Delta i_D}{\Delta V_{GS}}\bigg|_{GS} = 常数$$

(2) 自偏压共源极放大器

在图 6-8 中，若 K_2、K_3 和 K_4 断开，K_1 闭合，即为自偏压共源极放大器，其中 $V_G=0$，$V_S=I_D R_S$，联立方程：

$$V_G=0$$
$$V_S=I_D R_S$$
$$I_D=I_{DSS}\left(1-\frac{V_{GS}}{V_P}\right)^2$$

可以得到静态工作点：V_{GS}、I_D、V_{DS}。

电压放大倍数：$A_u=\dfrac{V_o}{V_i}=-g_m(R_D // R_L)$。

输入电阻：$R_i=r_{DS} // R_G$。

输出电阻：$R_o \approx R_D$。

6.3.2 实验方法

1. 测量结型场效应管的可变电阻

(1) 按图 6-10 所示接线。其中，U_i 为 $10 \sim 100\text{mV}$，$f=1000\text{Hz}$ 的正弦波信号。

(2) 令 $V_{GS}=0$，调节 U_i，使 V_2 在 $0 \sim 100\text{mV}$ 范围内变化，读出 V_1 和 V_2 的值，计算 r_{DS} 值并填入表 6-9 中。

表 6-9 测量 r_{DS} 数据表

U_i/mV		10	20	40	60	80	100
$V_{GS}=0$	V_2						
	V_1						
	r_{DS}						
$V_{GS}=\dfrac{V_P}{5}$	V_2						
	V_1						
	r_{DS}						
...	...	...	...	...	...	...	...

(3) 分别将 V_{GS} 调至 $\dfrac{V_P}{5}$，$\dfrac{2V_P}{5}$，$\dfrac{3V_P}{5}$ 和 $\dfrac{4V_P}{5}$ 重复以上几步。

2. 共源极放大器

(1) 测量静态工作点。将 K_1 闭合，K_2、K_3 和 K_4 断开，接通工作电源，分别测出 V_G、V_S、V_D、I_D，填入表 6-10 中。

表 6-10 静态工作点

项 目	V_S	V_G	V_D	I_D
测量值				
计算值				

（2）测量电压放大倍数 A_u，输入 $f=1000\text{Hz}$、有效值为 0.5V 的正弦波信号，分别测量 V_i 和 V_o 并填入表 6-11。

表 6-11 V_i 和 V_o 的测量

项 目	V_i	V_o	$A_u=V_o/V_i$
测量值			
计算值			

（3）输入电阻和输出电阻的测量

测量方法可参见 6.2 节晶体管单管放大电路实验，不同的是，测输入电阻时，在放大器的输入端串入的电阻要大一些，这里选 $R=1\text{M}\Omega$。测输出电阻时，外接负载电阻选 $R_L=56\text{k}\Omega$。将测得的数据填入表 6-12 中。

表 6-12 输入电阻和输出电阻的测量

V_S	V_i	R_i	V_o	V'_o	R_o

6.3.3 实验报告要求

（1）根据实验内容，在 $V_i=40\text{mV}$ 的情况下测得的数据，以 V_{GS} 为横坐标，r_{DS} 为纵坐标，画出 $r_{DS}=f(V_{GS})$ 的关系曲线。

（2）当 V_{GS} 由零伏变到 $4/5V_P$ 时，r_{DS} 变化了多少倍？

（3）比较实测与理论计算两种静态工作点之间的误差，并分析误差产生的原因。

（4）将 A_u、R_i、R_o 的实测值与理论计算值进行比较。

6.4 射极跟随器

【教学内容】

射极跟随器静态工作点的调整，动态参数的测试，性能指标评估。

【教学要求】

- 能计算射极跟随器的主要性能指标；
- 能描述射极跟随器主要性能指标对电路整体性能的影响；
- 能正确连接实验电路，会调整射极跟随器静态工作点；
- 能正确测量射极跟随器的电压放大倍数、输入电阻、输出电阻及通频带；
- 能撰写符合规范的实验报告。

【实验设备与器件】

函数信号发生器，双踪数字示波器，交流毫伏表，数字万用电表，射极跟随器组合板，9013（$\beta=50\sim100$），电阻器、电容器若干。

6.4.1 实验原理

射极跟随器的原理图如图6-12所示。它是一个电压串联负反馈放大电路，具有输入电阻高，输出电阻低，电压放大倍数接近于1，输出电压能够在较大范围内跟随输入电压作线性变化以及输入、输出信号同相等特点。因其输出取自发射极，故称其为射极输出器。

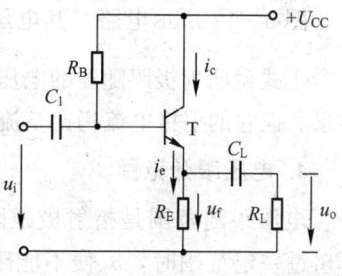

图6-12 射极跟随器的原理图

1. 输入电阻 R_i

如图6-12所示电路，$R_i = r_{be} + (1+\beta)R_E$，如考虑偏置电阻$R_B$和负载$R_L$的影响，则$R_i = R_B // [r_{be} + (1+\beta)(R_E // R_L)]$，射极跟随器的输入电阻$R_i$比共射极单管放大器的输入电阻$R_i = R_B // r_{be}$要高得多，但由于偏置电阻$R_B$的分流作用，输入电阻难以进一步提高。

输入电阻的测试方法同单管放大器，实验线路如图6-13所示。

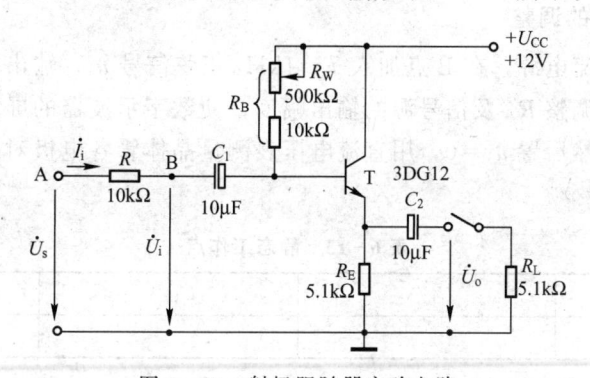

图6-13 射极跟随器实验电路

$R_i = \dfrac{U_i}{I_i} = \dfrac{U_i}{U_s - U_i} R$，即只要测得A、B两点的对地电位即可计算出$R_i$。

2. 输出电阻 R_o

图6-12所示电路，$R_o = \dfrac{r_{be}}{\beta} // R_E \approx \dfrac{r_{be}}{\beta}$

如考虑信号源内阻R_S，则 $R_o = \dfrac{r_{be} + (R_S // R_B)}{\beta} // R_E \approx \dfrac{r_{be} + (R_S // R_B)}{\beta}$

由上式可知射极跟随器的输出电阻R_o比共射极单管放大器的输出电阻$R_o \approx R_C$低得多。三极管的β越大，输出电阻越小。

输出电阻 R_o 的测试方法同单管放大器,即先测出空载输出电压 U_o,再测接入负载 R_L 后的输出电压 U_L,根据 $U_L=\dfrac{R_L}{R_o+R_L}U_o$,即可求出 $R_o=\left(\dfrac{U_o}{U_L}-1\right)R_L$。

3. 电压放大倍数

图 6-12 所示电路,其电压放大倍数为 $A_u=\dfrac{(1+\beta)(R_E/\!/R_L)}{r_{be}+(1+\beta)(R_E/\!/R_L)}\leqslant 1$

上式说明射极跟随器的电压放大倍数小于等于 1,且为正值。这是深度电压负反馈的结果。但它的射极电流仍比基流大 $(1+\beta)$ 倍,所以它具有一定的电流和功率放大作用。

4. 电压跟随范围

电压跟随范围是指射极跟随器输出电压 u_o 跟随输入电压 u_i 作线性变化的区域。当 u_i 超过一定范围时,u_o 便不能跟随 u_i 作线性变化,即 u_o 波形产生了失真。为了使输出电压 u_o 正、负半周对称,并充分利用电压跟随范围,静态工作点应选在交流负载线的中点,测量时可直接用数字示波器读取 u_o 的峰峰值,即电压跟随范围;或用交流毫伏表读取 u_o 的有效值,则电压跟随范围为:

$$U_{oPP}=2\sqrt{2}U_o$$

6.4.2 实验过程

按图 6-13 所示连接电路。

1. 静态工作点的调整

接通 +12V 直流电源,在 B 点加入 $f=1\text{kHz}$ 正弦信号 u_i,输出端用数字示波器监视输出波形,反复调整 R_W 及信号源的输出幅度,使数字示波器的屏幕上得到一个最大不失真输出波形,然后置 $u_i=0$,用直流电压表测量晶体管各电极对地电位,将测得的数据填入表 6-13。

表 6-13　静态工作点

U_E/V	U_B/V	U_C/V	I_E/mA

在下面整个测试过程中应保持 R_W 值不变(即保持静工作点 I_E 不变)。

2. 测量电压放大倍数 A_u

接入负载 $R_L=1\text{k}\Omega$,在 B 点加 $f=1\text{kHz}$ 正弦信号 u_i,调节输入信号幅度,用数字示波器观察输出波形 u_o,在输出最大不失真的情况下,用交流毫伏表测 U_i、U_L 值,填入表 6-14 中。

表 6-14　电压放大倍数

U_i/V	U_L/V	A_u

3. 测量输出电阻 R_o

接上负载 $R_L=1\text{k}\Omega$，在 B 点加 $f=1\text{kHz}$ 正弦信号 u_i，用数字示波器监视输出波形，测空载时的输出电压 U_o，有负载时的输出电压 U_L，并填入表 6-15 中。

表 6-15 输出电阻

U_o/V	U_L/V	$R_o/\text{k}\Omega$

4. 测量输入电阻 R_i

在 A 点加 $f=1\text{kHz}$ 的正弦信号 u_s，用数字示波器监视输出波形，用交流毫伏表分别测出 A、B 点对地的电位 U_s、U_i，填入表 6-16 中。

表 6-16 输入电阻

U_s/V	U_i/V	$R_i/\text{k}\Omega$

5. 测试跟随特性

接入负载 $R_L=1\text{k}\Omega$，在 B 点加入 $f=1\text{kHz}$ 正弦信号 u_i，逐渐增大信号 u_i 幅度，用数字示波器监视输出波形直至输出波形达最大不失真时，测量对应的 U_L 值，填入表 6-17 中。

表 6-17 跟随特性

U_i/V	
U_L/V	

6. 测试频率响应特性

保持输入信号 u_i 幅度不变，再改变信号源频率，用数字示波器监视输出波形，用交流毫伏表测量不同频率下的输出电压 U_L 值，填入表 6-18 中。

表 6-18 频率响应特性

f/kHz	
U_L/V	

6.4.3 实验总结

(1) 整理实验数据，并画出曲线 $U_L=f(U_i)$ 及 $U_L=f(f)$ 曲线。
(2) 分析射极跟随器的性能和特点。
(3) 完成实验报告。

6.5 差动放大电路

【学习内容】

差动放大器静态工作点的调整，动态参数的测试，性能指标评估。

【学习要求】

- 能描述差动放大器的基本结构；
- 能计算差动放大器的主要性能指标；
- 能描述差动放大器主要性能指标以及对电路整体性能的影响；
- 能正确连接实验电路，会调整差动放大器静态工作点；
- 能正确测量射级差动放大器的电压放大倍数、输入电阻、输出电阻及通频带；
- 能撰写符合规范的实验报告。

【实验设备与器件】

函数信号发生器，双踪数字示波器，交流毫伏表，数字万用电表，晶体三极管 9013×3，要求 T_1、T_2 管特性参数一致，电阻器、电容器若干。

6.5.1 实验原理及参考电路

图 6-14 所示的是差动放大器的基本结构。它由两个元件参数相同的基本共射放大电路组成。当开关 K 拨向左边时，构成典型的差动放大器。调零电位器 R_P 用来调节 T_1、T_2 管的静态工作点，使得输入信号 $U_i=0$ 时，双端输出电压 $U_o=0$。R_E 为两管共用的发射极电阻，它对差模信号无负反馈作用，因而不影响差模电压放大倍数，但对共模信号有较强的负反馈作用，故可以有效地抑制零漂，稳定静态工作点。

当开关 K 拨向右边时，构成具有恒流源的差动放大器。它用晶体管恒流源代替发射极电阻 R_E，可以进一步提高差动放大器抑制共模信号的能力。

1. 静态工作点的估算

（1）典型电路。其静态工作点估算为：

$$I_E \approx \frac{|U_{EE}|-U_{BE}}{R_E} \quad (\text{认为 } U_{B1}=U_{B2}\approx 0) \qquad I_{C1}=I_{C2}=\frac{1}{2}I_E$$

（2）恒流源电路。其静态工作点估算为：

$$I_{C3} \approx I_{E3} \approx \frac{\dfrac{R_2}{R_1+R_2}(U_{CC}+|U_{EE}|)-U_{BE}}{R_{E3}} \qquad I_{C1}=I_{C1}=\frac{1}{2}I_{C3}$$

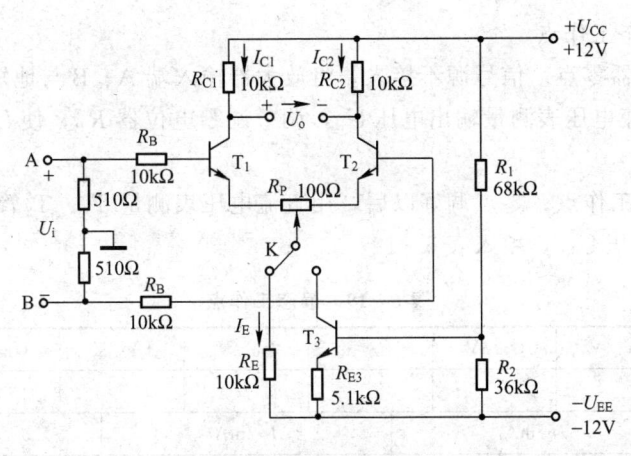

图 6-14 差动放大器的基本结构

2. 差模电压放大倍数和共模电压放大倍数

当差动放大器的射极电阻 R_E 足够大，或采用恒流源电路时，差模电压放大倍数 A_d 由输出端方式决定，而与输入方式无关。

双端输出：$R_E = \infty$，R_P 在中间位置时，$A_d = \dfrac{\Delta U_o}{\Delta U_i} = -\dfrac{\beta R_C}{R_B + r_{be} + \dfrac{1}{2}(1+\beta)R_P}$

单端输出：$A_{d1} = \dfrac{\Delta U_{C1}}{\Delta U_i} = \dfrac{1}{2}A_d \qquad A_{d2} = \dfrac{\Delta U_{C2}}{\Delta U_i} = -\dfrac{1}{2}A_d$

当输入共模信号时，若为单端输出，则有

$$A_{C1} = A_{C2} = \dfrac{\Delta U_{C1}}{\Delta U_i} = \dfrac{-\beta R_C}{R_B + r_{be} + (1+\beta)\left(\dfrac{1}{2}R_P + 2R_E\right)} \approx -\dfrac{R_C}{2R_E}$$

若为双端输出，在理想情况下 $A_C = \dfrac{\Delta U_o}{\Delta U_i} = 0$。

实际上由于元件不可能完全对称，因此 A_C 也不会绝对等于零。

3. 共模抑制比 CMRR

为了表征差动放大器对有用信号（差模信号）的放大作用和对共模信号的抑制能力，通常用一个综合指标来衡量，即共模抑制比。

$$\text{CMRR} = \left|\dfrac{A_d}{A_C}\right| \qquad \text{或} \qquad \text{CMRR} = 20\text{Log}\left|\dfrac{A_d}{A_C}\right| \quad (\text{dB})$$

差动放大器的输入信号可采用直流信号也可采用交流信号。本实验由函数信号发生器提供频率 $f = 1\text{kHz}$ 的正弦信号作为输入信号。

6.5.2 实验内容

1. 典型差动放大器性能测试

按图 6-14 所示连接实验电路，开关 K 拨向左边构成典型差动放大器。

(1) 测量静态工作点

① 调节放大器零点。信号源不接入。将放大器输入端 A、B 与地短接，接通±12V 直流电源，用直流电压表测量输出电压 U_o，调节调零电位器 R_P，使 $U_o=0$。调节时要仔细，力求准确。

② 测量静态工作点。零点调好以后，用直流电压表测量 T_1、T_2 管各电极电位及射极电阻 R_E 两端电压 U_{RE}，填入表 6-19。

表 6-19 静态工作点

测量值	U_{C1}/V	U_{B1}/V	U_{E1}/V	U_{C2}/V	U_{B2}/V	U_{E2}/V	U_{RE}/V
计算值	I_C/mA			I_B/mA		U_{CE}/V	

(2) 测量差模电压放大倍数

断开直流电源，将函数信号发生器的输出端接放大器输入 A 端，地端接放大器输入 B 端，构成单端输入方式。调节输入信号为频率 $f=1\text{kHz}$ 的正弦信号，并将输出旋钮旋至零。用数字示波器监视输出端（集电极 C_1 或 C_2 与地之间）。接通±12V 直流电源，逐渐增大输入电压 U_i（约 100mV），在输出波形无失真的情况下，用交流毫伏表测 U_i，U_{C1}，U_{C2}，填入表 6-20 中，并观察 u_i，u_{C1}，u_{C2} 之间的相位关系及 U_{RE} 随 U_i 改变而变化的情况。

表 6-20 差模电压放大倍数

	典型差动放大电路		具有恒流源差动放大电路	
	单端输入	共模输入	单端输入	共模输入
U_i	100mV	1V	100mV	1V
U_{C1}/V				
U_{C2}/V				
$A_{d1}=\dfrac{U_{C1}}{U_i}$		/		/
$A_d=\dfrac{U_o}{U_i}$		/		/
$A_{C1}=\dfrac{U_{C1}}{U_i}$	/		/	
$A_C=\dfrac{U_o}{U_i}$	/		/	
$CMRR=\left|\dfrac{A_{d1}}{A_{C1}}\right|$				

(3) 测量共模电压放大倍数

将放大器 A、B 短接，信号源接 A 端与地之间，构成共模输入方式。调节输入信号 $f=1\text{kHz}$，$U_i=1\text{V}$，在输出电压无失真的情况下，测量 U_{C1}，U_{C2}，其值填入表 6-20，并观察 u_i，u_{C1}，u_{C2} 之间的相位关系及 U_{RE} 随 U_i 改变而变化的情况。

2. 有恒流源的差动放大电路性能测试

将图 6-14 所示电路中的开关 K 拨向右边，构成具有恒流源的差动放大电路。重复内容 (1)～(3) 的要求，填入表 6-20 中。

6.5.3 实验报告

(1) 整理实验数据，列表比较实验结果和理论估算值，分析产生误差的原因。

(2) 将典型差动放大电路单端输出时的 CMRR 实测值与理论值进行比较。

(3) 将典型差动放大电路单端输出时 CMRR 的实测值与具有恒流源的差动放大器 CMRR 实测值进行比较。

(4) 比较 u_i，u_{C1} 和 u_{C2} 之间的相位关系。

(5) 根据实验结果，总结电阻 R_E 和恒流源的作用。

第7章 模拟电子技术应用提高型实验

7.1 负反馈放大器

【学习内容】

测量一两级晶体管放大电路在开环时和引入负反馈时的放大倍数、输入电阻、输出电阻及通频带，比较引入负反馈前后放大电路参数的变化情况。

【学习要求】

- 能计算放大器的主要性能指标；
- 能描述放大器主要性能指标对电路整体性能的影响；
- 能正确连接负反馈放大器，会调整放大器各级静态工作点；
- 能正确测量负反馈放大器在开环和引入负反馈后的电压放大倍数、输入电阻、输出电阻及通频带；
- 能分析引入负反馈前后放大电路主要性能指标的优劣；
- 能撰写符合规范的实验报告。

【实验设备与器件】

函数信号发生器，双踪数字示波器，交流毫伏表，数字万用电表，单管/负反馈二级放大器，晶体三极管 3DG6×2（$\beta=50\sim100$）或 9011×2，电阻器、电容器若干。

7.1.1 实验原理及参考电路

负反馈在电子电路中有着非常广泛的应用，虽然它使放大器的放大倍数降低，但能在多方面改善放大器的动态指标，如稳定放大倍数，改变输入/输出电阻，减小非线性失真和展宽通频带等。因此，几乎所有的实用放大器都带有负反馈。

负反馈放大器有4种组态，即电压串联、电压并联、电流串联、电流并联。本实验以电压串联负反馈为例，分析负反馈对放大器各项性能指标的影响。

图7-1所示为带有电压串联负反馈的两级阻容耦合放大电路，在电路中通过 R_f 把输出电压 u_o 引回到输入端，加在晶体管 T_1 的发射极上，在发射极电阻 R_{F1} 上形成反馈

电压 u_f。根据反馈的判断法可知，它属于电压串联负反馈。

其主要性能指标如下。

闭环电压放大倍数为：
$$A_{uf}=\frac{A_u}{1+A_uF_u}$$

其中，$A_u=U_o/U_i$——基本放大器（无反馈）的电压放大倍数，即开环电压放大倍数。

$1+A_uF_u$——反馈深度，它的大小决定了负反馈对放大器性能改善的程度。

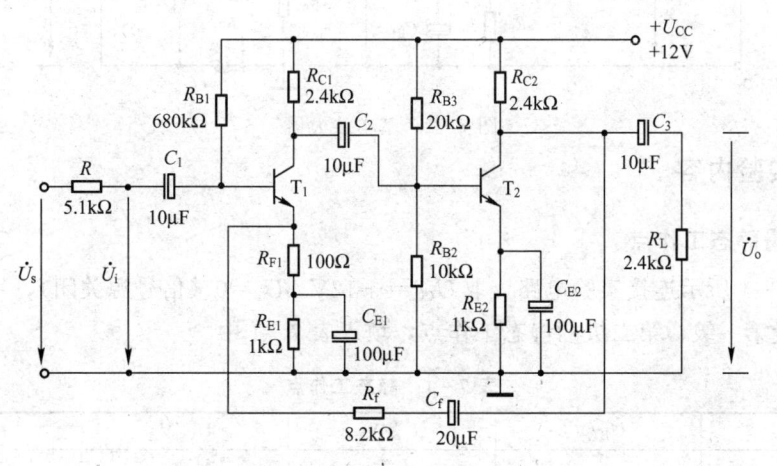

图 7-1 带有电压串联负反馈的两级阻容耦合放大电路

反馈系数为 $F_u=\dfrac{R_{F1}}{R_f+R_{F1}}$。

输入电阻为 $R_{if}=(1+A_uF_u)R_i$

式中，R_i——基本放大器的输入电阻。

$$输出电阻为 R_{of}=\frac{R_o}{1+A_{uo}F_u}$$

式中，R_o——基本放大器的输出电阻，

A_{uo}——基本放大器 $R_L=\infty$ 时的电压放大倍数。

本实验还需要测量基本放大器的动态参数，那么怎样可以实现无反馈而得到基本放大器呢？不能简单地断开反馈支路，而是要去掉反馈作用，但又要把反馈网络的影响（负载效应）考虑到基本放大器中去。为此：

① 在基本放大器的输入回路中，因为该反馈是电压负反馈，所以可将负反馈放大器的输出端交流短路，即令 $u_o=0$，此时 R_f 相当于并联在 R_{F1} 上。

② 在基本放大器的输出回路中，由于输入端的反馈是串联负反馈，因此需将反馈放大器的输入端（T_1 管的射极）开路，此时（R_f+R_{F1}）相当于并接在输出端，可近似认为 R_f 并接在输出端。

根据上述规律，就可得到所要求的如图 7-2 所示的基本放大器。

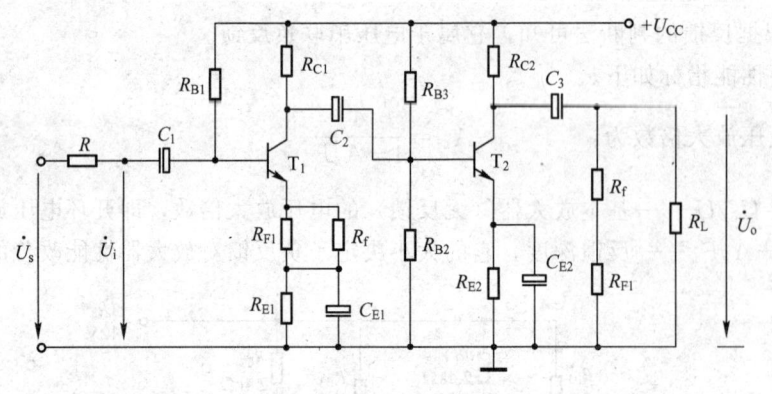

图 7-2 基本放大器

7.1.2 实验内容

1. 测量静态工作点

按图 7-1 所示连接实验电路。取 $U_{CC}=+12V$，$U_i=0$（信号源关闭），用直流电压表分别测量第一级、第二级的静态工作点，填入表 7-1 中。

表 7-1 静态工作点

	U_B/V	U_E/V	U_C/V	I_C/mA
第一级				
第二级				

2. 测试基本放大器的各项性能指标

将实验电路按图 7-2 所示进行改接，即把 R_f 断开后分别并接在 R_{F1} 和 R_L 上，其他连线不动。

（1）测量中频电压放大倍数 A_u，输入电阻 R_i 和输出电阻 R_o。以 $f=1kHz$，U_s 约 5mV 正弦信号输入放大器，再用数字示波器监视输出波形 u_o，在 u_o 不失真的情况下，用交流毫伏表测量 U_s、U_i、U_L，填入表 7-2 中。

（2）测量通频带。接上 R_L，保持（1）中的 U_s 不变，然后增大和减小输入信号的频率，找出上、下限频率 f_H 和 f_L，填入表 7-3 中。

3. 测试负反馈放大器的各项性能指标

将实验电路恢复为图 7-1 所示的负反馈放大电路。适当加大 U_s（约 10mV），在输出波形不失真的条件下，测量负反馈放大器的 A_{uf}、R_{if} 和 R_{of}，填入表 7-2 中。测量 f_{Hf} 和 f_{Lf}，填入表 7-3。

表 7-2 放大器的 A_{uf}、R_{if} 和 R_{of}

基本放大器	U_s/mV	U_i/mV	U_L/V	U_o/V	A_u	$R_i/k\Omega$	$R_o/k\Omega$
负反馈放大器	U_s/mV	U_i/mV	U_L/V	U_o/V	A_{uf}	$R_{if}/k\Omega$	$R_{of}/k\Omega$

表 7-3 放大器的 f_{Hf} 和 f_{Lf}

基本放大器	f_L/kHz	f_H/kHz	Δf/kHz
负反馈放大器	f_{Lf}/kHz	f_{Hf}/kHz	Δf_f/kHz

4. 观察负反馈对非线性失真的改善

(1) 实验电路改接成基本放大器形式，在输入端加入 $f=1\text{kHz}$ 的正弦信号，输出端接数字示波器，逐渐增大输入信号的幅度，使输出波形开始出现失真，记下此时的波形和输出电压的幅度。

(2) 将实验电路改接成负反馈放大器形式，增大输入信号幅度，使输出电压幅度的大小与步骤（1）中的相同，比较有负反馈时，输出波形的变化。

7.1.3 实验报告

(1) 将基本放大器和负反馈放大器动态参数的实测值和理论估算值列表进行比较。
(2) 根据实验结果，总结电压串联负反馈对放大器性能的影响。
(3) 完成实验报告。

7.2 低频 OTL 功率放大器

【学习内容】

搭建 OTL 功率放大器实验电路，调整静态工作点，测量主要性能指标。

【学习要求】

- 能理解 OTL 功率放大器的工作原理；
- 理解自举电路的作用，会计算最大不失真输出功率、效率及输入灵敏度；
- 能正确搭建 OTL 功率放大器实验电路；
- 会调整静态工作点，能正确测量最大不失真输出功率、效率、输入灵敏度及频率响应；
- 能分析 OTL 功率放大器主要性能指标的优劣；
- 能撰写符合规范的实验报告。

【实验设备与器件】

函数信号发生器，双踪数字示波器，交流毫伏表，数字万用电表，晶体三极管

9013、9012，晶体二极管 IN4007，8Ω 扬声器、电阻器、电容器若干。

7.2.1 实验原理

图 7-3 所示为 OTL 低频功率放大器实验电路。其中由晶体三极管 T_1 组成推动级（也称前置放大级），T_2、T_3 是一对参数对称的 NPN 和 PNP 型晶体三极管，它们组成互补推挽 OTL 功放电路。由于每一个管子都接成射极输出器的形式，因此具有输出电阻低、负载能力强等优点，适合于作功率输出级。T_1 管工作于甲类状态，它的集电极电流 I_{C1} 由电位器 R_{W1} 进行调节。I_{C1} 的一部分流经电位器 R_{W2} 及二极管 D，给 T_2、T_3 提供偏压。调节 R_{W2}，可以使 T_2、T_3 得到合适的静态电流而工作于甲、乙类状态，以克服交越失真。静态时要求输出端中点 A 的电位 $U_A=\frac{1}{2}U_{CC}$，可以通过调节 R_{W1} 来实现，又由于 R_{W1} 的一端接在 A 点，因此在电路中引入交、直流电压并联负反馈，一方面能够稳定放大器的静态工作点，同时也改善了非线性失真。

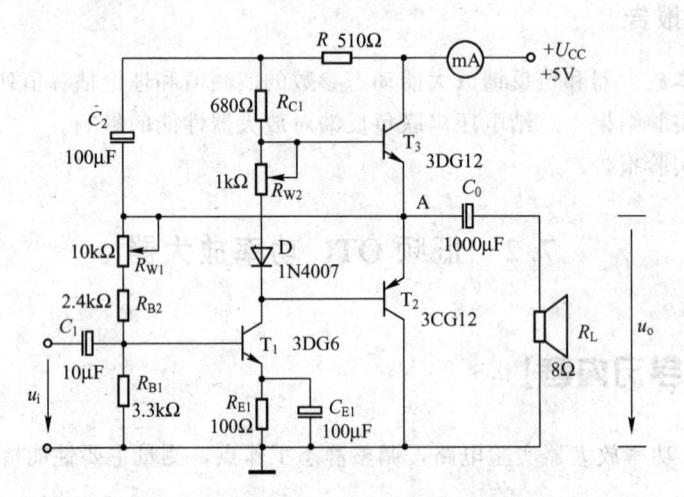

图 7-3 OTL 低频功率放大器实验电路

当输入正弦交流信号 u_i 时，经 T_1 放大、倒相后同时作用于 T_2、T_3 的基极，u_i 的负半周使 T_2 管导通（T_3 管截止），有电流通过负载 R_L，同时向电容 C_0 充电，在 u_i 的正半周，T_3 导通（T_2 截止），则已充好电的电容器 C_0 起着电源的作用，通过负载 R_L 放电，这样在 R_L 上就可以得到完整的正弦波。

C_2 和 R 构成自举电路，用于提高输出电压正半周的幅度，以得到大的动态范围。

OTL 电路的主要性能指标如下。

(1) 最大不失真输出功率 P_{om}：理想情况下，$P_{om}=\frac{1}{8}\frac{U_{CC}^2}{R_L}$，在实验中可通过测量 R_L 两端的电压有效值，来求得实际的 $P_{om}=\frac{U_o^2}{R_L}$。

(2) 效率 η：$\eta = \dfrac{P_{om}}{P_E} \times 100\%$

在直流电源供给的平均功率理想情况下，$\eta_{max} = 78.5\%$。在实验中，可测量电源供给的平均电流 I_{dC}，从而求得 $P_E = U_{CC} \cdot I_{dC}$，负载上的交流功率已用上述方法求出，因而也就可以计算实际效率了。

(3) 输入灵敏度：输入灵敏度是指输出最大不失真功率时，输入信号 U_i 之值。

7.2.2 实验过程

在整个测试过程中，电路不应有自激现象。

1. 静态工作点的测试

按图 7-3 所示连接实验电路，将输入信号旋钮旋至零（$u_i = 0$ 或关闭信号源），在电源进线中串入直流毫安表，电位器 R_{W2} 置最小值位置，R_{W1} 置中间位置。接通 +5V 电源，观察毫安表指示，同时用手触摸输出级管子，若电流过大，或管子温升显著，应立即断开电源检查原因（如 R_{W2} 开路，电路自激，或输出管性能不好等）。如无异常现象，可开始调试。

(1) 调节输出端中点电位 U_A

调节电位器 R_{W1}，用直流电压表测量 A 点电位，使 $U_A = \dfrac{1}{2} U_{CC}$。

(2) 调整输出级静态电流及测试各级静态工作点

调节 R_{W2}，使 T_2、T_3 管的 $I_{C2} = I_{C3} = 5\sim10\mathrm{mA}$。从减小交越失真角度而言，应适当加大输出级静态电流，但该电流过大，会使效率降低，所以一般以 5~10mA 为宜。由于毫安表是串在电源进线中的，因此测得的是整个放大器的电流，但一般 T_1 的集电极电流 I_{C1} 较小，从而可以把测得的总电流近似当作末级的静态电流。如要准确得到末级静态电流，则可从总电流中减去 I_{C1} 之值。

调整输出级静态电流的另一方法是动态调试法。先使 $R_{W2} = 0$，在输入端接入 $f = 1\mathrm{kHz}$ 的正弦信号 u_i。逐渐加大输入信号的幅值，此时，输出波形应出现较严重的交越失真（注意：没有饱和和截止失真），然后缓慢增大 R_{W2}，当交越失真刚好消失时，停止调节 R_{W2}，恢复 $u_i = 0$，此时直流毫安表读数即为输出级静态电流。一般数值也应在 5~10mA，如过大，则要检查电路。输出级电流调好以后，测量各级静态工作点，填入表 7-4 中。

注意：① 在调整 R_{W2} 时，要注意旋转方向，不要调得过大，更不能开路，以免损坏输出管；② 输出管静态电流调好，如无特殊情况，不得随意旋动 R_{W2} 的位置。

表 7-4　$I_{C2} = I_{C3} =$　　mA　$U_i =$　　V　各级静态工作点

	T_1	T_2	T_3
U_B/V			
U_C/V			
U_E/V			

2. 最大输出功率 P_{om} 和效率 η 的测试

(1) 测量 P_{om}

输入端接 $f=1\text{kHz}$ 的正弦信号 u_i，输出端用数字示波器观察输出电压 u_o 波形，逐渐增大 u_i，使输出电压达到最大不失真输出，用交流毫伏表测出负载 R_L 上的电压 U_{om}，则最大输出功率 P_{om} 为：

$$P_{om}=\frac{U_{om}^2}{R_L}$$

(2) 测量 η

当输出电压为最大不失真输出时，读出直流毫安表中的电流值，此电流即为直流电源供给的平均电流 I_{dc}（有一定误差），由此可近似求得 $P_E=U_{CC}I_{dc}$，再根据上面测得的 P_{om}，即可求出 $\eta\left(=\dfrac{P_{om}}{P_E}\right)$。

3. 输入灵敏度测试

根据输入灵敏度的定义，只要测出输出功率 $P_o=P_{om}$ 时的输入电压值 U_i 即可。

4. 频率响应的测试

测试频率响应时的相关物理量，再填入表 7-5 中。

在测试时，为保证电路的安全，应在较低电压下进行，通常取输入信号为输入灵敏度的 50%。在整个测试过程中，应保持 U_i 为恒定值，且输出波形不得失真。

表 7-5　$U_i=$　　mV　频率响应

			$f_L=$		$f_0=$		$f_H=$		
f/Hz					1000				
U_o/V									
A_u									

5. 研究自举电路的作用

① 测量自举电路，且 $P_o=P_{omax}$ 时的电压增益 $A_u=\dfrac{U_{om}}{U_i}$。

② 将 C_2 开路，R 短路（无自举），再测量 $P_o=P_{omax}$ 时的 A_u。

用数字示波器观察①、②两种情况下的输出电压波形，并将以上两项测量结果进行比较，分析研究自举电路的作用。

6. 噪声电压的测试

测量时将输入端短路（$u_i=0$），观察输出噪声波形，并用交流毫伏表测量输出电压，即为噪声电压 U_N，本电路中若 $U_N<15\text{mV}$，即满足要求。

7.2.3　实验总结

(1) 整理实验数据，计算静态工作点、最大不失真输出功率 P_{om}、效率 η 等，并与理论值进行比较,画频率响应曲线。
(2) 讨论实验中发生的问题及解决办法。
(3) 完成实验报告。

7.3 集成运放组成的基本运算电路设计

【教学内容】

用运放构成比例运算放大电路、加法电路和减法电路,计算运放外部电路参数,选择器件,测量放大倍数。

【教学要求】

- 能牢记虚短和虚断的概念;
- 能牢记集成运算放大电路的基本结构、输入电阻、平衡电阻选择的一般原则;
- 能正确计算简单运算放大电路的参数(包括:输入电阻、平衡电阻、反馈电阻);
- 能正确搭建比例运算放大电路、加法电路、减法电路的实验电路;
- 能正确测量相关参数;
- 能分析实验数据并撰写符合规范的实验报告。

【实验设备与器件】

函数信号发生器,双踪数字示波器,交流毫伏表,集成运算放大器 $\mu A741 \times 1$,电阻器、电容器若干。

7.3.1 实验原理及参考电路

集成运算放大器是一种具有高电压放大倍数的直接耦合多级放大电路。当外部接入不同的线性或非线性元器件组成输入和负反馈电路时,可以灵活地实现各种特定的函数关系。在线性应用方面,可组成比例、加法、减法、积分、微分、对数等模拟运算电路。在这些应用中须确保集成运算放大器工作在线性放大区,分析时可以将其视为理想器件,从而得出输入、输出之间的运算表达式。

理想运算放大器特性:开环电压增益 $A_{ud}=\infty$;输入阻抗 $r_i=\infty$;输出阻抗 $r_o=0$;带宽 $f_{BW}=\infty$,失调与漂移均为零等。在大多数情况下,将运放视为理想运放。

理想运放在线性应用时具有如下两个重要特性:

- 输出电压 U_o 与输入电压之间满足关系式 $U_o=A_{ud}(U_+-U_-)$,由于 $A_{ud}=\infty$,而 U_o 为有限值,因此,$U_+-U_-\approx 0$,即 $U_+\approx U_-$,称为"虚短"。
- 由于 $r_i=\infty$,故流进运放两个输入端的电流可视为零,即 $I_{IB}=0$,称为"虚断"。

下面介绍基本运算电路。

1. 反相比例运算电路

电路如图 7-4 所示。对于理想运放，该电路的输出电压与输入电压之间的关系为：

$$U_o = -\frac{R_F}{R_1}U_i$$

为了减小输入级偏置电流引起的运算误差，在同相输入端应接入平衡电阻 $R_2 = R_1 // R_F$。R_W 是调零电位器。

实验时应注意以下几点：
- 为了提高运算精度，首先应对输出直流电位进行调零，即保证在零输入时运放输出为零。
- 输入信号采用交流或直流均可，但在选取信号的频率和幅度时，应考虑运放的频率响应和输出幅度的限制。
- 为防止出现自激振荡，应用数字示波器监视输出电压波形。

2. 反相加法电路

电路如图 7-5 所示，输出电压与输入电压之间的关系为 $U_o = -\left(\frac{R_F}{R_1}U_{i1} + \frac{R_F}{R_2}U_{i2}\right)$。通过该电路可以实现信号 U_{i1} 和 U_{i2} 的反相加法运算。为了消除运放输入偏置电流及其漂移造成的运算误差，需在运放同相端接入平衡电阻，其阻值应与运放反相端的外接等效电阻相等，即要求 $R_3 = R_1 // R_2 // R_F$。

实验时的注意事项同前。

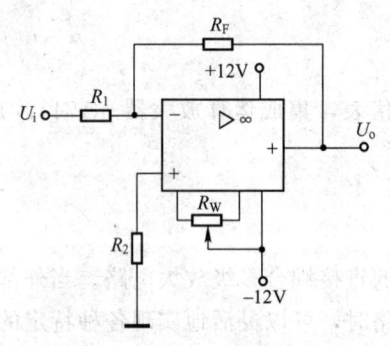

图 7-4 反相比例运算电路　　　　图 7-5 反相加法运算电路

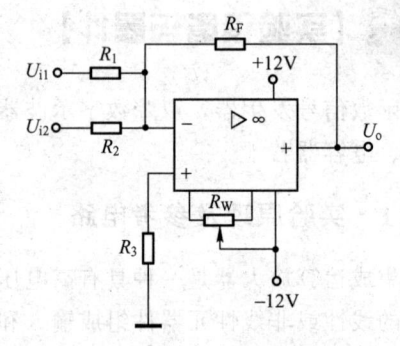

3. 差动放大电路（减法器）

图 7-6 所示为减法运算电路，为了消除运放输入偏置电流的影响，要求 $R_1 = R_2$，$R_3 = R_F$，该电路输入和输出之间的函数关系为 $U_o = \frac{R_F}{R_1}(U_{i2} - U_{i1})$，实验时的注意事项同前。

4. 积分运算电路

反相积分电路如图 7-7 所示。在理想化条件下，输出电压 u_o 等于

$$u_o(t) = -\frac{1}{R_1 C}\int_0^t u_i \mathrm{d}t + u_C(0)$$

式中，$u_C(0)$是$t=0$时电容C两端的电压值，即初始值。

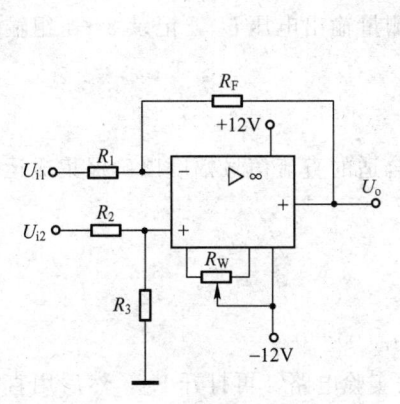

图 7-6 减法运算电路图　　　　　图 7-7 积分运算电路

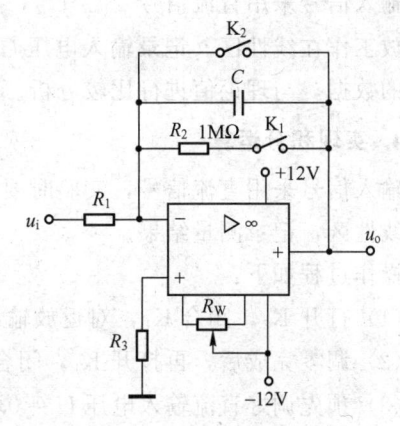

如果$u_i(t)$是幅值为E的阶跃电压，并设$u_C(0)=0$，则

$$u_o(t) = \frac{1}{R_1 C}\int_0^t E \mathrm{d}t = -\frac{E}{R_1 C}t$$

在进行积分运算之前，首先应对运放调零。为了便于调节，将图中K_1闭合，即通过电阻R_2的负反馈作用帮助实现调零。但在完成调零后，应将K_1打开，以免因R_2的接入造成积分误差。K_2的设置一方面为积分电容放电提供通路，同时可实现积分电容初始电压$u_C(0)=0$，另一方面，可控制积分起始点，即在加入信号u_i后，只要K_2一打开，电容就将被恒流充电，电路也就开始进行积分运算。

7.3.2 实验内容

设计由集成运放组成的反相比例运算、反相加法运算、减法运算、积分运算电路，放大倍数A_u为10～50，完成线路连接。

实验前要看清运放组件各引脚的位置；切忌正、负电源极性接反和输出端短路，否则将会损坏集成块。实验时要注意选择合适的直流信号幅度以确保集成运放工作在线性区。

按所设计的电路、参数在实验装置上完成电路连接、调试和数据测试等。

1. 实现反相比例运算

接通±12V电源，输入端对地短路，进行调零和消振。

输入$f=100\mathrm{Hz}$，$U_i=0.5\mathrm{V}$的正弦交流信号，测量相应的U_o，并用数字示波器观察u_o和u_i的相位关系。定量记录输入和输出波形。

2. 实现两个信号的反相运算

输入信号采用直流信号U_{i1}、U_{i2}，实验时要注意选择合适的直流信号幅度以确保集成运放工作在线性区。记录输入电压U_{i1}、U_{i2}，测量输出电压U_o，记录3～4组输入和输出的数据，与理论值进行比较分析。

3. 实现两信号减法运算

输入信号采用直流信号 U_{i1}、U_{i2}，实验时要注意选择合适的直流信号幅度以确保集成运放工作在线性区。记录输入电压 U_{i1}、U_{i2}，测量输出电压 U_o，记录 3~4 组输入和输出的数据，与理论值进行比较分析。

4. 实现积分运算

输入信号采用直流信号，实验时要注意选择合适的直流信号幅度以确保集成运放工作在线性区，记录测量结果。

操作过程如下：

(1) 打开 K_2，闭合 K_1，对运放输出进行调零。

(2) 调零完成后，再打开 K_1，闭合 K_2，使 $u_C(0)=0$。

(3) 预先调好直流输入电压 $U_i=0.5V$，接入实验电路，再打开 K_2，然后用直流电压表测量输出电压 U_o，每隔 5 秒读一次 U_o，记录数据，直到 U_o 不继续明显增大为止。

本实验内容较多，其中"4. 实现积分运算"可作为选做的内容。

7.3.3 实验报告

(1) 整理实验数据，画出波形图（注意波形间的相位关系）。

(2) 将理论计算结果和实测数据相比较，分析产生误差的原因。

(3) 分析讨论实验中出现的现象和问题。

(4) 完成实验报告。

7.4 RC 正弦波振荡电路设计

【学习内容】

设计制作一个低频 RC 正弦波振荡电路。

【学习要求】

- 能描述低频 RC 正弦波发生器的基本组成、振荡的条件；
- 理解低频 RC 正弦波发生器的工作原理；
- 能根据给定频率计算器件参数（包括：输入电阻、反馈电阻、选频网络中的 RC）；
- 能正确搭建低频 RC 正弦波发生电路的实验电路；
- 能正确测量相关参数；
- 能分析实验数据并撰写符合规范的实验报告。

【实验设备与器件】

函数信号发生器,双踪数字示波器,交流毫伏表,集成运算放大器 μA741×1,电阻器、电容器若干,数字万用电表。

7.4.1 实验原理及参考电路

从结构上看,正弦波振荡器是没有输入信号的带选频网络的正反馈放大器。若用 R、C 元件组成选频网络,就称为 RC 振荡器,一般用来产生 1Hz~1MHz 的低频信号。正弦波振荡器主要有 RC 移相振荡器、RC 串并联网络(文氏桥)振荡器、双 T 选频网络振荡器。

由运放组成的 RC 正弦波振荡电路如图 7-8 所示,也称文氏电桥振荡器。图中,R_1C_1 与 R_2C_2 形成正反馈支路,若取 $R_1=R_2=R$,$C_1=C_2=C$,则振荡频率 $f_0=\dfrac{1}{2\pi RC}$,为满足电路起振条件,放大器的电压增益 $A_{uF} \geqslant 3$,即 $A_{uF}=1+\dfrac{R_F}{R_3} \geqslant 3$,$R_F=R_P+R_4 // r_d$,式中 r_d 为二极管正向导通时的交流电阻,调节电位器 R_P 可以调整输出电压的幅度。图中 D_1、D_2 的作用是,当 U_o 幅值很小时,二极管 D_1、D_2 开路,等效电阻较大,$A_{uF}=U_o/U_P=(R_1+R_F)/R_1$ 较大,有利于起振;反之,当 U_o 幅值较大时,二极管 D_1、D_2 导通,R_F 减小,A_{uF} 随之下降,U_o 幅值趋于稳定。因此,在一般的 RC 文氏电桥振荡电路基础上,加上 D_1、D_2,有利于起振和稳幅。

R_F 一般采用热敏电阻以稳定输出电压。因受运放本身高频特性的限制,电路的振荡频率不可能很高,通常用于低频振荡器。

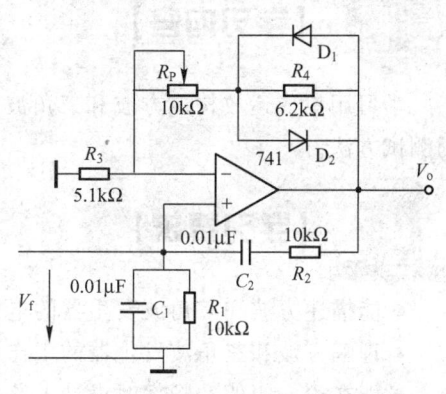

图 7-8 文氏电桥振荡器电路

7.4.2 实验过程

(1) 按图 7-8 所示设计电路参数,接好实验线路。

(2) 调试电路并使电路起振,用数字示波器观测输出电压 u_o 波形,调节使获得满意的正弦信号,记录波形及其参数。

(3) 测量振荡频率,并与计算值进行比较。

(4) 改变 R 或 C 值,观察振荡频率的变化情况。

(5) 观察 RC 串并联网络幅频特性。

将 RC 串并联网络与放大器断开,用函数信号发生器的正弦信号注入 RC 串并联网络,保持输入信号的幅度不变,频率由低到高变化,RC 串并联网络输出幅值将随之变化,当信号源达某一频率时,RC 串并联网络的输出将达最大值,且输入、输出同相位，此时信号源频率为 $f=f_o=\dfrac{1}{2\pi RC}$。

7.4.3 实验报告

(1) 由给定电路参数计算振荡频率，并与实测值比较，分析误差产生的原因。
(2) 总结 RC 振荡器的特点。
(3) 完成实验报告。

7.5 集成运放组成的波形发生器

【学习内容】

学习用集成运放构成方波和三角波发生器，学习波形发生器的调整和主要性能指标的测试方法。

【学习要求】

- 能描述方波和三角波发生器的电路结构；
- 理解方波和三角波发生器的工作原理；
- 能在给定幅值及频率时设计电路参数；
- 能正确搭建实验电路；
- 能正确测量相关参数，并能分析电路参数变化对输出波形、频率及幅值的影响；
- 撰写符合规范的实验报告。

【实验设备与器件】

函数信号发生器，双踪数字示波器，交流毫伏表，数字万用电表，方波-三角波发生器组合板，集成运算放大器 $\mu A741\times 2$，电阻器、电容器若干。

7.5.1 实验原理及参考电路

由集成运放构成的方波和三角波发生器有多种形式，本实验选用最常用的比较简单的几种电路。

1. 方波发生器

由集成运放构成的方波发生器和三角波发生器，一般均包括比较器和 RC 积分器两大部分。图 7-9 所示为由滞回比较器及简单 RC 积分电路组成的方波-三角波发生器。它的特点是线路简单，但三角波的线性度较差，主要用于产生方波，或对三角波要求不高的场合。

电路振荡频率计算公式为：

$$f_o = \frac{1}{2R_f C_f \ln\left(1+\dfrac{2R_2}{R_1}\right)}$$

式中，$R_1 = R_1' + R_w'$，$R_2 = R_2' + R_w''$

方波输出幅值为：$U_{om} = \pm U_Z$

三角波输出幅值为：$U_{om} = \dfrac{R_2}{R_1+R_2} U_Z$

调节电位器 R_W（即改变 R_2/R_1），可以改变振荡频率，但三角波的幅值也随之变化。如要互不影响，则可通过改变 R_f（或 C_f）来实现振荡频率的调节。

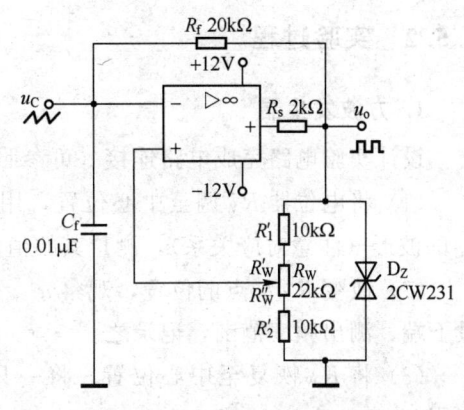

图 7-9　方波-三角波发生器

2. 三角波和方波发生器

如把滞回比较器和积分器首尾相接形成正反馈闭环系统，如图 7-10 所示，则比较器 A_1 输出的方波经积分器 A_2 积分可得到三角波，三角波又触发比较器自动翻转形成方波，这样即可构成三角波和方波发生器。图 7-11 为方波和三角波发生器输出波形图。由于采用运放组成的积分电路，因此可实现恒流充电，使三角波线性大大改善。

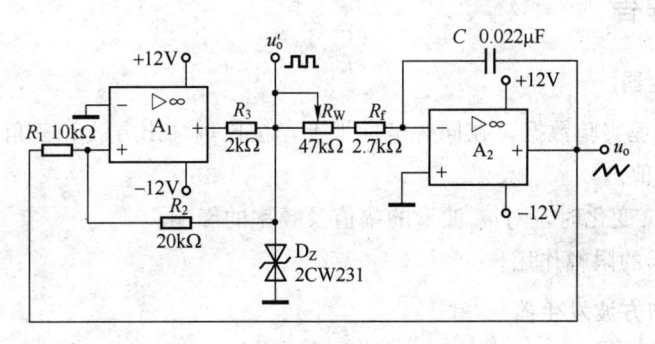

图 7-10　三角波和方波发生器

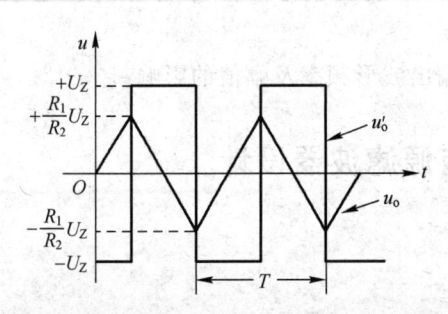

图 7-11　方波和三角波发生器输出波形图

电路振荡频率为 $f_o = \dfrac{R_2}{4R_1(R_f + R_W)C_f}$

方波幅值为 $U'_{om} = \pm U_Z$

三角波幅值为 $U_{om} = \dfrac{R_1}{R_2} U_Z$

调节 R_W 可以改变振荡频率，而改变比值 $\dfrac{R_1}{R_2}$ 可调节三角波的幅值。

7.5.2 实验过程

1. 方波发生器

设计实验电路完成电路连接（可参照图 7-9）。

(1) 将电位器 R_W 调至中心位置，用双踪数字示波器观察并描绘方波 u_o 及三角波 u_C 的波形（注意对应关系），测量其幅值及频率，记录之。

(2) 改变 R_W 动点的位置，观察 u_o、u_C 幅值及频率变化情况。把动点调至最上端和最下端，测出频率范围，记录之。

(3) 将 R_W 恢复至中心位置，将一只稳压管短接，观察 u_o 波形，分析 D_Z 的限幅作用。

2. 三角波和方波发生器

设计实验电路完成电路连接（可参照图 7-10）。

(1) 将电位器 R_W 调至合适位置，用双踪数字示波器观察并描绘三角波输出 u_o 及方波输出 u_o'，测其幅值、频率及 R_W 值，记录之。

(2) 改变 R_W 的位置，观察对 u_o、u_o' 幅值及频率的影响。

(3) 改变 R_1（或 R_2），观察对 u_o、u_o' 幅值及频率的影响。

7.5.3 实验报告

1. 方波发生器

(1) 列表整理实验数据，在同一坐标纸上，按比例画出方波和三角波的波形图（标出时间和电压幅值）。

(2) 分析 R_W 变化时，对 u_o 波形的幅值及频率的影响。

(3) 讨论 D_Z 的限幅作用。

2. 三角波和方波发生器

(1) 整理实验数据，把实测频率与理论值进行比较。

(2) 在同一坐标纸上，按比例画出三角波及方波的波形，并标明时间和电压幅值。

(3) 分析电路参数变化（R_1，R_2 和 R_W）对输出波形频率及幅值的影响。

7.6 集成运放组成的有源滤波器设计

【教学内容】

用运放、电阻和电容设计组成有源低通滤波、高通滤波和带通、带阻滤波器。学会测量有源滤波器的幅频特性。

【教学要求】

- 能描述低通（LPF）、高通（HPF）、带通（BPF）与带阻（BEF）滤波器的电路结构；
- 理解 LPF、HPF、BPF 与 BEF 的工作原理；
- 能正确搭建实验电路；
- 能正确测量相关参数，并能分析相频及幅频特性；
- 撰写符合规范的实验报告。

【实验设备与器件】

函数信号发生器，双踪数字示波器，交流毫伏表，集成运算放大器 μA741×17，电阻器、电容器若干。

7.6.1 实验原理

由 RC 元件与运算放大器组成的滤波器称为 RC 有源滤波器，其功能是让一定频率范围内的信号通过，抑制或急剧衰减此频率范围以外的信号。RC 有源滤波器可用在信息处理、数据传输、抑制干扰等方面，但因受运算放大器频带限制，这类滤波器主要用于低频范围。根据对频率范围的选择不同，可分为低通（LPF）、高通（HPF）、带通（BPF）与带阻（BEF）4 种滤波器，具有理想幅频特性的滤波器是很难实现的，只能用实际的幅频特性去逼近理想的滤波器。一般来说，滤波器的幅频特性越好，其相频特性越差，反之亦然。滤波器的阶数越高，幅频特性衰减的速度越快，但 RC 网络的节数越多，元件参数计算越烦琐，电路调试越困难。任何高阶滤波器均可以用较低的二阶 RC 有滤波器级联实现。

1. 低通滤波器（LPF）

低通滤波器是用来通过低频信号衰减或抑制高频信号的。

如图 7-12（a）所示，为典型的二阶有源低通滤波器。它由两级 RC 滤波环节与同相比例运算电路组成，其中第一级电容 C 接至输出端，引入适量的正反馈，以改善幅频特性。

图 7-12（b）为二阶低通滤波器幅频特性曲线。

电路性能参数为 $A_{up}=1+\dfrac{R_f}{R_1}$，二阶低通滤波器的通带增益；$f_0=\dfrac{1}{2\pi RC}$，截止频率，它是二阶低通滤波器通带与阻带的界限频率；$Q=\dfrac{1}{3-A_{up}}$，品质因数，它的大小影响低通滤波器在截止频率处幅频特性的形状。

2. 高通滤波器（HPF）

与低通滤波器相反，高通滤波器用来通过高频信号，衰减或抑制低频信号。

(a) 电路图　　　　　　　　(b) 频率特性

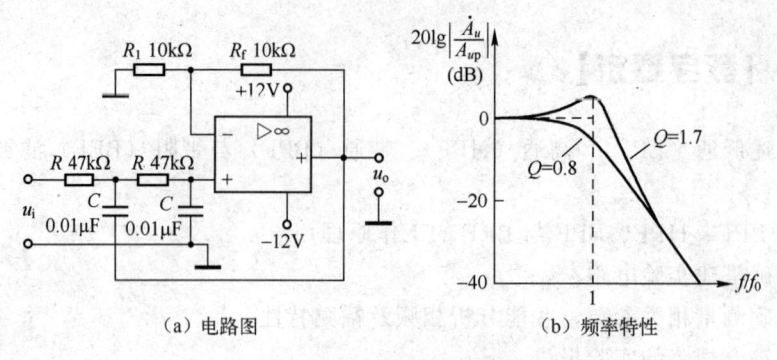

图 7-12　二阶低通滤波器

只要将图 7-12 所示低通滤波电路中起滤波作用的电阻、电容互换，即可变成二阶有源高通滤波器，如图 7-13（a）所示。高通滤波器性能与低通滤波器相反，其频率响应和低通滤波器是"镜像"关系，仿照 LPH 分析方法，不难求得 HPF 的幅频特性。

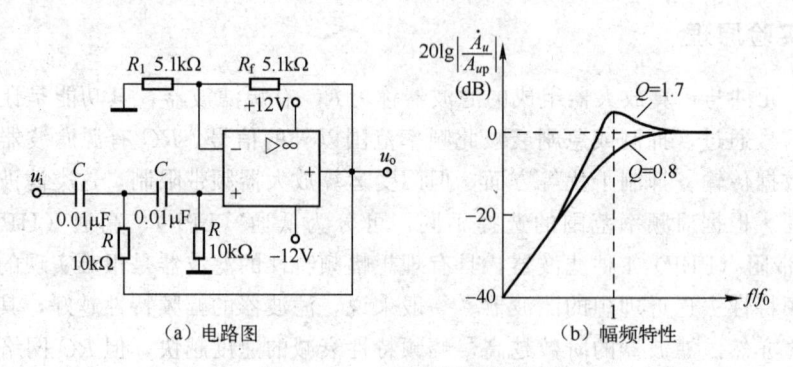

(a) 电路图　　　　　　　　(b) 幅频特性

图 7-13　二阶高通滤波器

电路性能参数 A_{up}、f_0、Q 各量的含义同二阶低通滤波器。

图 7-13（b）为二阶高通滤波器的幅频特性曲线，可见，它与二阶低通滤波器的幅频特性曲线存在"镜像"关系。

3. 带通滤波器（BPF）

这种滤波器的作用是只允许在某一个通频带范围内的信号通过，而比通频带下限频率低和比上限频率高的信号均加以衰减或抑制。

典型的带通滤波器可以在二阶低通滤波器中将其中一级改成高通而成，如图 7-14（a）所示。其幅频特性曲线如图 7-14（b）所示。

该滤波器电路性能参数如下。

通带增益：$A_{up} = \dfrac{R_4 + R_f}{R_4 R_1 CB}$；

中心频率：$f_0 = \dfrac{1}{2\pi} \sqrt{\dfrac{1}{R_2 C^2} \left(\dfrac{1}{R_1} + \dfrac{1}{R_3} \right)}$；

(a) 电路图

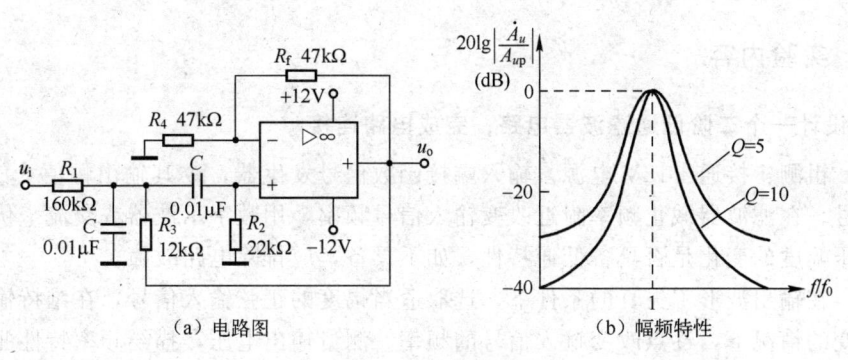

(b) 幅频特性

图 7-14 二阶带通滤波器

通带宽度：$B = \dfrac{1}{C}\left(\dfrac{1}{R_1} + \dfrac{2}{R_2} - \dfrac{R_f}{R_3 R_4}\right)$；

选择性：$Q = \dfrac{\omega_0}{B}$。

此电路的优点是改变 R_f 和 R_4 的比例就可改变频宽而不影响中心频率。

4. 带阻滤波器（BEF）

如图 7-15（a）所示，这种电路的性能和带通滤波器相反，即在规定的频带内，信号不能通过（或受到很大衰减或抑制），而在其余频率范围，信号则能顺利通过。带阻滤波器的频率特性如图 7-15（b）所示。

在双 T 网络后加一级同相比例运算电路就构成了基本的二阶有源 BEF。

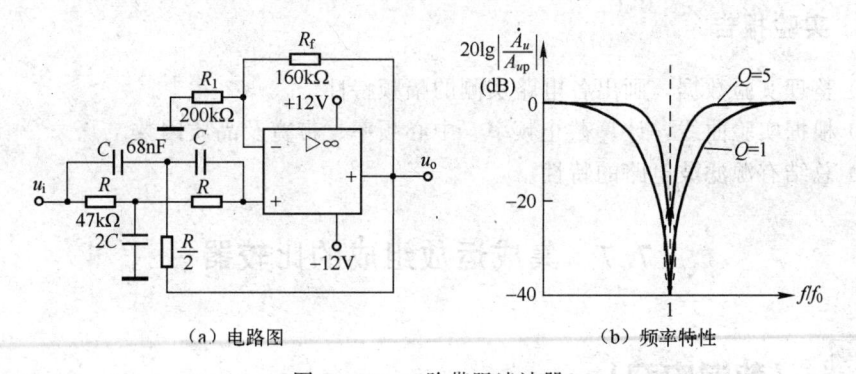

(a) 电路图

(b) 频率特性

图 7-15 二阶带阻滤波器

该滤波器的电路性能参数如下。

通带增益：$A_{up} = 1 + \dfrac{R_f}{R_1}$；

中心频率：$f_0 = \dfrac{1}{2\pi RC}$；

带阻宽度：$B = 2(2 - A_{up})f_0$；

选择性：$Q = \dfrac{1}{2(2 - A_{up})}$。

7.6.2 实验内容

1. 设计一个二阶低通滤波器电路，完成电路连接

（1）粗测：接通±12V电源。输入端接函数信号发生器，令其输出幅值为1V的正弦波信号。在滤波器截止频率附近改变输入信号频率，用数字示波器或交流毫伏表观察输出电压幅度的变化是否具备低通特性，如不具备，应排除电路故障。

（2）在输出波形不失真的条件下，选取适当幅度的正弦输入信号，在维持输入信号幅度不变的情况下，逐点改变输入信号的频率。测量输出电压，描绘频率特性曲线。

2. 设计一个二阶高通滤波器电路，完成电路连接

（1）粗测：输入 $U_i=1V$ 正弦波信号，在滤波器截止频率附近改变输入信号频率，观察电路是否具备高通特性。

（2）测绘高通滤波器的幅频特性曲线。

3. 设计一个带通滤波器，完成电路连接

（1）实测电路的中心频率 f_0。

（2）以实测中心频率为中心，测绘电路的幅频特性。

4. 设计一个带阻滤波器，完成电路连接

（1）实测电路的中心频率 f_0。

（2）测绘电路的幅频特性。

7.6.3 实验报告

（1）整理实验数据，画出各电路实测的幅频特性。

（2）根据实验曲线，计算截止频率、中心频率、带宽及品质因数。

（3）总结有源滤波电路的特性。

7.7 集成运放组成的比较器

【教学内容】

用集成运放组成电压比较器、过零比较器及滞回比较器，测试其传输特性。

【教学要求】

- 理解电压比较器、过零比较器及滞回比较器的电路构成及特点；
- 能根据输出幅值、门限宽度或回差电压等指标计算电路参数；
- 能正确搭建实验电路；
- 能正确测量传输特性；

● 能分析实验误差并撰写符合规范的实验报告。

7.7.1 工作原理与参考电路

1. 电压比较器

电压比较器是集成运放非线性应用电路,它将一个模拟量(电压信号)和一个参考电压相比较,在二者幅度相等的附近,输出电压将产生跃变,相应输出高电平或低电平。

图 7-16 所示为一最简单的电压比较器电路及传输特性,U_R 为参考电压[角标 R 为英文 Reference(参考)首个字母],加在运放的同相输入端。输入电压 u_i 加在反相输入端(虚线部分暂不考虑)。

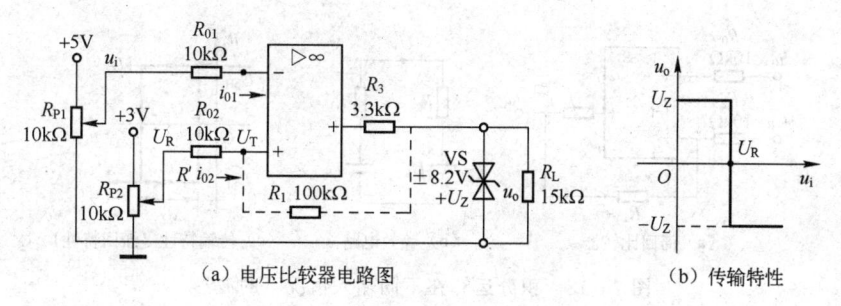

(a) 电压比较器电路图 (b) 传输特性

图 7-16 电压比较器电路及传输特性

① 当 $u_i < U_R$ 时,由于 $R_{01} = R_{02}$,这样便有 $i_{01} < i_{02}$。而反馈回路开路,运放器放大倍数极大(大于10^5),这将使运放器输出升至饱和值,由于输出电路正向限幅,输出电压 u_o 即稳压管其限幅值 $u_Z = +8.2V$。

② 反之,当 $u_i > U_R$,则运放器迅速升至负饱和值,由于稳压管反向限幅,输出电压 u_o 便为稳压管的反向限幅值 $-u_Z = -8.2V$。

③ 当 u_i 变化时,u_o 跟随 u_i 变化的关系 $u_o = f(u_i)$ 称为传输特性,此曲线的突变转折点便是基准参考电压的值 U_R。

在常用的电压比较器中,有过零比较器和具有滞回特性的滞回比较器。

2. 过零比较器

图 7-17 (a) 为过零比较器电路图,图中反馈回路开路,正相输入端接地(以 0V 为参考电压),输入电压±5V 电源经电位器 R_P 调节供电,使 u_i 在±0V 左右调节,输出端经 5.1kΩ 限流电阻输出。输出电压受双向稳压管(±8.2V)限幅后,稳压输出电压为 $\pm U_Z$,U_Z 为双向稳压管的稳压值。

3. 滞回比较器

上面所介绍的比较器,在参考电压 U_R 处(不论 U_R 是否为零),输入电压 u_i 若有微小干扰,运放器电路就会翻转,这不利于系统稳定。为了克服这个缺点,常用的方法就是从输出处引入一个正反馈回路,(反馈电阻为 R_1)引至正相输入端,如图 7-18 (a) 所示。

(a) 过零比较器电路图　　　　　(b) 过零比较器传输特性

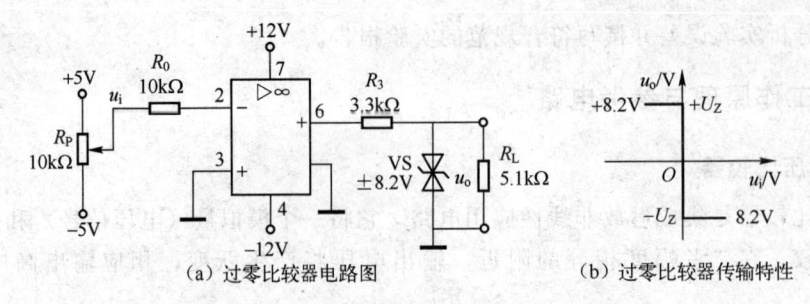

图 7-17　过零比较器电路图及传输特性曲线

引入正反馈后，U_T 端的电位再也不单是参考电位 U_R 了，这时 U_T 的电位为 U_R 与 u_o 两个电源的同时作用的迭加。其等效电路如图 7-18（b）所示。

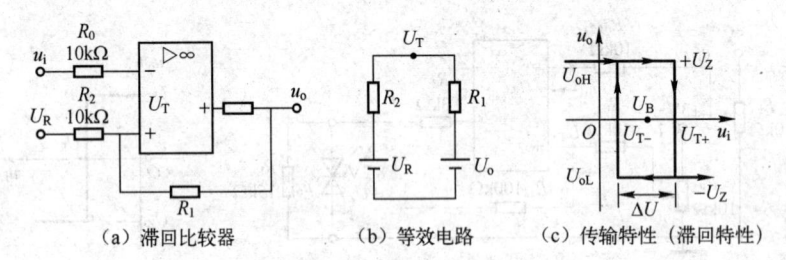

(a) 滞回比较器　　(b) 等效电路　　(c) 传输特性（滞回特性）

图 7-18　积分运算在不同输入情况下的波形

由图 7-18（b）可见，应用叠加定理有：

$$U_T = \frac{R_1}{R_1+R_2}U_R + \frac{R_2}{R_1+R_2}U_o \qquad (\text{I})$$

① 当 u_i 很小时，运放器正相输入端电压起主导作用，运放器输出为最大值，即：$U_o = U_{oH} = U_Z$，又由于设置了正反馈电路，U_o 增加了 U_T 的数值，这时 U_i 需要增至较 U_R 更高的电压（U_{T+}），才能使电路翻转。这时：

$$U_{T+} = \left(\frac{R_1}{R_1+R_2}U_R + \frac{R_2}{R_1+R_2}U_{oH}\right) > U_R(U_{oH}=+U_Z) \qquad (\text{II})$$

② 当 $U_i > U_{T+}$ 后，由于 U_i 为反相输入端输入，电路将翻转至负限幅值，$U_o = U_{oL} = -U_Z$。这时 U_T 的电位为：

$$U_{T+} = \left(\frac{R_1}{R_1+R_2}U_R + \frac{R_2}{R_1+R_2}U_{oH}\right) < U_R(U_{oH}=-U_{oZ}) \qquad (\text{III})$$

若要使电路再翻转，U_i 必须减小到 $U_i < U_{i-}$，由此可得到如图 7-18（c）所示的滞加的传输特性。图中 U_{T+} 称为上门限，U_{T-} 称为下门限。

③ 两者的差 ΔU 称为门限宽度或回差电压，于是有：

$$\Delta U = U_{T+} - U_{T-} = \frac{R_2}{R_1+R_2}(U_{oH} - U_{oL}) \qquad (\text{IV})$$

若 $U_{oH} = +U_Z$，$U_{oL} = -U_Z$ 代入上式则有：

$$\Delta U = \frac{R_2}{R_1+R_2}(2U_Z) \qquad (\text{V})$$

由式（V）可见，改变 R_1 或 R_2 即可调节 ΔU，ΔU 越大，比较器抗干扰能力越强，但分辨率变差。

在图 7-18（a）中，若将 U_R 与 u_i 互换，也是可以的，只是 U_{T+} 与 U_{T-} 数值将会改变。

7.7.2 实验设备

（1）电源及仪器：直流可调稳压电源、±12V 直流电源、数字万用表、±5V 电源、双踪数字示波器。

（2）模块：R_3（3.3kΩ）、R_0（10kΩ）、R_L（10kΩ、15kΩ）、R_1（100kΩ）、VS3（8.2V）、AX9（模块中含有两个 10kΩ 电位器）。

7.7.3 实验过程

（1）按图 7-17（a）所示接线。将数字示波器探头接在负载 R_L 两端。

（2）调节 R_P，记录下输入电压的数值与输出电压的幅值，并填入表 7-6 中。

表 7-6　过零比较器传输特性

输入电压 u_i/V	−2.0V	−1.0V	（−u_{io}）	（+u_{io}）	+1.0V	+2.0V
输出电压 u_o/V			正值	负值		

注：±u_{io} 是比较器处于翻转边缘对应的输入电压处于 0V 左右（用毫伏表测量）。

（3）按图 7-16（a）所示接线，并将虚线部分接入，其中 R_1 取 100kΩ。

（4）调节 R_{P2} 使 U_R=+2.0V。然后调节 R_{P1}，使 u_i 由 1.0V 逐渐加大到 3.0V。记下滞回比较器翻转时的输入电压值 U_{T-} 及 U_{T+}。

（5）将 R_1 改为 R_1=47kΩ，并调节 R_{P2}，使 U_R=0；以幅值 U_{iPP}=5V，f=200Hz 的正弦信号作为 u_i 的输入信号，用双踪数字示波器记录输入 u_i 及输出 u_o 的电压波形。

7.7.4 实验注意事项

（1）用双踪数字示波器同时检测输出与输入电压波形时，Y_1 和 Y_2 的两个探头的"地"端要接同一个检测点（此处即为地线）。

（2）实验时，为使输出波形更理想，可适当调节输入信号的频率（当然，在实际中，通常是通过改变输入和输出回路元件的参数来实现的）。

7.7.5 实验报告要求

（1）按表 7-6 所列数据，画出过零比较器的传输特性曲线 $u_o=f(u_i)$。

（2）按表 7-6 所列数据，画出滞回比较器的传输特性曲线 $u_o=f(u_i)$。

（3）画出实验步骤（5）所采用的线路，并上下对照画出输入电压与输出电压波形图。比较上述三种情况的共同处。

第8章 模拟电子技术综合设计型实验

8.1 集成功率放大电路设计

【学习内容】

集成功率放大器 LM386 的应用,用 LM386 芯片构成音频放大电路。

【学习要求】

- 熟悉 LM386 内部电路和引脚功能;
- 能用 LM386 构成音响功率放大器;
- 能正确连接实验电路、正确测量电压放大倍数 A 和输出功率 P_o;
- 能提出改进音质的措施;
- 能撰写符合规范的实验报告。

【实验仪器设备及器材】

电源及仪器(直流电源(+12V 和+3V)、函数信号发生器、双踪数字示波器、数字万用表),以及音乐芯片、扬声器、电阻、可调电阻、电容等。

8.1.1 工作原理

图 8-1 为 LM386 集成功率放大器内部电路和引脚图。引脚功能:1,8—增益调节端;2—反向输入端;3—同向输入端;4—接地端;5—输出端;6—电源端;7—去耦端,防止电路产生自激振荡通常外接旁路电容。

集成功率放大器的种类有很多,如 LM380、LM386、CD4140 等。集成功率放大器一般由输入级、中间级和输出级三部分组成。本次实验使用的是 LM386 低电压音频功率放大器,输入级部分是复合管差动放大电路,有同相和反相两个输入端,它的单端输出信号传送到中间共发射极放大级,以提高电压放大倍数。输出级部分是 OTL 互补对称放大电路,LM386 的内部电路和引脚排列见图 8-1。

图 8-2 所示为应用 LM386 集成模块制作音响功率放大的典型电路。

在图 8-2 中 1 与 8 脚间可以开路,这时整个电路的放大倍数约为 20 倍。若在 1 与 8 间外接旁路电容与电阻(如 R_1 及 C_1),则可提高放大倍数。也可在 1 与 8 间接电位

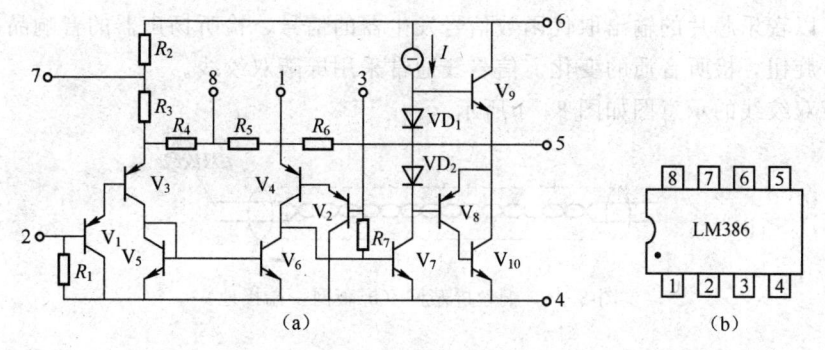

图 8-1 LM386 集成功率放大器内部电路和引脚图

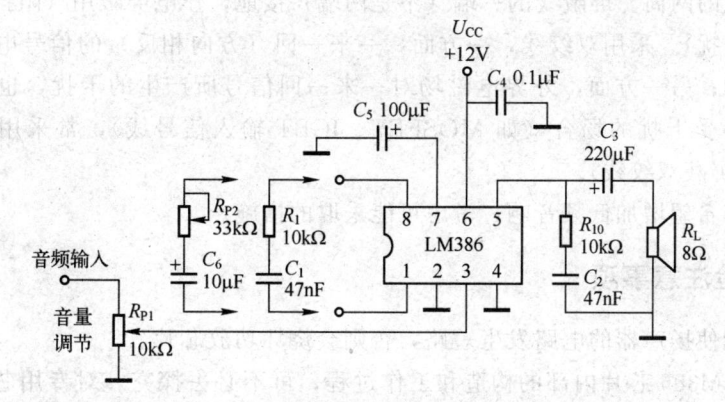

图 8-2 应用 LM386 集成模块制作音响功率放大的典型电路

器与电容（如 R_{P2} 及 C_6）则其放大倍数可以进行调节（20~200 倍）。

R_{P1} 用于调节输入的音频电压的大小，可以调节输出的音量。

图 8-3 为音乐专用芯片单元，它所加的电源电压为 2.5~5V，此处取 3.0V。中央的接线端为音乐信号输出端（另一输出端为地端）。单元中的开关用于短接信号输出。

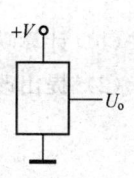

图 8-3 音乐专用芯片单元

8.1.2 实验内容与实验步骤

(1) 接入所需单元，完成图 8-2 所示的接线。

(2) 检查接线无误后接通电源，从输入端输入正弦信号，其频率为 $f=1000\text{Hz}$，用数字示波器观察输出电压波形。逐渐增大输入信号 U_i，使输出电压为最大不失真电压，记下 U_{iPPm} 及 U_{oPPm}。测量集成功率放大器的电压放大倍数 A，输出功率 P_o。

① 放大器电压放大倍数 $A = \dfrac{U_{oPPm}}{U_{iPPm}}$

上式中的 U_{oPPm}——输出电压信号峰—峰值；

U_{iPPm}——输入电压信号峰—峰值。

② 输出功率 P_o $\qquad P_o = \dfrac{U_o^2}{R_L}$

(3) 以音乐芯片的输出取代函数信号发生器的信号，检听扬声器的音响品质。调节音量调节旋钮，检听音质的变化。信号线通常采用屏蔽双绞线。

屏蔽双绞线的示意图如图 8-4 所示。

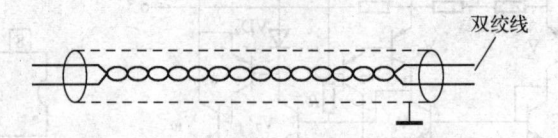

图 8-4 铜丝屏蔽网（屏蔽网一端接地）

它由两根相互绞拧在一起的绝缘塑胶线构成，在双绞线外面，包裹了一层由铝箔及镀锡铜丝编织的网筒。屏蔽线的一端（不是两端）接地，作电屏蔽用（阻挡外界电磁场对信号线的干扰）。采用双绞线，一方面，一来一回（方向相反）的信号电流会抵消外界产生的扰动；另一方面，外界电磁场对一来一回信号所产生的干扰，也可以相互抵消。因此在易受干扰的场合（如 MOSFET、IGBT 输入信号线），常采用屏蔽双绞线（装置中配有屏蔽双绞线）。

(4) 倘若希望增加低频音响，考虑可能采取的措施。

8.1.3 实验注意事项

(1) 不能使扬声器的电路发生短路，否则会烧坏功放芯片。

(2) 对 LM386 芯片内部的构造和工作过程，可不必去探究。对专用芯片，应注意它的功能、引脚的接线和使用注意事项。

8.1.4 实验报告要求

(1) 计算功率放大器的电压放大倍数和对 8Ω 扬声器的输出功率。
(2) 提出改进音乐音质的措施。

8.2 集成稳压器设计

【学习内容】

用 78 系列和 79 系列三端稳压器设计输出为 ±15V 的直流稳压电源，测试直流稳压电源的主要性能指标。

【学习要求】

- 熟悉 78 系列和 79 系列三端稳压器的使用方法；
- 能用三端稳压器构成直流稳压电源；
- 能正确连接具有正、负直流电压输出的稳压电源；

- 能正确测试直流稳压电源的各种指标，分析指标的优劣；
- 能撰写符合规范的实验报告。

【实验设备及器材】

电源及仪器（取可调工频电源 17V×2 电压作为整流电路的输入电压 U_2（或 220V/±17V 带中心抽头的 10VA 的变压器）），电阻、二极管、电容、三端稳压器。

8.2.1 工作原理与参考电路

三端集成稳压器是将串联型稳压电路中的调整电路、取样电路、基准电路、放大电路、启动及保护电路集成在一块芯片上。其中有三端固定式的，如 7800 系列（正电源）和 7900 系列（负电源），后两位数即代表输出电压数，如 7812 代表输出正 12V，7905 代表输出负 5V。此外还有三端可调集成稳压器，如 117 和 317（可输出 −1.25～+37V 可调）及 137 与 337（可输出 −1.25～−37V 可调）。

图 8-5 为 7800 系列与 7900 系列集成电路的引脚图。

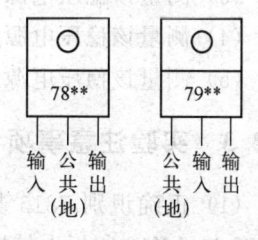

图 8-5　7800 与 7900 系列集成电路的引脚图

用 7800 和 7900 的三端集成稳压器可组成正、负对称输出两组电源的稳压电路，如图 8-6 所示。图中二极管 D_5 和 D_6 用于保护稳压器。在输出端接负载情况下，如果其中一路稳压管输入 U_i 断开，如图中 A 点所示，则 $+U_o$ 通过 R_L 作用于 7915 模块的输出端，使该稳压器输出端对地承受反压而损坏。如今有了 D_6 限幅，反压仅为 0.7V 左右，从而保护了集成稳压器（7915）。D_5 和 D_6 通常为开关二极管 1N4148。

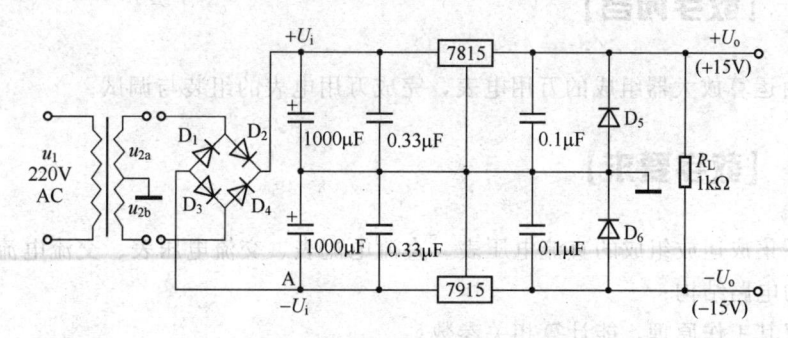

图 8-6　正、负对称输出两组电源的稳压电路

8.2.2 实验内容及要求

1. 实验内容

（1）设计一个桥式整流、电容滤波并三端集成稳压器构成的线性稳压电源。

（2）设计要求。输出直流电压：$U_o=12V$；输出直流电流：$I \geqslant 100\text{mA}$。

（3）输出波纹电压：$U<15\text{mV}$；集成稳压器选用 7800 系列。

2. 实验要求

按所设计的电路参数在实验板上安装调试和测量。

(1) 分别测量整流电路的输入交流电压 U_2，滤波电路的输出直流平均电压 U_1，并用数字示波器观察和记录它们的波形。

(2) 在稳压器的输出端接上负载（$R_L=240\Omega$），分别测量并记录输入电压 U_i 和输出电压 U_o 的直流成分与交流成分，分析比较所得的结果。

(3) 测量该稳压电源的电压调整率（即稳压系数 S_r）。

(4) 测量该稳压电源的负载调整率（即输出内阻 r_o）。

(5) 测量该稳压电源的输出波纹电压 U_{oPP}（峰峰值）。

8.2.3 实验注意事项

(1) 正确识别 7815 与 7915 的引脚（它们两个并不相同），并正确插入（请注意 AX12 与 AX13 印板上接插件的连接线是不同的）。

(2) 稳压源输出端负载不能短路。

8.2.4 实验报告要求

在图 8-6 中画出负载 R_{L1} 和 R_{L2} 的电流 I_{L1} 和 I_{L2} 的通路（完整的路线）。

8.3 集成运放组成万用表的设计与调试

【教学内容】

设计由运算放大器组成的万用电表，完成万用电表的组装与调试。

【教学要求】

- 熟悉集成运放组成的直流电压表、直流电流表、交流电压表、交流电流表及欧姆表的电路结构；
- 理解其工作原理，能计算相关参数；
- 能正确连接实验电路；
- 能对各种表进行校准，能分析误差原因；
- 能撰写符合规范的实验报告。

【实验设备与器件】

表头：灵敏度为 1mA，内阻为 100Ω。

运算放大器：型号为 $\mu A741$。

电阻：均采用 $\frac{1}{4}W$ 的金属膜电阻。

二极管：IN4007×4、IN4148。

稳压管：IN4728。

8.3.1 万用电表参考电路

在测量中，电表的接入应不影响被测电路的原工作状态，这就要求电压表应具有无穷大的输入电阻，电流表的内阻应为零。但实际上，万用电表表头的可动线圈总有一定的电阻，如 $100\mu A$ 的表头，其内阻约为 $1k\Omega$，用它进行测量时将影响被测量，从而引起误差。此外，交流电表中的整流二极管的压降和非线性特性也会产生误差。如果在万用电表中使用运算放大器，就能大大降低这些误差，提高测量精度。在欧姆表中采用运算放大器，不仅能得到线性刻度，还能实现自动调零。

直流电压表电路如图 8-7 所示，其表头电流 I 与被测电压 U_i 的关系为：

$$I = \frac{U_i}{R_1}$$

直流电流表电路如图 8-8 所示，表头电流 I 与被测电流 I_1 间关系为：

$$-I_1 R_1 = (I_1 - I) R_2$$

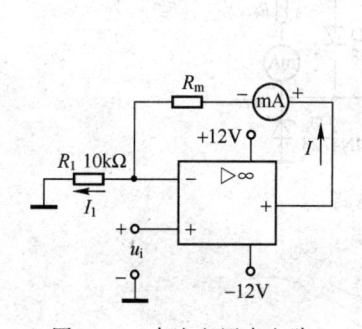

图 8-7 直流电压表电路　　　　图 8-8 直流电流表电路

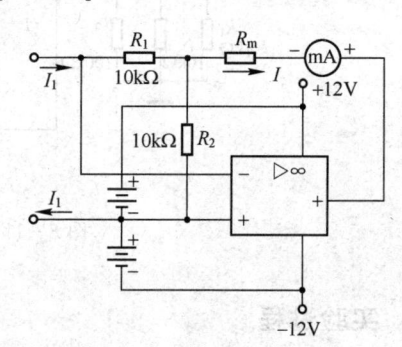

交流电压表电路如图 8-9 所示，表头电流 I 与被测电压 U_i 的关系为：

$$I = \frac{U_i}{R_1}$$

交流电流表电路如图 8-10 所示，表头读数由被测交流电流 i 的全波整流平均值 I_{1AV} 决定，即 $I = \left(1 + \frac{R_1}{R_2}\right) I_{1AV}$。其值可由公式来计算：

$$I = 0.9 \left(1 + \frac{R_1}{R_2}\right) I_1$$

欧姆表电路如图 8-11 所示，在此电路中，运算放大器改由单电源供电，被测电阻 R_X 跨接在运算放大器的反馈回路中，同相端加基准电压 U_{REF}，其电流为 $I = \dfrac{U_{REF} R_X}{R_1 (R_m + R_2)}$。

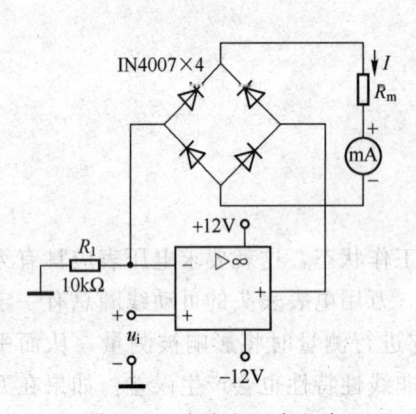

图 8-9 交流电压表电路

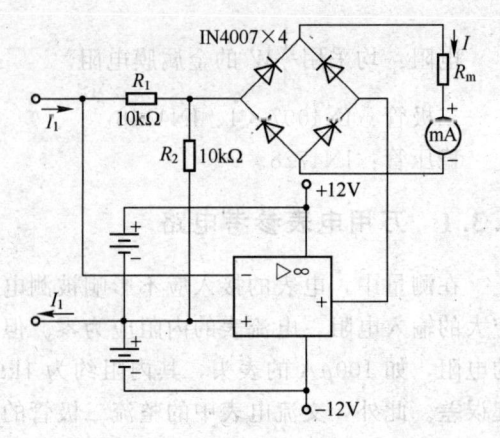

图 8-10 交流电流表电路

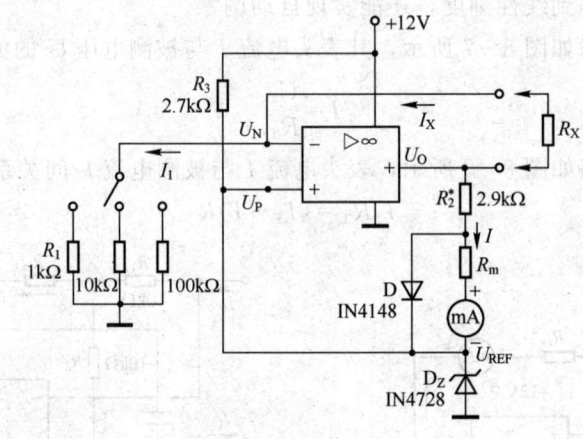

图 8-11 欧姆表电路

8.3.2 实验过程

1. 各功能指标要求

直流电压表：满量程 +6V。

直流电流表：满量程 10mA。

交流电压表：满量程 6V，50Hz～1kHz。

交流电流表：满量程 10mA。

欧姆表：满量程分别为 1kΩ，10kΩ，100kΩ。

2. 实验步骤

万用电表的电路是多种多样的，建议用参考电路设计一只较完整的万用电表。

（1）万用电表作电压、电流或欧姆测量时，进行量程切换时应该用开关进行切换，但实验时可用引线进行切换。

（2）在连接电源时，正、负电源连接点上各接大容量的滤波电容和 $0.01 \sim 0.1 \mu F$ 的小电容，以消除通过电源产生的干扰。

(3) 万用电表的电性能测试要用标准电压、电流表校正，欧姆表用标准电阻校正。

(4) 考虑实验要求不高，建议用数字式 $4\frac{1}{2}$ 位万用电表作为标准表。

8.3.3 实验报告

(1) 画出完整的万用电表的设计电路原理图。
(2) 将万用电表与标准表作测试比较，计算万用电表各功能挡的相对误差，分析误差原因。
(3) 提出电路改进建议。
(4) 简要说明完成该实验的收获与体会。

8.4 函数信号发生器的组装与调试

【教学内容】

用函数发生集成芯片设计方波、三角波、正弦波的函数发生器。

【教学要求】

● 熟悉函数发生集成芯片的功能及特点；
● 理解用函数发生集成芯片构成方波、三角波、正弦波函数发生器的电路结构；
● 能用函数发生集成芯片设计函数发生器；
● 能正确连接调试实验电路；
● 能分析改变参数对波形的影响；
● 能撰写符合规范的实验报告。

【实验设备与器件】

函数信号发生器，双踪数字示波器，交流毫伏表，数字万用电表，ICL 8038，晶体三极管 9013，电位器，电阻器，电容器等。

【实验要求】

(1) 翻阅有关 ICL 8038 的资料，熟悉其引脚的排列及其功能。
(2) 设计一个能产生方波、三角波、正弦波的函数发生器。
(3) 如果改变了方波的占空比，试问此时三角波和正弦波输出端将会变成怎样的一个波形？

8.4.1 实验内容

(1) 按设计电路图完成电路连接（图 8-12 是设计举例电路图），ICL 8038 引脚图见图 8-13，取 $C=0.01\mu F$，W_1、W_2、W_3、W_4 均置中间位置。

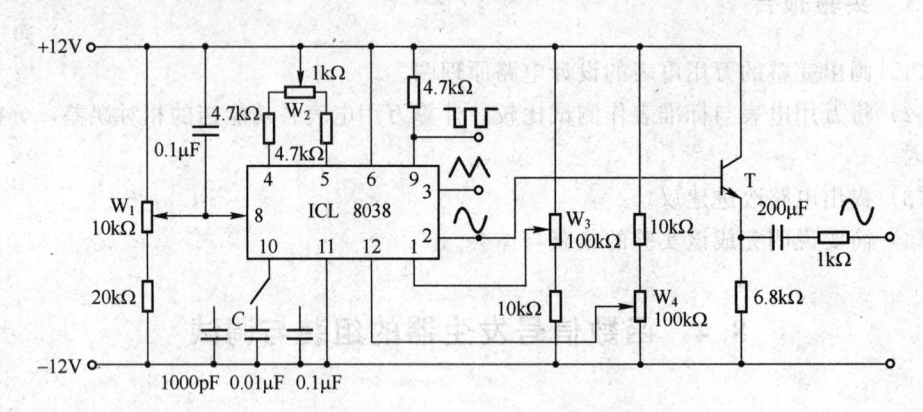

图 8-12 ICL 8038 实验电路图

(2) 调整电路，使其处于振荡状态，产生方波，通过调整电位器 W_2，使方波的占空比达到 50%。

(3) 保持方波的占空比为 50% 不变，用数字示波器观测 ICL 8038 正弦波输出端的波形，反复调整 W_3、W_4，使正弦波不产生明显的失真。

(4) 调节电位器 W_1，使输出信号从小到大变化，记录引脚 8 的电位及测量输出正弦波的频率，列表记录之。

(5) 改变外接电容 C 的值（取 $C=0.1\mu F$ 和 1000pF），观测三种输出波形，并与 $C=0.01\mu F$ 时测得的波形作比较。

(6) 改变电位器 W_2 的值，观测三种输出波形，能得出什么结论？

(7) 如果使用的测试仪是失真度测试仪，则测出 C 分别为 $0.1\mu F$，$0.01\mu F$ 和 1000pF 时的正弦波失真系数 r 值（一般要求该值小于 3%）。

8.4.2 实验报告

(1) 分别画出 $C=0.1\mu F$，$C=0.01\mu F$，$C=1000pF$ 时所观测到的方波、三角波和正弦波的波形图，从中得出什么结论。

(2) 列表整理 C 取不同值时三种波形的频率和幅值。

(3) 描述组装、调整函数信号发生器的心得、体会。

```
正弦波失真度调整 ──1        14──
正弦波输出     ──2        13──
三角波输出     ──3        12── 正弦波失真度调整
占空比调整（外接电阻R_A） ──4  ICL 8038  11── −U_EE（或地）
频率调整（外接电阻R_B）   ──5        10── 外接电容C
+U_CC         ──6         9── 方波输出
调频偏置电压   ──7         8── 调频电压输入端
```

图 8-13 ICL 8038 引脚图

8.5 恒温控制电路的制作与调试

【教学内容】

恒温控制电路的制作、调试。

【教学要求】

- 理解温度是一个与人们的生活环境、生产活动密切相关的重要物理量；
- 熟悉温度传感器的种类，了解检测温度的传感器种类不同，采用的测量电路和要求不同，执行器、开关等的控制方式也不同；
- 能理解实验电路系统构成及工作原理；
- 能正确连接并调试实验电路，出现故障时能分析检查实验电路；
- 能撰写符合规范的实验报告。

【实验设备】

电源及仪器（直流可调稳压电源、±12V 直流电源、数字万用表、±5V 电源、双踪数字示波器），实验模块及分立元件等。

8.5.1 工作原理与实验参考电路

图 8-14 所示为一实用温度测量控制电路，要求在 3 课时内完成接线，并调试使之正常。

此实用温度控制电路，可利用相关组合模块及分立元件等搭建而成。

在"铜电阻温度计"中，可将珐琅电阻当成一个加热炉，"炉"内放置一只测量温度的传感器 LM35。LM35 是美国 NSC 公司生产的线性温度传感器，测量范围 0～+100℃，温度每上升 1℃将有 +10mV 的电压输出，温度为 t℃时，输出电压 $U_o = 10t$（mV），

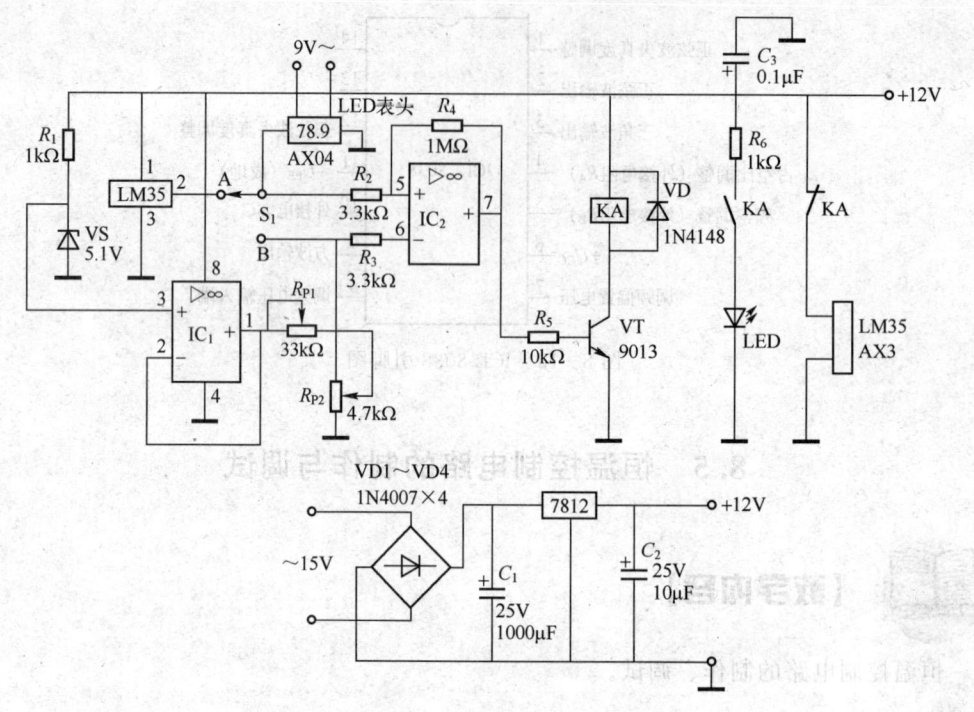

图 8-14 温度测量控制电路

LM35 芯片 1 脚接正电源，3 脚接地，2 脚为输出电压。

图中 LM358 为双运放电路，其中 IC$_1$ 为电压跟随器，其中输出电压经 R_{P1} 及 R_{P2} 分压后作为设定电压（对应设定温度，单位为 1mV/℃）送往 IC$_2$ 作为参考电压；其中 R_{P1} 为粗调，R_{P2} 为细调。运放器 IC$_2$ 为滞回比较器，其反相输入端为参考电压（即温度设定电压），其正向输入端为实测炉温 LM35 传感器的输出电压。由于 IC$_2$ 未加输出限幅设置，所以其输出电压即为饱和值（10V 左右）。

此电路工作原理为：当 S$_1$ 在 A 处，如图 8-14 所示，温度传感器 LM35 检测的温度直接由 3 位半 LED 显示。当 S$_1$ 在 B 处时为控制温度设定；整定 R_{P1}，使 LED 显示在 0～1.0V（对应显示 0～100℃）范围内变化，调节 R_{P2}，使 LED 显示所需要的控制温度值（此处设定为 $t=80$℃，LED 读数为 0.80V），设定后，再把 S$_1$ 拨回 A 处。

当检测的温度值低于设定温度时，反相输入端设定电压主导，比较器 IC$_2$ 输出低电平，三极管 VT 截止，继电器 KA 不吸合，电炉继续加热。反之，当检测的温度略高于设定值时，则 IC 翻转，输出高电平，VT 导通，KA 吸合。

当 KA 吸合时，KA 的动断触点将断开"电炉"通电回路，"电炉"将停止加热，同时 KA 的动合触点闭合，使发光二极管 LED 发亮。

实验时按图 8-14 所示要求完成电子线路的接线，对电路进行整定与调试，以达到恒温 80℃ 的控制要求。

8.5.2 实验内容与实验步骤

（1）按图 8-14 所示完成接线。

(2) 当 S_1 在 B 处时，整定 R_{P_1}，使 LED 显示在 0～1.0V（对应显示 0～100℃）范围内变化，调节 R_{P_2}，使 LED 显示所需要的控制温度值（此处设定为 $t=80$℃，LED 读数为 0.80V），设定后，再把 S_1 拨回 A 处。

(3) 当 S_1 在 A 处时，测量在不同温度时 A 点的电压。

(4) 通电后观察温度在 80℃时 KA 是否动作。

8.5.3　实验报告要求

(1) 绘制温控电路电原理图。

(2) 根据不同温度时测得的 A 点电压，画出传感器特性曲线 $u_o=f(t)$。

(3) 整理实验数据，分析实验结果。

第4篇 数字电子技术实验

第9章 数字电子技术验证型实验

9.1 TTL集成逻辑门的逻辑功能与参数测试

【学习内容】

学习TTL集成与非门的逻辑功能和主要参数的测试方法；学习TTL器件的使用规则。

【学习要求】

- 了解TTL集成逻辑门的主要参数；
- 掌握TTL集成与非门的逻辑功能和主要参数的测试方法；
- 掌握TTL器件的使用规则。

【实验设备与器件】

数字万用表、数字示波器、74LS20×2、电位器（1kΩ、10kΩ）、电阻器（200Ω/0.5W）。

9.1.1 实验原理

本实验采用四输入双与非门74LS20，即在一块集成块内含有两个互相独立的与非门，每个与非门有4个输入端。其逻辑框图、符号及引脚排列如图9-1所示。

1. 与非门的逻辑功能

与非门的逻辑功能是：当输入端中有一个或一个以上是低电平时，输出端为高电平；只有当输入端全部为高电平时，输出端才是低电平（即有"0"得"1"，全"1"得"0"）。

其逻辑表达式为 $Y=\overline{AB\cdots}$

(a) 逻辑框图

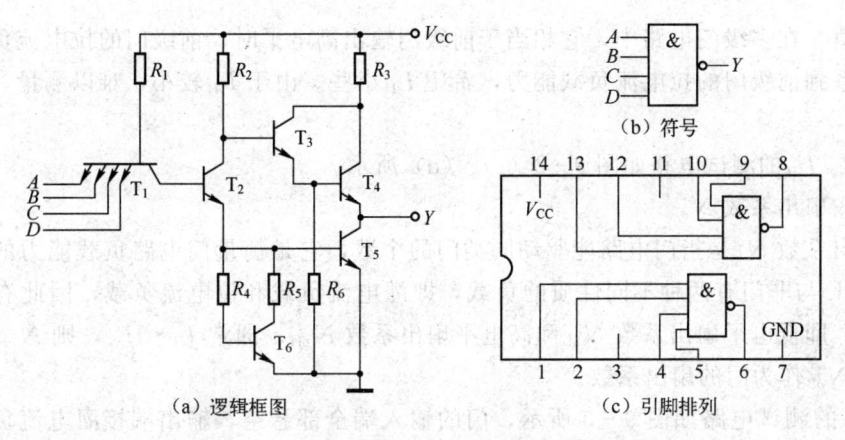

(b) 符号

(c) 引脚排列

图 9-1 74LS20 逻辑框图、逻辑符号及引脚排列

2. TTL 与非门的主要参数

(1) 低电平输出电源电流 I_{CCL} 和高电平输出电源电流 I_{CCH}

与非门处于不同的工作状态，电源提供的电流是不同的。I_{CCL} 是指所有输入端悬空，输出端空载时，电源提供器件的电流。I_{CCH} 是指输出端空载，每个门各有一个以上的输入端接地，其余输入端悬空，电源提供给器件的电流。通常 $I_{CCL} > I_{CCH}$，它们的大小标志着器件静态功耗的大小。器件的最大功耗为 $P_{CCL} = V_{CC} I_{CCL}$。手册中提供的电源电流和功耗值是指整个器件总的电源电流和总的功耗。I_{CCL} 和 I_{CCH} 测试电路如图 9-2 (a)、(b) 所示。

[注意]：TTL 电路对电源电压要求较严，电源电压 V_{CC} 只允许在 +5V(1±10%) 的范围内工作，超过 5.5V 将损坏器件；低于 4.5V 则器件的逻辑功能将不正常。

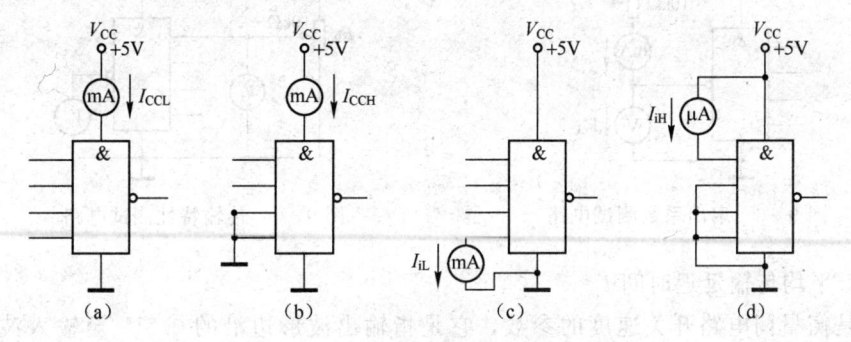

图 9-2 TTL 与非门静态参数测试电路图

(2) 低电平输入电流 I_{iL} 和高电平输入电流 I_{iH}

I_{iL} 是指被测输入端接地，其余输入端悬空，输出端空载时，由被测输入端流出的电流值。在多级门电路中，I_{iL} 相当于前级门输出低电平时，后级向前级门灌入的电流，因此它关系到前级门的灌电流负载能力，即直接影响前级门电路带负载的个数，因此希望 I_{iL} 小些。

I_{iH} 是指被测输入端接高电平，其余输入端接地，输出端空载时，流入被测输入端的电流值。在多级门电路中,它相当于前级门输出高电平时,前级门的拉电流负载,其大小关系到前级门的拉电流负载能力,希望 I_{iH} 小些。由于 I_{iH} 较小,难以测量,一般免于测试。

I_{iL} 与 I_{iH} 的测试电路如图 9-2(c)、(d)所示。

(3) 扇出系数 N_o。

扇出系数 N_o 是指门电路能驱动同类门的个数,它是衡量门电路负载能力的一个参数,TTL 与非门有两种不同性质的负载,即灌电流负载和拉电流负载,因此有两种扇出系数,即低电平扇出系数 N_{oL} 和高电平扇出系数 N_{oH}。通常 $I_{iH} < I_{iL}$,则 $N_{oH} > N_{oL}$,故常以 N_{oL} 作为门的扇出系数。

N_{oL} 的测试电路如图 9-3 所示,门的输入端全部悬空,输出端接灌电流负载 R_L,调节 R_L 使 I_{oL} 增大,V_{oL} 随之增大,当 V_{oL} 达到 V_{oLm}(手册中规定低电平规范值 0.4V)时的 I_{oL} 就是允许灌入的最大负载电流,则

$$N_{oL} = \frac{I_{oL}}{I_{iL}} \quad 通常\ N_{oL} \geqslant 8$$

(4) 电压传输特性

门的输出电压 v_o 随输入电压 v_i 变化而变化的曲线 $v_o = f(v_i)$ 称为门的电压传输特性,通过它可读得门电路的一些重要参数,如输出高电平 V_{oH}、输出低电平 V_{oL}、关门电平 V_{off}、开门电平 V_{oN}、阈值电平 V_T 及抗干扰容限 V_{NL}、V_{NH} 等值。测试电路如图 9-4 所示,采用逐点测试法,即调节 R_W,逐点测得 V_i 及 V_o,然后绘成曲线。

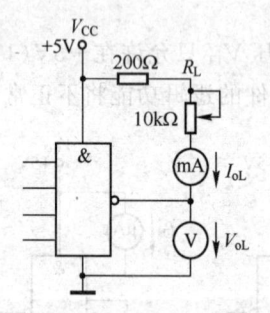

图 9-3 扇出系数测试电路   图 9-4 传输特性测试电路

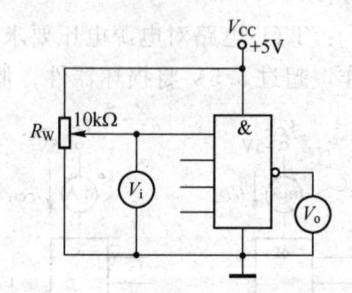

(5) 平均传输延迟时间 t_{pd}

t_{pd} 是衡量门电路开关速度的参数,它是指输出波形边沿的 $0.5V_m$ 至输入波形对应边沿 $0.5V_m$ 点的时间间隔,如图 9-5 所示。

图 9-5(a)中的 t_{pdL} 为导通延迟时间,t_{pdH} 为截止延迟时间,平均传输延迟时间为:

$$t_{pd} = \frac{1}{2}(t_{pdL} + t_{pdH})$$

t_{pd} 的测试电路如图 9-5(b)所示,由于 TTL 门电路的延迟时间较短,直接测量时对信号发生器和数字示波器的性能要求较高,故实验采用测量由奇数个与非门组成的环形振荡器的振荡周期 T 来求得。其工作原理是:假设电路在接通电源后某一瞬间,

(a) 传输延迟特性

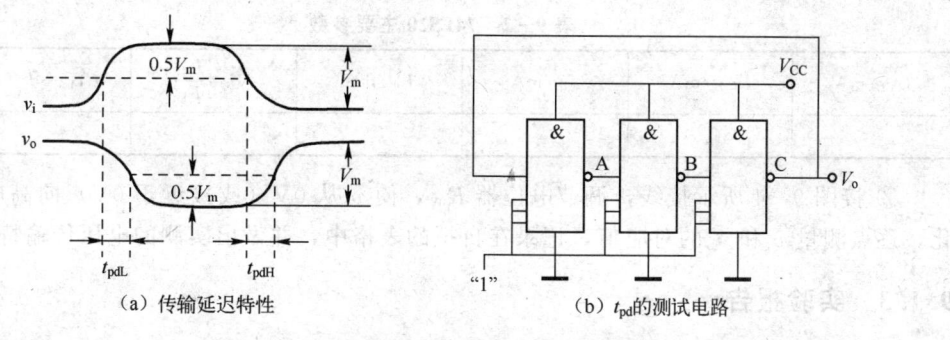

(b) t_{pd}的测试电路

图 9-5 TTL 与非门的主要参数测试电路

电路中的 A 点为逻辑"1"，经过三级门的延迟后，使 A 点由原来的逻辑"1"变为逻辑"0"；再经过三级门的延迟后，A 点电平又重新回到逻辑"1"。电路中其他各点电平也跟随变化。说明使 A 点发生一个周期的振荡，必须经过 6 级门的延迟时间。因此平均传输延迟时间为：

$$t_{pd} = \frac{T}{6}$$

TTL 电路的 t_{pd} 一般在 10~40ns 之间。

9.1.2 实验内容

实验前按实验装置使用说明检查实验装置电源是否正常，然后选择实验用的集成电路，按自己设计的实验接线图接好线路，要特别注意 V_{CC} 及地线不能接错。线接好并检查无误后方可通电实验。实验中改动接线须先断开电源，接好后再通电进行实验。

1. 验证 TTL 集成与非门 74LS20 的逻辑功能

按图 9-6 所示接线，门的 4 个输入端接"十六位开关电平输出"插口，门的输出端接由 LED 发光二极管组成的逻辑电平显示器（"十六位逻辑电平输入"）。按表 9-1 所示的真值表测试集成块中与非门的逻辑功能。

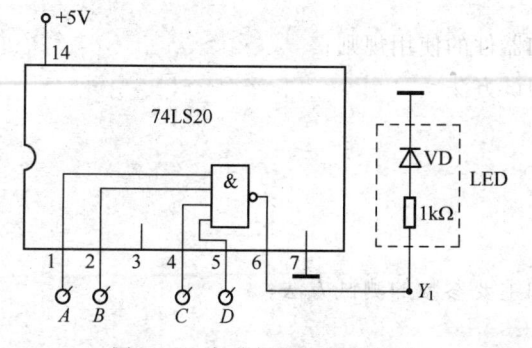

图 9-6 与非门逻辑功能测试

表 9-1 74LS20 真值表

输	入			输出
A	B	C	D	Y
1	1	1	1	
0	1	1	1	
1	0	1	1	
1	1	1	0	

2. 74LS20 主要参数的测试

① 分别按图 9-2~图 9-5 所示接线并进行测试，将测试结果填入表 9-2 中。

表 9-2　74LS20 主要参数

I_{CCL}/mA	I_{CCH}/mA	I_{iL}/mA	I_{oL}/mA	$N_o = \dfrac{I_{oL}}{I_{iL}}$	$t_{pd} = T/6/ns$

② 接图 9-4 所示接线，调节电位器 R_W，使 v_i 从 0V（或接近于 0V）向高电平变化，逐点测量 v_i 和 v_o 的对应值，记录在自拟的表格中，并做出实测的电压传输特性。

9.1.3　实验报告

1. 预习要求

（1）了解 TTL 系列芯片的性能及使用方法，从理论上分析并画出电压传输特性曲线。

（2）复习门电路的工作原理及相应的逻辑表达式并设计好实验线路和相应的数据记录表格。

（3）熟悉所用的集成电路的引脚排列及功能。

（4）掌握双踪数字示波器的使用方法。

2. 思考题

（1）怎样判断门电路的逻辑功能是否正常？

（2）阈值电平 V_T 的含义是什么？分析实验所测得的芯片的 V_T 值。

（3）在测试芯片的 t_{pd} 参数时，如何才能减小测量误差？是否还有其他测试 t_{pd} 参数的方法？试举一例。

9.2　CMOS 集成逻辑门的逻辑功能与参数测试

【学习内容】

- 掌握 CMOS 集成门电路的逻辑功能和器件的使用规则；
- 学会 CMOS 集成门电路主要参数的测试方法。

【学习要求】

- 了解 CMOS 集成逻辑门的主要参数；
- 掌握 CMOS 集成与非门的逻辑功能和主要参数的测试方法；
- 掌握 CMOS 器件的使用规则。

【实验仪器仪表及器件】

数字万用表、数字示波器、CD4011、CD4001、CD4071、CD4081、电位器

（100kΩ）、电阻（1kΩ）。

9.2.1 实验原理

1. CMOS 集成电路

CMOS 集成电路是将 N 沟道 MOS 晶体管和 P 沟道 MOS 晶体管同时用于一个集成电路中，成为组合两种沟道 MOS 晶体管性能的更优良的集成电路。CMOS 集成电路的主要优点是：

① 功耗低，其静态工作电流在 10^{-9} A 数量级，是目前所有数字集成电路中最低的，而 TTL 器件的功耗则大得多。

② 高输入阻抗，通常大于 10^{10} Ω，远高于 TTL 器件的输入阻抗。

③ 接近理想的传输特性，输出高电平可达电源电压的 99.9% 以上，低电平可达电源电压的 0.1% 以下，因此输出逻辑电平的摆幅很大，噪声容限很高。

④ 电源电压范围广，可在 +3～+18V 范围内正常运行。

⑤ 由于有很高的输入阻抗，要求驱动电流很小，约 0.1μA，输出电流在 +5V 电源下约为 500μA，远小于 TTL 电路，如果以此电流来驱动同类门电路，其扇出系数将非常大。在一般低频率时，无须考虑扇出系数，但在高频时，后级门的输入电容将成为主要负载，使其扇出能力下降，所以在较高频率工作时，CMOS 电路的扇出系数一般取 10～20。

2. CMOS 门电路逻辑功能

尽管 CMOS 与 TTL 电路内部结构不同，但它们的逻辑功能完全一样。本实验将测定与门 CC4081、或门 CC4071、与非门 CC4011、或非门 CC4001 的逻辑功能。各集成块的逻辑功能与真值表可参阅教材及有关资料。

3. CMOS 与非门的主要参数

CMOS 与非门主要参数的定义及测试方法与 TTL 电路相仿，从略。

4. CMOS 电路的使用规则

由于 CMOS 电路有很大的输入阻抗，这给使用者带来一定的麻烦，即外来的干扰信号很容易在一些悬空的输入端上感应出很高的电压，以至损坏器件。CMOS 电路的使用规则如下：

（1）V_{DD} 接电源正极，V_{SS} 接电源负极（通常接地⊥），不得接反。CC4000 系列的电源允许电压在 +3～+18V 范围内选择，实验中一般要求使用 +5～+15V。

（2）所有输入端一律不准悬空。

闲置输入端的处理方法：① 按照逻辑要求，直接接 V_{DD}（与非门）或 V_{SS}（或非门）；② 在工作频率不高的电路中，允许输入端并联使用。

（3）输出端不允许直接与 V_{DD} 或 V_{SS} 连接，否则将导致器件损坏。

（4）在装接电路过程中需要改变电路连接或插、拔电路时，均应切断电源，严禁带电操作。

（5）焊接、测试和储存时的注意事项如下：
- 电路应存放在导电的容器内，有良好的静电屏蔽。

- 焊接时必须切断电源，电烙铁外壳必须良好接地，或拔下烙铁，靠其余热焊接。
- 所有的测试仪器必须良好接地。

9.2.2 实验内容

1. CMOS 与非门 CD4011 参数测试（方法与 TTL 电路相同）

（1）测试 CD4011 一个门的 I_{CCL}，I_{CCH}，I_{iL}，I_{iH}。

（2）测试 CD4011 一个门的传输特性（一个输入端作信号输入，另一个输入端接逻辑高电平）。

（3）将 CD4011 的 3 个门串接成振荡器，用数字示波器观测输入、输出波形，并计算出 t_{pd} 值。

2. 验证 CMOS 各门电路的逻辑功能，判断其好坏

验证与非门 CD4011、与门 CD4081 及或非门 CD4001 逻辑功能，与非门逻辑功能测试如图 9-7 所示，并填入表 9-3 中。

表 9-3 与非门逻辑功能表

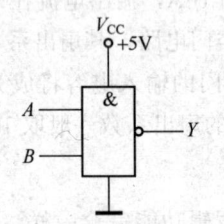

输	入	输		出
A	B	Y_1	Y_2	Y_3
0	0			
0	1			
1	0			
1	1			

图 9-7 与非门逻辑功能测试

3. 观察与非门、与门、或非门对脉冲的控制作用。

选用与非门按图 9-8 (a)、(b) 所示接线，将一个输入端接连续脉冲源（频率为 20kHz），用数字示波器观察两种电路的输出波形，记录之，然后测定"与门"和"或非门"对连续脉冲的控制作用。

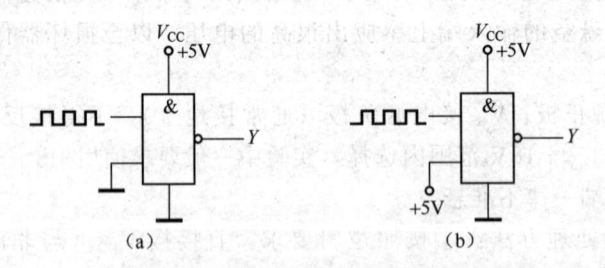

图 9-8 与非门对脉冲的控制作用

9.2.3 实验报告

1. 预习要求

（1）复习 CMOS 门电路的工作原理。

(2) 熟悉实验用各集成门引脚功能。
(3) 画出各实验内容的测试电路与数据记录表格。
(4) 画好实验用各门电路的真值表表格。
(5) 各 CMOS 门电路闲置输入端应如何处理？

2. 思考题

(1) 整理好实验结果，用坐标纸画出传输特性曲线。
(2) 根据实验结果，写出各门电路的逻辑表达式，并判断被测电路的功能好坏。

9.3 集成逻辑电路的连接和驱动

【学习内容】

通过实验进一步理解门电路的驱动能力，学会在实际工作中正确使用门电路。

【学习要求】

- 了解 TTL 门电路的输出特性；
- 了解 CMOS 门电路的输出特性；
- 掌握集成逻辑电路相互衔接时应遵守的规则和实际衔接方法。

【实验设备与器件】

数字万用表、数字示波器、74LS00×2、CD4001、74HC00、电阻（100Ω，470Ω，3kΩ）、电位器（47kΩ，10kΩ，4.7kΩ）。

9.3.1 实验原理

1. TTL 电路输入输出电路性质

当输入端为高电平时，输入电流是反向二极管的漏电流，电流极小。其方向是从外部流入输入端。当输入端处于低电平时，电流由电源 V_{CC} 经内部电路流出输入端，电流较大，当与上一级电路衔接时，将决定上级电路应具有的负载能力。高电平输出电压在负载不大时为 3.5V 左右。低电平输出时，允许后级电路灌入电流，随着灌入电流的增大，输出低电平将升高，一般 LS 系列 TTL 电路允许灌入 8mA 电流，即可吸收后级 20 个 LS 系列标准门的灌入电流。最大允许低电平输出电压为 0.4V。

2. CMOS 电路输入输出电路性质

一般 CC 系列的输入阻抗可高达 $10^{10}Ω$，输入电容在 5pF 以下，输入的高电平通常要求在 3.5V 以上，输入的低电平通常在 1.5V 以下。因 CMOS 电路的输出结构具有对称性，故对高低电平具有相同的输出能力，负载能力较小，仅可驱动少量的 CMOS 电路。当输出端负载很轻时，输出高电平将十分接近电源电压；输出低电平时将十分接近"地"电位。

在高速 CMOS 电路 54/74HC 系列中的一个子系列 54/74HCT，其输入电平与 TTL 电路完全相同，因此在相互取代时，不需考虑电平的匹配问题。

9.3.2 实验内容

1. 测试 TTL 电路 74LS00 及 CMOS 电路 CD4001 的输出特性

测试电路如图 9-9 所示，图中以与非门 74LS00 为例画出了高、低电平两种输出状态下输出特性的测量方法。改变电位器 R_W 的阻值，从而获得输出特性曲线，R 为限流电阻。

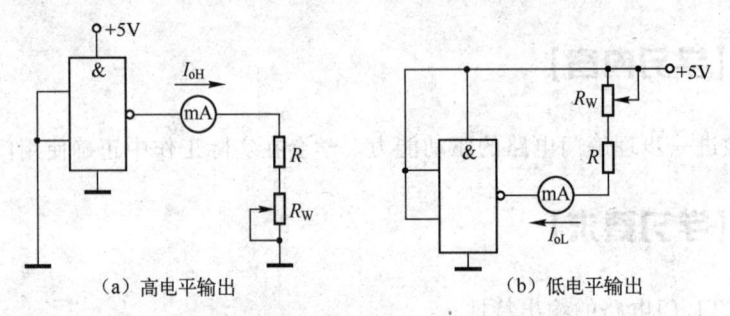

图 9-9 与非门电路输出特性测试电路

(1) 测试 TTL 电路 74LS00 的输出特性

在实验装置的合适位置选取一个 14P 插座。插入 74LS00，R 取为 100Ω，高电平输出时，R_W 取 47kΩ，低电平输出时，R_W 取 10kΩ，高电平测试时应测量空载到最小允许高电平（2.7V）之间的一系列点；低电平测试时应测量空载到最大允许低电平（0.4V）之间的一系列点。

(2) 测试 CMOS 电路 CD4001 的输出特性

测试时 R 取为 470Ω，R_W 取 4.7kΩ。

高电平测试时应测量从空载到输出电平降到 4.6V 为止的一系列点；低电平测试时应测量从空载到输出电平升到 0.4V 为止的一系列点。

2. TTL 电路驱动 CMOS 电路

用 74LS00 的一个门来驱动 CD4001 的 4 个门，实验电路如图 9-10 所示，R 取 3kΩ。测量连接阻值为 3kΩ 与不连接阻值为 3kΩ 电阻时 74LS00 的输出高低电平及 CD4001 的逻辑功能。测试逻辑功能时，可用实验装置上的逻辑笔进行测试，逻辑笔的电源 +V_{CC} 接 +5V，其输入口 1NPVT 通过一根导线接至所需的测试点。

3. CMOS 电路驱动 TTL 电路

电路如图 9-11 所示，被驱动的电路用 74LS00 的 8 个门并联。

电路的输入端接逻辑开关输出插口，8 个输出端分别接逻辑电平显示的输入插口。先用 CD4001 的一个门来驱动，观察 CD4001 的输出电平和 74LS00 的逻辑功能。

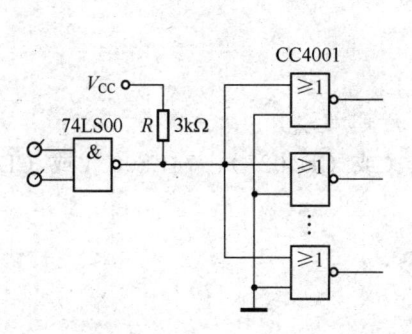

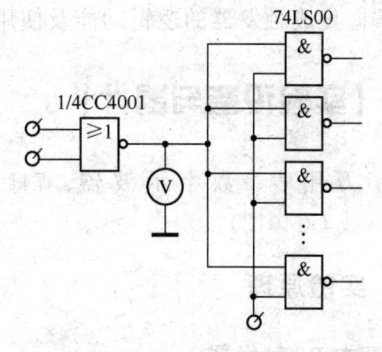

图 9-10　TTL 电路驱动 CMOS 电路　　　　图 9-11　CMOS 驱动 TTL 电路

然后将 CD4001 的其余 3 个门，一个个地并联到第一个门上（输入与输入并联，输出与输出并联），分别观察 CMOS 的输出电平及 74LS00 的逻辑功能。最后用 1/4 74HC00 代替 1/4 CD4001，测试其输出电平及系统的逻辑功能。

9.3.3　实验报告

1. 预习要求

（1）复习 TTL、CMOS 集成电路输入电路与输出电路的性质及门电路带负载能力的原理，了解如何测得扇出系数 N_0。掌握集成逻辑电路相互衔接时应遵守的规则和实际衔接方法。

（2）自拟实验记录用的数据表格，及逻辑电平记录表格，熟悉所用集成电路的引脚功能。

2. 思考题

（1）整理实验数据，绘制输出特性曲线，并加以分析。

（2）CMOS 门电路在什么条件下可直接驱动 TTL 门电路？若考虑用 TTL 门电路直接驱动 CMOS 门电路，应注意哪些问题？

9.4　触发器逻辑功能测试

【学习内容】

学习触发器的主要用途和触发器之间的相互转换方法；学习基本 RS、JK、D 和 T 触发器的逻辑功能，集成触发器的逻辑功能及使用方法；学习用 JK 触发器构成双相时钟脉冲电路的设计方法。

【学习要求】

● 掌握基本 RS、JK、D 和 T 触发器的逻辑功能；

● 掌握集成触发器的逻辑功能及使用方法。

【实验设备与器件】

数字万用表、数字示波器、74LS112（或 CD4027）、74LS00（或 CD4011）、74LS74（或 CC4013）。

9.4.1 实验原理

1. 基本 RS 触发器

自行画出由两个与非门交叉耦合构成的基本 RS 触发器，它是无时钟控制低电平直接触发的触发器，表 9-4 为基本 RS 触发器的功能表。

基本 RS 触发器也可以用两个"或非门"组成，此时为高电平触发有效。

表 9-4 基本 RS 触发器的功能表

输	入	输	出
$\overline{S}$	$\overline{R}$	Q^{n+1}	$\overline{Q}^{n+1}$
0	1	1	0
1	0	0	1
1	1	Q^n	$\overline{Q}^n$
0	0	φ	φ

2. JK 触发器

在输入信号为双端输入的情况下，JK 触发器是功能完善、使用灵活和通用性较强的一种触发器。本实验采用 74LS112 双 JK 触发器，是下降边沿触发的边沿触发器。引脚功能及逻辑符号如图 9-12 所示。

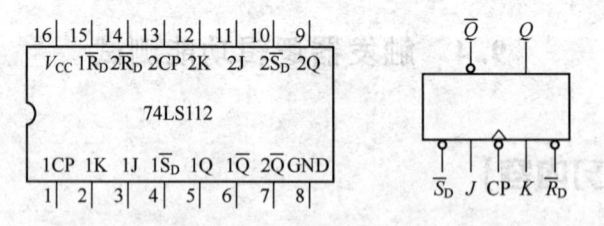

图 9-12 74LS112 双 JK 触发器引脚排列及逻辑符号

J 和 K 是数据输入端，是触发器状态更新的依据，若 J、K 有两个或两个以上输入端时，组成"与"的关系。Q 与 $\overline{Q}$ 为两个互补输出端。通常把 $Q=0$、$\overline{Q}=1$ 的状态定为触发器"0"状态；而把 $Q=1$，$\overline{Q}=0$ 的状态定为"1"状态。

下降沿触发 JK 触发器的功能如表 9-5 所示。

表 9-5 下降沿触发 JK 触发器的功能表

输 入					输 出	
$\overline{S}_D$	$\overline{R}_D$	CP	J	K	Q^{n+1}	$\overline{Q}^{n+1}$
0	1	×	×	×	1	0
1	0	×	×	×	0	1
0	0	×	×	×	φ	φ
1	1	↓	0	0	Q^n	$\overline{Q}^n$
1	1	↓	1	0	1	0
1	1	↓	0	1	0	1
1	1	↓	1	1	$\overline{Q}^n$	Q^n
1	1	↑	×	×	Q^n	$\overline{Q}^n$

注：×——任意态；↓——高到低电平跳变；↑——低到高电平跳变；$Q^n(\overline{Q}^n)$——现态；$Q^{n+1}(\overline{Q}^{n+1})$——次态；$\varphi$——不定态。

JK 触发器常被用做缓冲存储器、移位寄存器和计数器。

3. D 触发器

在输入信号为单端输入的情况下，D 触发器用起来最为方便，其输出状态的更新发生在 CP 脉冲的上升沿，故又称为上升沿触发的边沿触发器，触发器的状态只取决于时钟到来前 D 端的状态，D 触发器的应用很广，可用做数字信号的寄存、移位寄存、分频和波形发生等。有很多种型号可供各种用途的需要选用，如双 D 74LS74、四 D 74LS175、六 D 74LS174 等。

图 9-13 为双 D 74LS74 的引脚排列及逻辑符号，功能如表 9-6 所示。

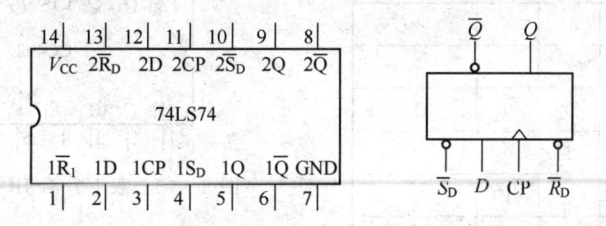

图 9-13 双 D 74LS74 引脚排列及逻辑符号

4. CMOS 触发器

(1) CMOS 边沿型 D 触发器

CC4013 是由 CMOS 传输门构成的边沿型 D 触发器。它是上升沿触发的双 D 触发器，表 9-7 为其功能表，图 9-14 为双上升沿 D 触发器引脚排列。

(2) CMOS 边沿型 JK 触发器

CC4027 是由 CMOS 传输门构成的边沿型 JK 触发器，它是上升沿触发的双 JK 触发器，表 9-8 为其功能表，图 9-15 为双上升沿 JK 触发器引脚排列。

表 9-6 双 D 74LS74 功能表

$\overline{S}_D$	$\overline{R}_D$	CP	D	Q^{n+1}	$\overline{Q}^{n+1}$
0	1	×	×	1	0
1	0	×	×	0	1
0	0	×	×	φ	φ
1	1	↑	1	1	0
1	1	↑	0	0	1
1	1	↓	×	Q^n	$\overline{Q}^n$

表 9-7 双上升沿 D 触发器功能表

S	R	CP	D	Q^{n+1}
1	0	×	×	1
0	1	×	×	0
1	1	×	×	φ
0	0	↑	1	1
0	0	↑	0	0
0	0	↓	×	Q^n

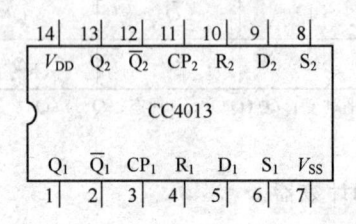

CC4013 引脚排列:
14 V_{DD}, 13 Q_2, 12 $\overline{Q}_2$, 11 CP_2, 10 R_2, 9 D_2, 8 S_2
1 Q_1, 2 $\overline{Q}_1$, 3 CP_1, 4 R_1, 5 D_1, 6 S_1, 7 V_{SS}

图 9-14 双上升沿 D 触发器引脚排列

表 9-8 双上升沿 JK 触发器功能表

S	R	CP	J	K	Q^{n+1}
1	0	×	×	×	1
0	1	×	×	×	0
1	1	×	×	×	φ
0	0	↑	0	0	Q^n
0	0	↑	1	0	1
0	0	↑	0	1	0
0	0	↑	1	1	$\overline{Q}^n$
0	0	↓	×	×	Q^n

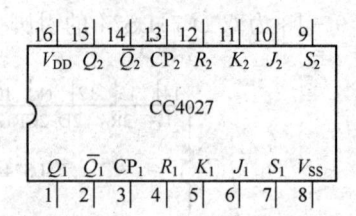

CC4027 引脚排列:
16 V_{DD}, 15 Q_2, 14 $\overline{Q}_2$, 13 CP_2, 12 R_2, 11 K_2, 10 J_2, 9 S_2
1 Q_1, 2 $\overline{Q}_1$, 3 CP_1, 4 R_1, 5 K_1, 6 J_1, 7 S_1, 8 V_{SS}

图 9-15 双上升沿 JK 触发器引脚排列

CMOS 触发器的直接置位、复位输入端 S 和 R 是高电平有效,当 S=1(或 R=1)时,触发器将不受其他输入端所处状态的影响,使触发器直接置 1(或置 0)。但直接置位、复位输入端 S 和 R 必须遵守 RS=0 的约束条件。CMOS 触发器在按逻辑功能工作时,S 和 R 必须均置 0。

9.4.2 实验内容

1. 测试基本 RS 触发器的逻辑功能

用两个与非门组成基本 RS 触发器，输入端 $\overline{R}$、$\overline{S}$ 接逻辑开关的输出插口，输出端 Q、$\overline{Q}$ 接逻辑电平显示输入插口，按表 9-9 所列要求测试，记录之。

表 9-9 基本 RS 触发器的逻辑功能表

$\overline{R}$	$\overline{S}$	Q	$\overline{Q}$
1	1→0		
	0→1		
1→0	1		
0→1			
0	0		

2. 测试双 JK 触发器 74LS112 逻辑功能

（1）测试 $\overline{R}_D$、$\overline{S}_D$ 的复位、置位功能

任取一只 JK 触发器，$\overline{R}_D$、$\overline{S}_D$、J、K 端接逻辑开关输出插口，CP 端接单次脉冲源，Q、$\overline{Q}$ 端接至逻辑电平显示输入插口。要求改变 $\overline{R}_D$、$\overline{S}_D$（J、K、CP 处于任意状态），并在 $\overline{R}_D=0$（$\overline{S}_D=1$）或 $\overline{S}_D=0$（$\overline{R}_D=1$）作用期间任意改变 J、K 及 CP 的状态，观察 Q、$\overline{Q}$ 状态。然后自拟表格并记录之。

（2）测试 JK 触发器的逻辑功能

按表 9-10 所列的要求改变 J、K、CP 端状态，观察 Q、$\overline{Q}$ 状态的变化，观察触发器状态更新是否发生在 CP 脉冲的下降沿（即 CP 由 1→0），记录之。

3. 测试双 D 触发器 74LS74 的逻辑功能

① 测试 $\overline{R}_D$、$\overline{S}_D$ 的复位、置位功能：测试方法同实验内容"2. 测试双 JK 触发器 74LS112 逻辑功能"中（1），自拟表格记录。

② 测试 D 触发器的逻辑功能：按表 9-11 所列要求进行测试，并观察触发器状态更新是否发生在 CP 脉冲的上升沿（即由 0→1），记录之。

表 9-10 JK 触发器的逻辑功能表

J	K	CP	Q^{n+1}	
			$Q^n=0$	$Q^n=1$
0	0	0→1		
		1→0		
0	1	0→1		
		1→0		
1	0	0→1		
		1→0		

续表

J	K	CP	Q^{n+1}	
			$Q^n=0$	$Q^n=1$
1	1	0→1		
		1→0		

表 9-11 D 触发器的逻辑功能表

D	CP	Q^{n+1}	
		$Q^n=0$	$Q^n=1$
0	0→1		
	1→0		
1	0→1		
	1→0		

9.4.3 实验报告

1. 预习要求

(1) 复习有关触发器的内容，写出 JK、D、RS、T 触发器的特性方程。

(2) 列出各触发器功能测试表格。

2. 思考题

(1) 列表整理各类触发器的逻辑功能。

(2) 总结各触发器的特点，说明触发器的触发方式。

(3) 利用普通的机械开关组成的数据开关所产生的信号是否可作为触发器的时钟脉冲信号？为什么？是否可以用做触发器的其他输入端的信号？为什么？

第 10 章　数字电子技术应用提高型实验

10.1　译码器及其应用

【学习内容】

学习译码器的应用和工作原理；学习中规模集成译码器的逻辑功能和使用方法，用两个中规模集成译码器构成一个 4—16 线译码器的设计方法。

【学习要求】

- 掌握中规模集成译码器的逻辑功能和使用方法；
- 熟悉数码管的使用。

【实验设备与器件】

数字万用表、数字示波器、74LS138×2。

10.1.1　实验原理

译码器是一个多输入、多输出的组合逻辑电路。它的作用是把给定的代码进行"翻译"，变成相应的状态，使输出通道中相应的一路有信号输出。译码器在数字系统中有广泛的用途，不仅用于代码的转换、终端的数字显示，还用于数据分配、存储器寻址和组合控制信号等。不同的功能可选用不同种类的译码器。

译码器可分为通用译码器和显示译码器两大类。前者又分为变量译码器和代码变换译码器。变量译码器（又称二进制译码器），用以表示输入变量的状态，如 2—4 线、3—8 线和 4—16 线译码器。若有 n 个输入变量，则有 2^n 个不同的组合状态，就有 2^n 个输出端供其使用。而每一个输出所代表的函数对应于 n 个输入变量的最小项。

以 3—8 线译码器 74LS138 为例进行分析，图 10-1（a）、（b）分别为其逻辑图及引脚排列。其中 A_2、A_1、A_0 为地址输入端，$\overline{Y}_0 \sim \overline{Y}_7$ 为译码输出端，S_1、$\overline{S}_2$、$\overline{S}_3$ 为使能端。

表 10-1 为 74LS138 功能表。当 $S_1=1$，$\overline{S}_2+\overline{S}_3=0$ 时，器件使能，地址码所指定的输出端有信号（为 0）输出，其他所有输出端均无信号（全为 1）输出。当 $S_1=0$，$\overline{S}_2+\overline{S}_3=\times$ 时，或 $S_1=\times$，$\overline{S}_2+\overline{S}3=1$ 时，译码器被禁止，所有输出同时为 1。

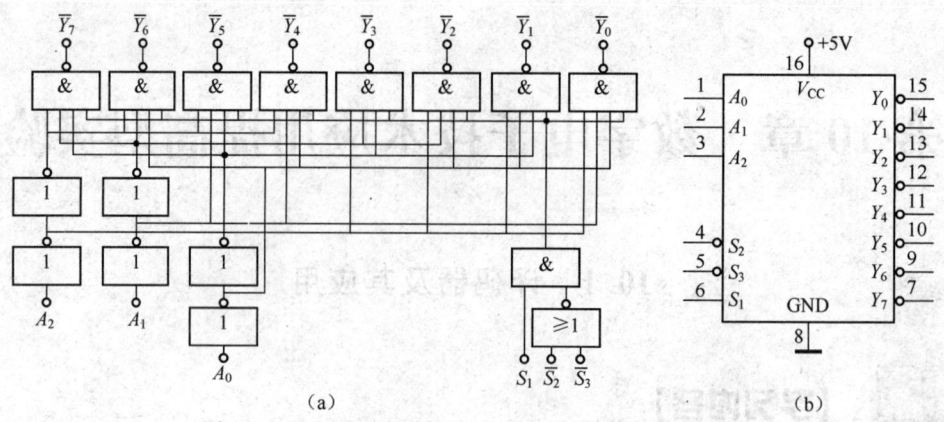

图 10-1　3—8 线译码器 74LS138 逻辑图及引脚排列

表 10-1　74LS138 功能表

输		入			输			出				
S_1	$\overline{S_2}+\overline{S_3}$	A_2	A_1	A_0	$\overline{Y_0}$	$\overline{Y_1}$	$\overline{Y_2}$	$\overline{Y_3}$	$\overline{Y_4}$	$\overline{Y_5}$	$\overline{Y_6}$	$\overline{Y_7}$
1	0	0	0	0	0	1	1	1	1	1	1	1
1	0	0	0	1	1	0	1	1	1	1	1	1
1	0	0	1	0	1	1	0	1	1	1	1	1
1	0	0	1	1	1	1	1	0	1	1	1	1
1	0	1	0	0	1	1	1	1	0	1	1	1
1	0	1	0	1	1	1	1	1	1	0	1	1
1	0	1	1	0	1	1	1	1	1	1	0	1
1	0	1	1	1	1	1	1	1	1	1	1	0
0	×	×	×	×	1	1	1	1	1	1	1	1
×	1	×	×	×	1	1	1	1	1	1	1	1

　　二进制译码器实际上也是负脉冲输出的脉冲分配器。若利用使能端中的一个输入端输入数据信息，器件就成为一个数据分配器（又称多路分配器）。若在 S_1 输入端输入数据信息，$\overline{S_2}=\overline{S_3}=0$，地址码所对应的输出是 S_1 数据信息的反码；若从 $\overline{S_2}$ 端输入数据信息，令 $S_1=1$、$\overline{S_3}=0$，地址码所对应的输出就是 $\overline{S_2}$ 端数据信息的原码。若数据信息是时钟脉冲，则数据分配器便成为时钟脉冲分配器。

　　根据输入地址的不同组合译出唯一地址，故可用做地址译码器。接成多路分配器，可将一个信号源的数据信息传输到不同的地点。

10.1.2　实验内容

1. 74LS138 译码器逻辑功能测试

　　将译码器使能端 S_1、$\overline{S_2}$、$\overline{S_3}$ 及地址端 A_2、A_1、A_0 分别接至逻辑电平开关输出口，8 个输出端 $\overline{Y_0} \sim \overline{Y_7}$ 依次连接在逻辑电平显示器的 8 个输入口上，拨动逻辑电平开关，按表 10-1 逐项测试 74LS138 的逻辑功能。

2. 用 74LS138 构成时序脉冲分配器

参照实验原理说明，时钟脉冲 CP 频率约为 10kHz，要求分配器输出端 $\overline{Y}_0 \sim \overline{Y}_7$ 的信号与 CP 输入信号同相。

设计分配器的实验电路并接线，用数字示波器观察和记录在地址端 A_2、A_1、A_0 分别取 000~111 的 8 种不同状态时 $\overline{Y}_0 \sim \overline{Y}_7$ 端的输出波形，注意输出波形与 CP 输入波形之间的相位关系。

3. 设计用两片 74LS138 组合成一个 4—16 线译码器，并进行实验

10.1.3 实验报告

1. 预习要求

（1）复习有关译码器和分配器的原理。
（2）根据实验任务，画出所需的实验线路及记录表格。

2. 思考题

（1）思考用 3 片及以上 74LS138 芯片构成级联译码器的规律，总结使能端的作用。
（2）画出实验线路，把观察到的波形画在坐标纸上，并标上对应的地址码。
（3）对实验结果进行分析、讨论。

10.2 数据选择器及其功能电路设计

【学习内容】

学习中规模集成电路数据选择器的逻辑功能，了解数据选择器的应用，学习用中规模集成电路设计逻辑电路的技巧。

【学习要求】

- 掌握中规模集成数据选择器的逻辑功能及使用方法。
- 学习用数据选择器构成组合逻辑电路的方法。

【实验设备与器件】

数字万用表、数字示波器、74LS151（或 CC4512）、74LS153（或 CC4539）。

10.2.1 实验原理

数据选择器又叫"多路开关"。数据选择器在地址码（或叫选择控制）电位的控制下，从几个数据输入中选择一个并将其送到一个公共的输出端。数据选择器的功能类似一个多掷开关，如图10-2所示，图中有4路数据$D_0 \sim D_3$，通过选择控制信号A_1、A_0（地址码）从4路数据中选中某一路数据送至输出端Q。

数据选择器为目前逻辑设计中应用十分广泛的逻辑部件，它有2选1、4选1、8选1、16选1等类别。数据选择器的电路结构一般由与或门阵列组成，也有用传输门开关和门电路混合而成的。

1. 8选1数据选择器74LS151

74LS151为互补输出的8选1数据选择器，引脚排列如图10-3所示，功能如表10-2所示。

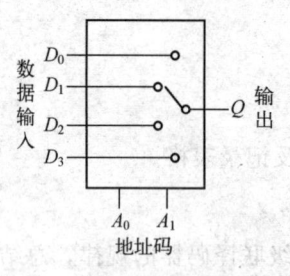

图10-2　4选1数据选择器示意图 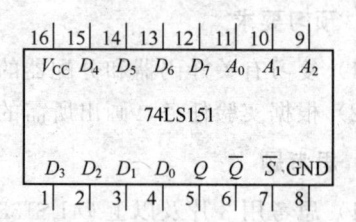　　图10-3　74LS151引脚排列

表10-2　74LS151功能表

输入				输出	
$\overline{S}$	A_2	A_1	A_0	Q	$\overline{Q}$
1	×	×	×	0	1
0	0	0	0	D_0	$\overline{D_0}$
0	0	0	1	D_1	$\overline{D_1}$
0	0	1	0	D_2	$\overline{D_2}$
0	0	1	1	D_3	$\overline{D_3}$
0	1	0	0	D_4	$\overline{D_4}$
0	1	0	1	D_5	$\overline{D_5}$
0	1	1	0	D_6	$\overline{D_6}$
0	1	1	1	D_7	$\overline{D_7}$

选择控制端（地址端）为$A_2 \sim A_0$，按二进制译码，从8个输入数据$D_0 \sim D_7$中，选择一个需要的数据送到输出端Q，$\overline{S}$为使能端，低电平有效。

使能端$\overline{S}=1$时，不论$A_2 \sim A_0$状态如何，均无输出（$Q=0$，$\overline{Q}=1$），多路开关被禁止。

使能端$\overline{S}=0$时，多路开关正常工作，根据地址码A_2、A_1、A_0的状态选择$D_0 \sim D_7$中某一个通道的数据输送到输出端Q。

如：$A_2A_1A_0=000$，则选择D_0数据到输出端，即$Q=D_0$。

如：$A_2A_1A_0=001$，则选择D_1数据到输出端，即$Q=D_1$，其余类推。

2. 双 4 选 1 数据选择器 74LS153

所谓双 4 选 1 数据选择器就是在一块集成芯片上有两个 4 选 1 数据选择器。其引脚排列如图 10-4 所示，功能如表 10-3 所示。

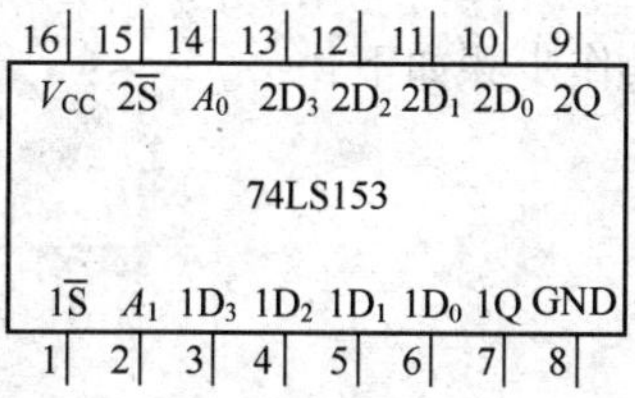

表 10-3 74LS153 功能表

输入			输出
$\overline{S}$	A_1	A_0	Q
1	×	×	0
0	0	0	D_0
0	0	1	D_1
0	1	0	D_2
0	1	1	D_3

图 10-4 74LS153 引脚排列

$1\overline{S}$、$2\overline{S}$ 为两个独立的使能端；A_1、A_0 为公用的地址输入端；$1D_0 \sim 1D_3$ 和 $2D_0 \sim 2D_3$ 分别为两个 4 选 1 数据选择器的数据输入端；$1Q$、$2Q$ 为两个输出端。

(1) 当使能端 $1\overline{S}$（$2\overline{S}$）=1 时，多路开关被禁止，无输出，$Q=0$。

(2) 当使能端 $1\overline{S}$（$2\overline{S}$）=0 时，多路开关正常工作，根据地址码 A_1、A_0 的状态，将相应的数据 $D_0 \sim D_3$ 送到输出端 Q。

如：$A_1 A_0 = 00$ 则选择 D_0 数据到输出端，即 $Q = D_0$。

$A_1 A_0 = 01$ 则选择 D_1 数据到输出端，即 $Q = D_1$，其余类推。

数据选择器的用途很多，例如，多通道传输、数码比较、并行码变串行码，以及实现逻辑函数等。

10.2.2 实验内容

1. 测试数据选择器 74LS151 的逻辑功能

地址端 A_2、A_1、A_0，数据端 $D_0 \sim D_7$，使能端 $\overline{S}$ 接"十六位开关电平输出"，输出端 Q 接"十六位逻辑电平输入"，按 74LS151 功能表逐项进行测试，记录测试结果。

2. 测试 74LS153 的逻辑功能

测试方法及步骤同上，记录之。

3. 用 8 选 1 数据选择器 74LS151 设计三输入多数表决电路

用 8 选 1 数据选择器 74LS151 设计三输入多数表决电路的操作步骤如下：

① 写出设计过程。

② 画出接线图。

③ 验证逻辑功能。

4. 用 8 选 1 数据选择器分别实现下列逻辑函数

$$F = A\overline{B} + \overline{A}C + B\overline{C}$$
$$F = A\overline{B} + \overline{A}B$$

用 8 选 1 数据选择器实现上述逻辑函数的操作步骤如下：

① 写出设计过程。
② 画出接线图。
③ 验证逻辑功能。

5. 用双 4 选 1 数据选择器 74LS153 实现全加器

用双 4 选 1 数据选择器 74LS153 实现全加器的操作步骤如下：

① 写出设计过程。
② 画出接线图。
③ 验证逻辑功能。

10.2.3 实验报告

1. 预习要求

（1）复习数据选择器的工作原理。
（2）用数据选择器对实验内容中各函数式进行预设计。

2. 思考题

（1）思考用 4 选 1 数据选择器 74LS153 实现 8 选 1 扩展功能。
（2）思考用 74LS153 实现数据表决器的电路设计。
（3）用数据选择器对实验内容进行设计，写出设计全过程，画出接线图，进行逻辑功能测试。
（4）总结实验的收获、体会。

10.3 触发器应用

【学习内容】

复习基本 RS、JK、D 和 T 触发器的逻辑功能；学习集成触发器的逻辑功能及使用方法；学习触发器之间相互转换的方法。

【学习要求】

- 学会使用常用的触发器转换成其他各种功能的触发器。
- 熟悉和了解触发器的各种应用电路。

【实验设备与器件】

数字万用表、数字示波器、74LS112（或 CC4027）、74LS00（或 CC4011）、

74LS74（或 CC4013）。

10.3.1 实验内容

1. 触发器之间的相互转换

在集成触发器的产品中，每一种触发器都有自己固定的逻辑功能，但可以利用转换的方法获得具有其他功能的触发器。

① 将 JK 触发器的 J、K 两端连在一起，并认它为 T 端，就得到所需的 T 触发器，画出实验线路图。在 CP 端输入 1Hz 连续脉冲，观察 Q 端的变化。在 CP 端输入 1kHz 连续脉冲，用双踪数字示波器观察 CP、Q、$\bar{Q}$ 端波形，注意其相位关系，并描绘之。

② 将 D 触发器的 $\bar{Q}$ 端与 D 端相连接，构成 T 触发器，画出实验线路图。其测试方法同实验内容①，记录之。

③ JK 触发器也可转换为 D 触发器，画出实验线路图，自拟表格测试逻辑功能。

2. 触发器应用电路

（1）双相时钟脉冲电路

用 JK 触发器及与非门构成双相时钟脉冲电路，此电路是用来将时钟脉冲 CP 转换成两相时钟脉冲 CP_A 及 CP_B，其频率相同、相位不同。

分析电路工作原理，并按图 10-5 所示接线，用双踪数字示波器同时观察 CP、CP_A；CP、CP_B 及 CP_A、CP_B 波形，并描绘之。

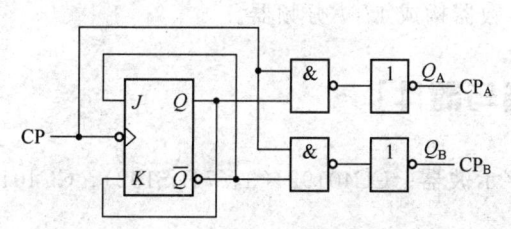

图 10-5 双相时钟脉冲电路

（2）冲息电路

电路由 74LS112 芯片与反相器 74LS04 组成，输入端 CP 为连续脉冲，用数字示波器观察 Q 端和 CP 端的波形。若电路中串接的门数分别为 5 个和 9 个，测出输出脉冲的脉宽。

通过实验观察，测定电路的功能。电路输出的脉冲宽度 T_W 与哪些因素有关？写出 T_W 的表达式。若要在输出端得到相反的尖脉冲，则应对电路做如何改动？画出电路图，并用实验验证之。

注：该项目可选做。

10.3.2 实验报告

1. 预习要求

（1）复习有关触发器的内容。

(2) 按有关实验内容要求设计线路，拟定实验方案。

2. 思考题

(1) 对于 TTL 或 CMOS 电路的触发器，要使其异步置位端（复位端）起作用，应各加什么电平？不需要使用这些端时应如何处理？

(2) 总结观察到的波形，说明触发器的触发方式。

10.4 计数器及其功能电路设计

【学习内容】

学习集成触发器构成计数器的方法和计数器的工作原理；学习中规模集成计数器的使用及功能测试方法；学习集成计数器构成 1/N 分频器的设计方法。

【学习要求】

- 掌握用集成触发器构成计数器的方法；
- 掌握中规模集成计数器的使用及功能测试方法；
- 掌握运用集成计数器构成 1/N 分频器。

【实验设备与器件】

数字万用表、数字示波器、CC40192×3（74LS192）、CC4011（74LS00）、CC4012（74LS20）。

10.4.1 实验原理

计数器是一个用以实现计数功能的时序部件，它不仅可用来计脉冲数，还常用做数字系统的定时、分频和执行数字运算以及其他特定的逻辑功能。

计数器种类有很多。按构成计数器中的各触发器是否使用一个时钟脉冲源来分，有同步计数器和异步计数器。根据计数制的不同，分为二进制计数器、十进制计数器和任意进制计数器。根据计数的增减趋势，又分为加法、减法和可逆计数器。还有可预置数和可编程序功能计数器等。目前，无论是 TTL 还是 CMOS 集成电路，都有品种较齐全的中规模集成计数器。使用者只要借助于器件手册提供的功能表和工作波形图以及引出端的排列，就能正确地运用这些器件。

1. 中规模十进制计数器

CC40192 是同步十进制可逆计数器，具有双时钟输入、清除和置数等功能，其引脚排列及逻辑符号如图 10-6 所示。

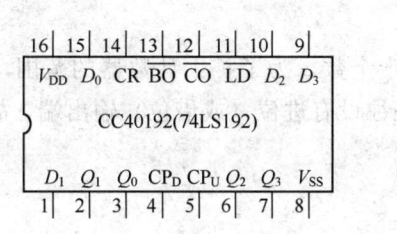

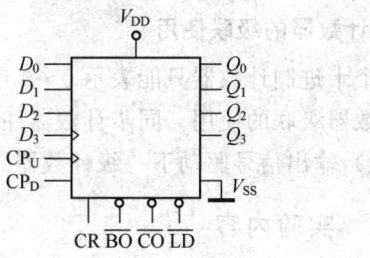

图 10-6 CC40192 引脚排列及逻辑符号

图 10-6 中，$\overline{LD}$—置数端，CP_U—加计数端，CP_D—减计数端，$\overline{CO}$—非同步进位输出端，$\overline{BO}$—非同步借位输出端，D_0、D_1、D_2、D_3—计数器输入端，Q_0、Q_1、Q_2、Q_3—数据输出端，CR—清除端。

CC40192（同 74LS192，二者可互换使用）的功能如表 10-4 所示，说明如下：

当清除端 CR 为高电平"1"时，计数器直接清零；CR 置低电平则执行其他功能。

当 CR 为低电平，置数端 $\overline{LD}$ 也为低电平时，数据直接从置数端 D_0、D_1、D_2、D_3 置入计数器。当 CR 为低电平，$\overline{LD}$ 为高电平时，执行计数功能。执行加计数时，减计数端 CP_D 接高电平，计数脉冲由 CP_U 输入；在计数脉冲上升沿进行 8421 码十进制加法计数。执行减计数时，加计数端 CP_U 接高电平，计数脉冲由减计数端 CP_D 输入，表 10-5 为 8421 码十进制加、减计数器的状态转换表。

表 10-4 CC40192 功能表

输入									输出			
CR	$\overline{LD}$	CP_U	CP_D	D_3	D_2	D_1	D_0	Q_3	Q_2	Q_1	Q_0
1	×	×	×	×	×	×	×	0	0	0	0
0	0	×	×	d	c	b	a	d	c	b	a
0	1	↑	1	×	×	×	×	加	计	数	
0	1	1	↑	×	×	×	×	减	计	数	

表 10-5 8421 码十进制加、减计数器的状态转换表

输入脉冲数		0	1	2	3	4	5	6	7	8	9
输出	Q_3	0	0	0	0	0	0	0	0	1	1
	Q_2	0	0	0	0	1	1	1	1	0	0
	Q_1	0	0	1	1	0	0	1	1	0	0
	Q_0	0	1	0	1	0	1	0	1	0	1

加法计数 →

← 减法计数

2. 计数器的级联使用

一个十进制计数器只能表示 0~9 十个数，为了扩大计数器的范围，常用于多个十进制计数器级联的使用。同步计数器往往设有进位（或借位）输出端，故可选用其进位（或借位）输出信号驱动下一级计数器。

10.4.2 实验内容

1. 测试 CC40192 或 74LS192 同步十进制可逆计数器的逻辑功能

计数脉冲由单次脉冲源提供，清除端 CR；置数端 $\overline{LD}$；数据输入端 D_3、D_2、D_1、D_0 分别接逻辑开关，输出端 Q_3、Q_2、Q_1、Q_0 接实验设备的一个译码显示输入相应插口 A、B、C、D；CO和BO接逻辑电平显示插口。按表 10-4 所示逐项测试并判断该集成块的功能是否正常。

（1）清除：令 CR=1，其他输入为任意态，这时 $Q_3Q_2Q_1Q_0$=0000，译码数字显示为 0。清除功能完成后，置 CR=0。

（2）置数：CR=0，CP_U、CP_D 任意，数据输入端输入任意一组二进制数，令 $\overline{LD}$=0，观察计数译码显示输出，预置功能是否完成，此后置 $\overline{LD}$=1。

（3）加计数：CR=0，$\overline{LD}$=CP_D=1，CP_U 接单次脉冲源。清零后送入 10 个单次脉冲，观察译码数字显示是否按 8421 码十进制状态转换表进行；输出状态变化是否发生在 CP_U 的上升沿。

（4）减计数：CR=0，$\overline{LD}$=CP_U=1，CP_D 接单次脉冲源。参照（3）进行实验。

2. 设计用两片 CC40192 组成两位十进制加法计数器，输入 1Hz 连续计数脉冲，进行由 00~99 累加计数，记录之

3. 设计将两位十进制加法计数器改为两位十进制减法计数器，实现由 99~00 递减计数，记录之

4. 用 CD40192 设计六进制计数器电路并进行实验，记录之

5. 用两片 CD40192 设计特殊十二进制计数器，用于数字钟里对"时"位的计数，计数序列为：1、2、……11、12、1、2……是接十二进制数表示的。按设计的线路实验并记录之

6. 设计一个数字钟移位六十进制计数器并进行实验

10.4.3 实验报告

1. 预习要求

（1）复习有关计数器部分内容。

（2）查手册，给出并熟悉实验所用各集成块的引脚排列图。

2. 思考题

（1）画出实验线路图，记录、整理实验现象及实验所得的有关波形，对实验结果进行分析。

(2) 设计扩展：如何实现多种进制可切换的计数器？
(3) 总结使用集成计数器的体会。

10.5 移位寄存器及其应用

【学习内容】

学习中规模 4 位双向寄存器逻辑功能及使用方法和移位寄存器的应用，实现数据的串行、并行转换和构成环形计数器。

【学习要求】

- 掌握中规模 4 位双向移位寄存器逻辑功能及使用方法。
- 熟悉移位寄存器的应用——实现数据的串行、并行转换和构成环形计数器。

【实验设备与器件】

数字万用表、数字示波器、CC40194×2（74LS194）、CC4011（74LS00）、CC4068（74LS30）。

10.5.1 实验原理

1. 移位寄存器

移位寄存器是一个具有移位功能的寄存器，是指寄存器中所存的代码能够在移位脉冲的作用下依次左移或右移。既能左移又能右移的移位寄存器称为双向移位寄存器，只需要改变左、右移的控制信号便可实现双向移位要求。根据移位寄存器存取信息的方式不同分为：串入串出、串入并出、并入串出、并入并出 4 种形式。

本实验选用的 4 位双向通用移位寄存器，型号为 CD40194 或 74LS194，两者功能相同，可互换使用，其逻辑符号及引脚排列如图 10 - 7 所示。

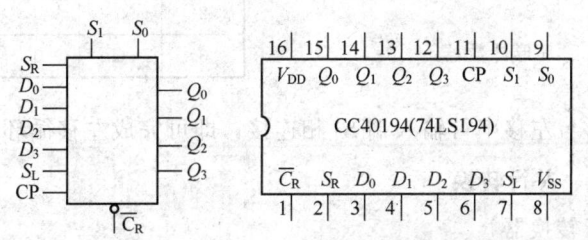

图 10 - 7 CC40194 的逻辑符号及引脚功能

在图 10 - 7 中 D_0、D_1、D_2、D_3 为并行输入端；Q_0、Q_1、Q_2、Q_3 为并行输出端；S_R 为右移串行输入端，S_L 为左移串行输入端；S_1、S_0 为操作模式控制端；$\overline{C_R}$ 为直接

无条件清零端；CP 为时钟脉冲输入端。

CC40194 有 5 种不同操作模式，即并行送数寄存、右移（方向由 $Q_0 \to Q_3$）、左移（方向由 $Q_3 \to Q_0$）、保持及清零。

74LS194 功能表如表 10-6 所示，从中可以看出 S_1、S_0 和 $\overline{C_R}$ 的控制作用。

表 10-6 74LS194 功能表

功能	输入									输出			
	CP	$\overline{C_R}$	S_1	S_0	S_R	S_L	D_0	D_1	D_2	D_3	Q_0	Q_1	Q_2	Q_3
清除	×	0	×	×	×	×	×	×	×	×	0	0	0	0
送数	↑	1	1	1	×	×	a	b	c	d	a	b	c	d
右移	↑	1	0	1	D_{SR}	×	×	×	×	×	D_{SR}	Q_0	Q_1	Q_2
左移	↑	1	1	0	×	D_{SL}	×	×	×	×	Q_1	Q_2	Q_3	D_{SL}
保持	↑	1	0	0	×	×	×	×	×	×	Q_0^n	Q_1^n	Q_2^n	Q_3^n
保持	↓	1	×	×	×	×	×	×	×	×	Q_0^n	Q_1^n	Q_2^n	Q_3^n

移位寄存器应用很广，可构成移位寄存器型计数器、顺序脉冲发生器、串行累加器，可用做数据转换，即把串行数据转换为并行数据，或把并行数据转换为串行数据等。本实验研究移位寄存器用做环形计数器和数据的串、并行转换。

2. 环形计数器

把移位寄存器的输出反馈到它的串行输入端，就可以进行循环移位，如图 10-8 所示，把输出端 Q_3 和右移串行输入端 S_R 相连接，设初始状态 $Q_0Q_1Q_2Q_3=1000$，则在时钟脉冲作用下 $Q_0Q_1Q_2Q_3$ 将依次变为 0100→0010→0001→1000→……如表 10-7 所示，可见它是一个具有 4 个有效状态的计数器，这种类型的计数器通常称为环形计数器。图 10-8 所示电路可以由各个输出端输出在时间上有先后顺序的脉冲，因此也可作为顺序脉冲发生器。

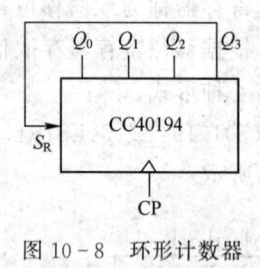

图 10-8 环形计数器

表 10-7 环形计数器状态变化

CP	Q_0	Q_1	Q_2	Q_3
0	1	0	0	0
1	0	1	0	0
2	0	0	1	0
3	0	0	0	1

如果将输出 Q_0 与左移串行输入端 S_L 相连接，即可完成左移循环移位。

3. 实现数据串、并行转换

（1）串行/并行转换器

串行/并行转换是指串行输入的数码，经转换电路之后变换成并行输出。图 10-9 所示的是用两片 CC40194（74LS194）4 位双向移位寄存器组成的 7 位串行/并行数据转换电路。

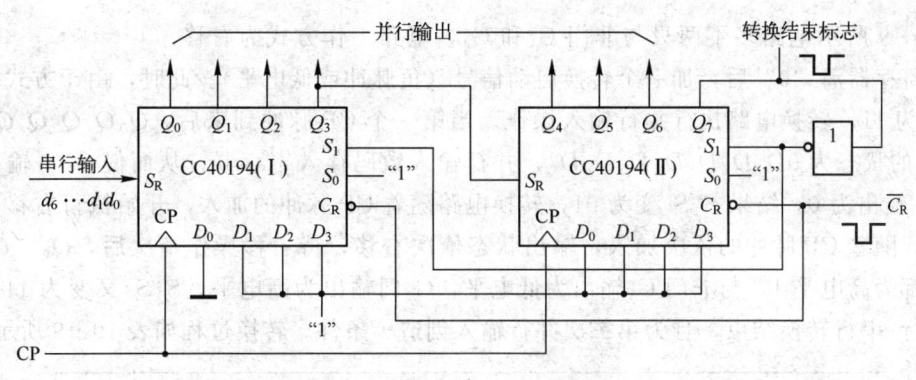

图 10-9 7 位串行/并行转换器

电路中 S_0 端接高电平 1，S_1 受 Q_7 控制，两片寄存器连接成串行输入右移工作模式。Q_7 是转换结束标志。当 $Q_7=1$ 时，S_1 为 0，使之成为 $S_1S_0=01$ 的串入右移工作方式，当 $Q_7=0$ 时，$S_1=1$，有 $S_1S_0=10$，则串行送数结束，标志着串行输入的数据已转换成并行输出了。

串行/并行转换的具体过程如下：

转换前，$\overline{C}_R$ 端加低电平，使Ⅰ、Ⅱ两片寄存器的内容清 0，此时 $S_1S_0=11$，寄存器执行并行输入工作方式。当第一个 CP 脉冲到来后，寄存器的输出状态 $Q_0 \sim Q_7$ 为 01111111，与此同时 S_1S_0 变为 01，转换电路变为执行串入右移工作方式，串行输入数据由Ⅰ片的 S_R 端加入。随着 CP 脉冲的依次加入，输出状态的变化如表 10-8 所列。

表 10-8 串行/并行转换器输出状态变化

CP	Q_0	Q_1	Q_2	Q_3	Q_4	Q_5	Q_6	Q_7	说明
0	0	0	0	0	0	0	0	0	清零
1	0	1	1	1	1	1	1	1	送数
2	d_0	0	1	1	1	1	1	1	右移操作7次
3	d_1	d_0	0	1	1	1	1	1	
4	d_2	d_1	d_0	0	1	1	1	1	
5	d_3	d_2	d_1	d_0	0	1	1	1	
6	d_4	d_3	d_2	d_1	d_0	0	1	1	
7	d_5	d_4	d_3	d_2	d_1	d_0	0	1	
8	d_6	d_5	d_4	d_3	d_2	d_1	d_0	0	
9	0	1	1	1	1	1	1	1	送数

由表 10-8 可见，右移操作 7 次之后，Q_7 变为 0，S_1S_0 又变为 11，说明串行输入结束。这时，串行输入的数码已经转换成并行输出了。当再来一个 CP 脉冲时，电路又重新执行一次并行输入，为第二组串行数码转换做好了准备。

(2) 并行/串行转换器

并行/串行转换是指并行输入的数码经转换电路之后，换成串行输出。

图 10-10 是用两片 CC40194（74LS194）组成的 7 位并行/串行转换电路，它比

· 141 ·

图 10-9 所示电路多了两只与非门 G_1 和 G_2，电路工作方式为右移。

寄存器清"0"后，加一个转换启动信号（负脉冲或低电平）。此时，由于方式控制 S_1S_0 为 11，转换电路执行并行输入操作。当第一个 CP 脉冲到来后，$Q_0Q_1Q_2Q_3Q_4Q_5Q_6Q_7$ 的状态为 $0D_1D_2D_3D_4D_5D_6D_7$，并行输入数码存入寄存器，从而使得 G_1 输出为 1，G_2 输出为 0，结果 S_1S_2 变为 01，转换电路随着 CP 脉冲的加入，开始执行右移串行输出，随着 CP 脉冲的依次加入，输出状态依次右移，待右移操作 7 次后，$Q_0 \sim Q_6$ 的状态都为高电平 1，与非门 G_1 输出为低电平，G_2 门输出为高电平，S_1S_2 又变为 11，表示并行/串行转换结束，且为第二次并行输入创造了条件。转换过程如表 10-9 所示。

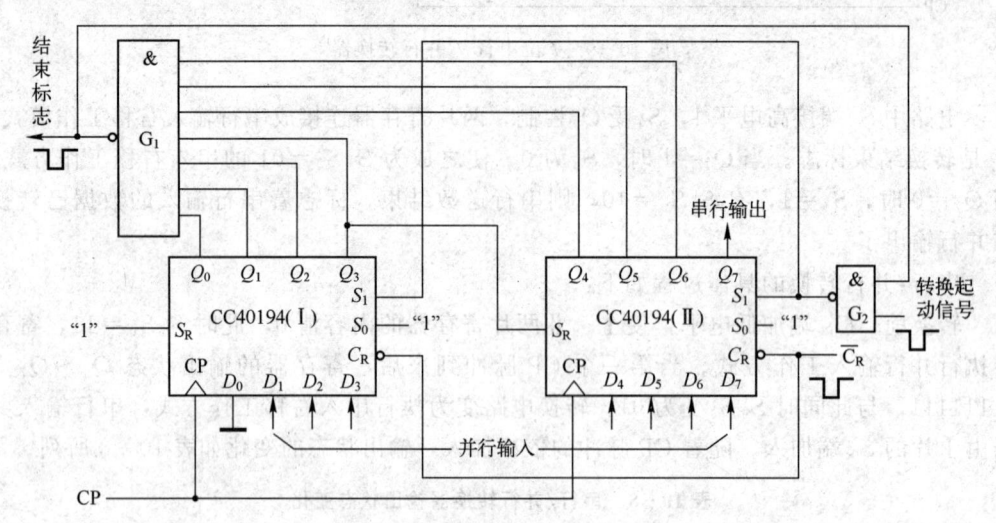

图 10-10 7 位并行/串行数据转换电路

表 10-9 并行/串行转换器状态转换表

CP	Q_0	Q_1	Q_2	Q_3	Q_4	Q_5	Q_6	Q_7	串行输出
0	0	0	0	0	0	0	0	0	
1	0	D_1	D_2	D_3	D_4	D_5	D_6	D_7	
2	1	0	D_1	D_2	D_3	D_4	D_5	D_6	D_7
3	1	1	0	D_1	D_2	D_3	D_4	D_5	D_6 D_7
4	1	1	1	0	D_1	D_2	D_3	D_4	D_5 D_6 D_7
5	1	1	1	1	0	D_1	D_2	D_3	D_4 D_5 D_6 D_7
6	1	1	1	1	1	0	D_1	D_2	D_3 D_4 D_5 D_6 D_7
7	1	1	1	1	1	1	0	D_1	D_2 D_3 D_4 D_5 D_6 D_7
8	1	1	1	1	1	1	1	0	D_1 D_2 D_3 D_4 D_5 D_6 D_7
9	0	D_1	D_2	D_3	D_4	D_5	D_6	D_7	

中规模集成移位寄存器，其位数往往以 4 位居多，当需要的位数多于 4 位时，可把几片移位寄存器用级连的方法来扩展位数。

10.5.2 实验内容

1. 测试 CC40194（或 74LS194）的逻辑功能

按图 10-11 所示接线，$\overline{C}_R$、S_1、S_0、S_L、S_R、D_0、D_1、D_2、D_3 分别接至逻辑开关的输出插口；Q_0、Q_1、Q_2、Q_3 接至逻辑电平显示输入插口。CP 端接单次脉冲源。按表 10-10 所规定的输入状态，逐项进行测试。

(1) 清除：令 $\overline{C}_R=0$，其他输入均为任意态，这时寄存器输出 Q_0、Q_1、Q_2、Q_3 应均为 0。清除后，置 $\overline{C}_R=1$。

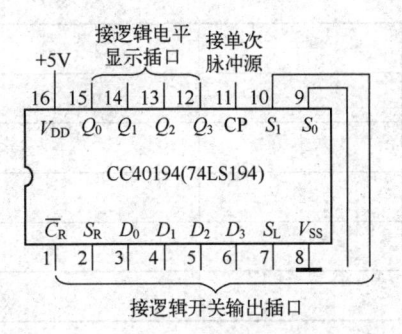

图 10-11 CC40194 逻辑功能测试

表 10-10 74LS194 逻辑功能表

清除	模式		时钟	串行		输入				输出	功能总结
$\overline{C}_R$	S_1	S_0	CP	S_L	S_R	D_0	D_1	D_2	D_3	$Q_0 Q_1 Q_2 Q_3$	
0	×	×	×	×	×	×	×	×	×		
1	1	1	↑	×	×	a	b	c	d		
1	0	1	↑	×	0	×	×	×	×		
1	0	1	↑	×	1	×	×	×	×		
1	0	1	↑	×	0	×	×	×	×		
1	0	1	↑	×	0	×	×	×	×		
1	1	0	↑	1	×	×	×	×	×		
1	1	0	↑	1	×	×	×	×	×		
1	1	0	↑	1	×	×	×	×	×		
1	1	0	↑	1	×	×	×	×	×		
1	0	0	↑	×	×	×	×	×	×		

(2) 送数：令 $\overline{C}_R=S_1=S_0=1$，送入任意 4 位二进制数，如 $D_0 D_1 D_2 D_3 = abcd$，加 CP 脉冲，观察 CP=0、CP 由 0→1、CP 由 1→0 三种情况下寄存器输出状态的变化，观察寄存器输出状态变化是否发生在 CP 脉冲的上升沿。

(3) 右移：清零后，令 $\overline{C}_R=1$，$S_1=0$，$S_0=1$，由右移输入端 S_R 送入二进制数码如 0100，由 CP 端连续加 4 个脉冲，观察输出情况，记录之。

(4) 左移：先清零或预置，再令 $\overline{C}_R=1$，$S_1=1$，$S_0=0$，由左移输入端 S_L 送入二进制数码如 1111，连续加 4 个 CP 脉冲，观察输出端情况，记录之。

(5) 保持：寄存器先置任意 4 位二进制数码 $abcd$，令 $\overline{C}_R=1$，$S_1=S_0=0$，加 CP 脉冲，观察寄存器输出状态，记录之。

2. 环形计数器

自拟实验线路用并行送数法先置寄存器为某二进制数码（如 0100），然后进行右移循环，观察寄存器输出端状态的变化，记入表10-11中。

表 10-11　寄存器输出端状态变化表

CP	Q_0	Q_1	Q_2	Q_3
0	0	1	0	0
1				
2				
3				
4				

3. 实现数据的串行、并行转换

（1）串行输入、并行输出

按图10-10所示接线，进行右移串行输入、并行输出实验，串行输入数码自定；改接线路用左移方式实现并行输出。自拟表格，记录之。

（2）并行输入、串行输出

按图10-11所示接线，进行右移并行输入、串行输出实验，并行输入数码自定。再改接线路用左移方式实现串行输出。自拟表格，记录之。

10.5.3　实验报告

1. 预习要求

（1）复习有关寄存器及串行、并行转换器有关内容。

（2）查阅 CC40194、CC4011 及 CC4068 逻辑线路。熟悉其逻辑功能及引脚排列。

（3）在对 CC40194 送数后，若要使输出端改成另外的数码，是否一定要对寄存器进行清零操作？

（4）使寄存器清零，除采用 $\overline{C_R}$ 输入低电平，可否采用右移或左移的方法实现？可否使用并行送数法来实现呢？若可行，应如何进行操作？

（5）画出用两片 CC40194 构成的 7 位左移串行/并行转换器线路。

（6）画出用两片 CC40194 构成的 7 位左移并行/串行转换器线路。

2. 思考题

（1）分析表10-10所示的实验结果，总结移位寄存器 CC40194 的逻辑功能并写入表格功能总结一栏中。

（2）根据实验内容"2. 环形计数器"实验的结果，画出 4 位环形计数器的状态转换图及波形图。

（3）分析串行/并行、并行/串行转换器所得结果的正确性。

10.6 脉冲分配器及其应用

【学习内容】

学习 CC4017 逻辑功能，学习步进电动机的环形脉冲分配器的组成方法。

【学习要求】

- 熟悉集成时序脉冲分配器的使用方法及其应用；
- 掌握步进电动机的环形脉冲分配器的组成方法。

【实验设备与器件实验材料】

数字万用表、数字示波器、CC4017×2、CC4013×2、CD4027×2、CD4011×2、CD4085×2。

10.6.1 实验原理

1. 脉冲分配器

脉冲分配器的作用是产生多路顺序脉冲信号，它可以由计数器和译码器组成，也可以由环形计数器构成，图 10-12 中 CP 端上的系列脉冲经 N 位二进制计数器和相应的译码器，可以转变为 2^N 路顺序输出脉冲。

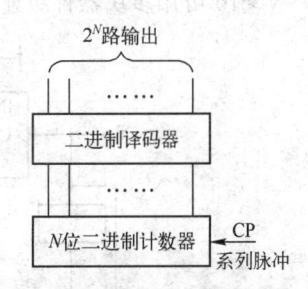

图 10-12 脉冲分配器的组成

CC4017 是按 BCD 计数/时序译码器组成的分配器。其逻辑符号及引脚功能如图 10-13 所示。CC4017 逻辑功能如表 10-12 所示。

表 10-12 CC4017 逻辑功能表

输入			输出	
CP	INH	CR	$Q_0 \sim Q_9$	CO
×	×	1	Q_0	计数脉冲为 $Q_0 \sim Q_4$ 时，CO=1
↑	0	0	计数	
1	↓	0	计数	
0	×	0	保持	计数脉冲为 $Q_5 \sim Q_9$ 时，CO=0
×	1	0	保持	
↓	×	0	保持	
×	↑	0	保持	

CO—进位脉冲输出端；CP—时钟输入端；CR—清除端；INH—禁止端；$Q_0 \sim Q_9$—计数脉冲输出端

图 10-13 CC4017 的逻辑符号

CC4017 的输出波形如图 10-14 所示。

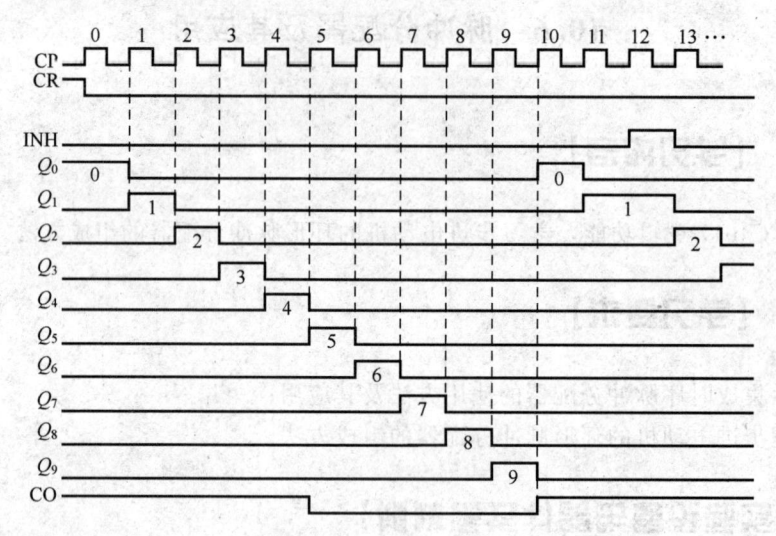

图 10-14 CC4017 的波形图

CC4017 应用十分广泛，可用于十进制计数，分频，1/N 计数（N=2～10 只需用一块，N>10 可用多块器件级连）。图 10-15 所示为由两片 CC4017 组成的 60 分频的电路。

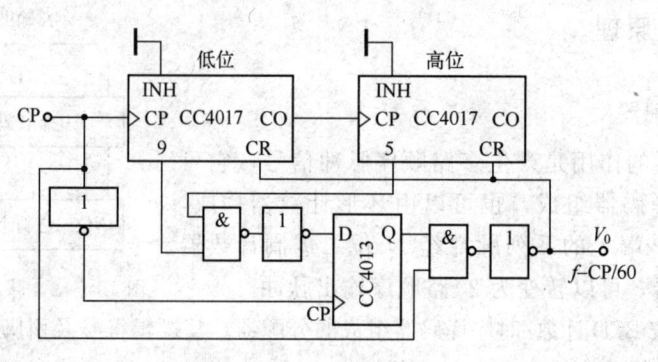

图 10-15 60 分频电路

2. 步进电动机的环形脉冲分配器

图 10-16 所示为某一三相步进电动机的驱动电路示意图。

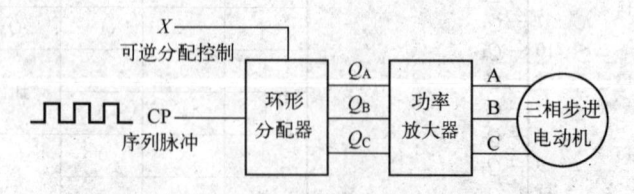

图 10-16 三相步进电动机的驱动电路示意图

A、B、C 分别表示步进电动机的三相绕组。步进电机按三相六拍方式运行，即要求步进电动机正转时，控制端 $X=1$，使电动机三相绕组的通电顺序为：

$$A \rightarrow AB \rightarrow B \rightarrow BC \rightarrow C \rightarrow CA$$

要求步进电动机反转时，令控制端 $X=0$，三相绕组的通电顺序改为：

$$A \rightarrow AC \rightarrow C \rightarrow BC \rightarrow B \rightarrow AB$$

图 10-17 所示为由 3 个 JK 触发器构成的按六拍通电方式的脉冲环形分配器，供参考。

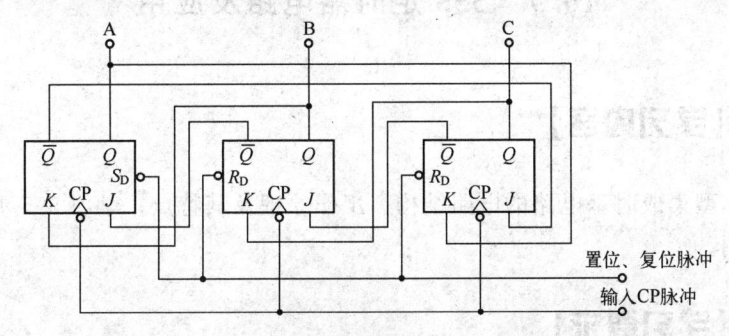

图 10-17 六拍通电方式的脉冲环行分配器逻辑图

要使步进电动机反转，通常应加正转脉冲输入控制和反转脉冲输入控制端。

此外，由于步进电动机三相绕组任何时刻都不得出现 A、B、C 三相同时通电或同时断电的情况，所以，脉冲分配器的三路输出不允许出现 111 和 000 两种状态，为此，可以给电路加初态预置环节。

10.6.2 实验内容

1. CC4017 逻辑功能测试

参照图 10-15，INH、CR 接逻辑开关的输出插口。CP 接单次脉冲源，$Q_0 \sim Q_9$ 十个输出端接至逻辑电平显示输入插口，按功能表要求操作各逻辑开关。清零后，连续送出 10 个脉冲信号，观察 10 个发光二极管的显示状态，并列表记录。

CP 改接为 1Hz 连续脉冲，观察记录输出状态。

2. 按图 10-16 所示线路接线，自拟实验方案验证 60 分频电路的正确性

3. 参照图 10-17 所示的线路，设计一个用环形分配器构成的驱动三相步进电动机可逆运行的三相六拍环形分配器线路。要求：

(1) 环形分配器用 CC4013 双 D 触发器，CD4085 与或非门组成。

(2) 由于电动机三相绕组在任何时刻都不应出现同时通电或同时断电情况，在设计中要做到这一点。

(3) 电路安装好后，先用手控送入 CP 脉冲进行调试，然后加入系列脉冲进行动态实验。

(4) 整理数据、分析实验中出现的问题，做出实验报告。

10.6.3 实验报告

1. 预习要求

(1) 复习有关脉冲分配器的原理。

(2) 按实验任务要求，设计实验线路，并拟定实验方案及步骤。

2. 思考题

画出完整的实验线路，总结分析实验结果。

10.7 555 定时器电路及应用

【学习内容】

学习 555 型集成时基电路的电路结构、工作原理及其特点；学习 555 型集成时基电路的基本应用。

【学习要求】

- 掌握 555 定时器各引脚功能和输出与输入的逻辑规律以及使用方法。
- 熟悉单稳态触发器含义及用 555 定时器组成的单稳态触发器及其工作波形。
- 熟悉用 555 定时器组成施密特触发器电路及其工作波形。
- 熟悉用 555 定时器组成多谐振荡电路及其工作波形。

【实验设备与器件实验材料】

5V 直流电源、双踪数字示波器、万用表、555 定时器、LED 显示模块、时钟脉冲信号源、电阻（10kΩ、22kΩ、1.5kΩ、10kΩ、22kΩ）、电容（0.01μF、1μF、10μF）。

10.7.1 实验原理

1. 555 定时器逻辑符号及各引脚功能

图 10-18 所示为 555 定时器逻辑符号，其逻辑功能如表 10-13 所示。

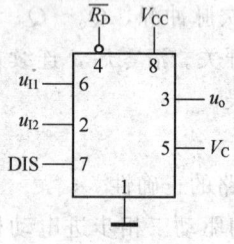

图 10-18 555 定时器的逻辑符号

表 10-13 555 定时器的逻辑功能

序号	输入			输出	
	$\overline{R_D}$	u_{I1}	u_{I2}	u_o	DIS
1	0	×	×	0	对地导通
2	1	$>\frac{2}{3}V_{CC}(>V_C)$	$>\frac{1}{3}V_{CC}(>\frac{1}{2}V_C)$	0	对地导通
3	1	$<\frac{2}{3}V_{CC}(<V_C)$	$<\frac{1}{3}V_{CC}(<\frac{1}{2}V_C)$	1	对地截止
4	1	$<\frac{2}{3}V_{CC}(<V_C)$	$>\frac{1}{3}V_{CC}(>\frac{1}{2}V_C)$	不变	不变

序号 1：$\overline{R_D}=0$，$u_o=0$，优先权级别最高，而 DIS 的 7 脚可对地导通，其他序号功能必须要求 $\overline{R_D}=1$。

序号 2：输入 $u_{I1}>\frac{2}{3}V_{CC}$（或者 V_C 有外加电压时，由 $>V_C$ 决定），$u_{I2}>\frac{1}{3}V_{CC}$（或者 V_C 有外加电压时，由 $>\frac{1}{2}V_C$ 决定），由 $u_o=0$，DIS 端对地导通。

序号 3：$u_{I1}<\frac{2}{3}V_{CC}$（或者有 V_C 时，由 $<V_C$ 决定），$u_{I2}<\frac{1}{3}V_{CC}$（或者有 V_C 时由 $<\frac{1}{2}V_C$ 决定），则 $u_o=1$，DIS 端对地截止。

序号 4：$u_{I1}<\frac{2}{3}V_{CC}$（或者有 V_C 时，由 $<V_C$），$u_{I2}>\frac{1}{3}V_{CC}$（或者有 V_C 时，由 $>\frac{1}{2}V_C$），u_o 不变，即保持此前状态。

2. 555 定时器组成单稳态触发器

图 10-19 所示电路为单稳态触发器电路，在 555 定时器 u_{I2} 加狭的负脉冲，V_C 端无外加电压，通过 C_2 接地。$u_o=0$，平时 u_I 为高电平，此时电路处于稳定状态，当 u_I 加狭的负脉冲，在下跳沿时刻，为功能表序号 3 状态，u_o 输出 1，DIS 截止，V_{CC} 通过 R、C_1 对地为充电回路，此为暂稳态。直到 u_C 按指数曲线上升到 $\geqslant \frac{2}{3}V_{CC}$，即达序号 2 状态，电路又达到稳定状态。$u_o$ 又输出 0，DIS 端对地导通，u_o 立即为 0。

图 10-20 所示为其工作波形，由于电路只有一个稳态，又在外信号触发下才工作，故称为单稳态触发器。

图 10-19 单稳态触发器电路　　图 10-20 波形图

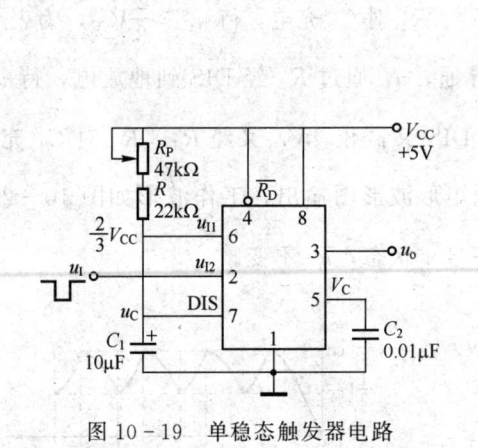

其输出脉宽 $t_W=1.1(R+R_P)C=1.1\times(22+R_P)\times 10^3\times 10\times 10^{-6}$(s)。

3. 555 定时器组成施密特触发器

图 10-21 所示为施密特触发器电路，将 555 定时器的 u_{I1} 和 u_{I2} 并接后连外加信号电压 u_I，若将 R_P 从最大阻值开始往下调，即 u_I 从 +5V 开始逐渐减小到 0V，再从 0V 向上调到 +5V。其 u_o 的高、低电平变化和相应 555 定时器工作状态变化如表 10-14 所列。

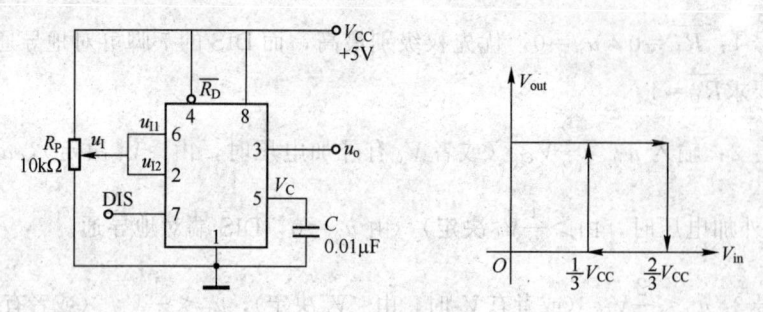

图 10-21 施密特触发器电路

表 10-14 施密特触发器工作状态

u_I输入变化趋势	$V_{CC} \to \frac{2}{3}V_{CC}$	$\frac{2}{3}V_{CC} \to \frac{1}{3}V_{CC}$	$\frac{1}{3}V_{CC} \to 0$	$0 \to \frac{1}{3}V_{CC}$	$\frac{1}{3}V_{CC} \to \frac{2}{3}V_{CC}$	$\frac{2}{3}V_{CC} \to V_{CC}$
符合表 10-13 所示序号	2	4	3	3	4	2
u_o 输出状态	0	0	1	1	1	0

从表 10-14 工作状态可知，把 u_I 在由大变小过程中，使 u_o 发生由 0 变 1 时刻的 u_I 值称负向阀值电压 U_{T-}，而把 u_I 由小变大，使 u_o 发生由 1 变 0 时刻的 u_I 值称正向阀值电压 U_{T+}。

4. 555 定时器组成的多谐振荡器

图 10-22（a）所示多谐振荡器电路，其工作原理如下，电路无须外加信号就能发生矩形的振荡波形输出。当开启电源，电容 C_1 的电压 $u_C=0$，为表 10-13 中序号 3 状态，$u_o=1$，DIS 截止（对地不通），V_{CC} 经 R_1、R_2 对 C_1 充电，待 $u_C \geqslant \frac{2}{3}V_{CC}$，为表 10-13 中的序号 2 状态，$u_o$ 变为 0，DIS 对地导通，u_C 通过 R_2 经 DIS 到地放电，待 u_C 下降到 $\frac{1}{3}V_{CC}$，为序号 3 状态，u_o 又输出 1，DIS 又截止，V_{CC} 又经 R_1、R_2 对 C_1 充电，重复上述过程，故 u_o 产生高、低电位变化矩形波形图输出，工作波形如图 10-22（b）所示，在 u_C 处于 $\frac{1}{3}V_{CC} \sim \frac{2}{3}V_{CC}$ 之间为序号 4 状态，u_o 不变。

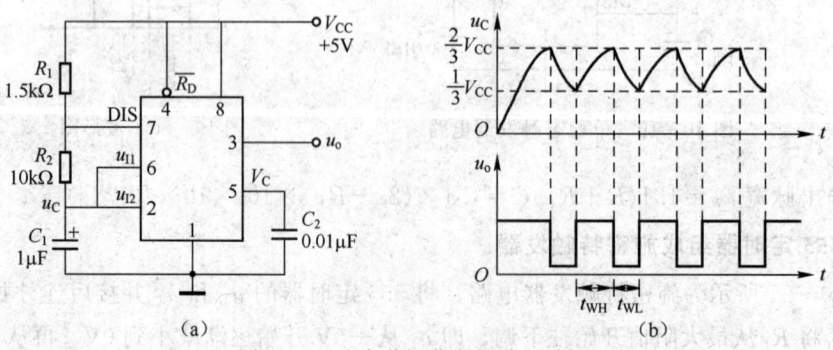

图 10-22 多谐振荡器电路及波形

脉宽 $t_{WH}=0.7(R_1+R_2) \cdot C = 0.7 \times (1.5+10) \times 10^3 \times 1 \times 10^{-6} = 8\text{ms}$

$t_{WL}=0.7R_1C = 0.7 \times 10 \times 10^3 \times 1 \times 10^{-6} = 7\text{ms}$

振荡频率 $f = \dfrac{1}{t_{WH}+t_{WL}} = \dfrac{1}{(8+7) \times 10^{-3}} \approx 66.7\text{Hz}$

10.7.2 实验内容

1. 单稳态触发器功能测定

将直流稳压电源调整为+5V，关掉电源，与各模块及器件连接电源。

按图10-19所示接线，开启电源后，输入狭的负脉冲用AX25模块调节，用数字示波器观察，X倍率设为0.1s/Div，Y倍率设为0.1V/Div（探头×10）。

AX25：波段调节设置"低频"，高电平脉宽细调至最大，低电平脉宽细调至最小，使低电平脉宽 $t_{WIL} \approx 0.03\text{s}$ 而高电平脉宽 $t_{WIH} \approx 0.06\text{s}$，用双踪数字示波器观察输入和输出波形。再观察 u_C 和 u_o 波形，分别调节 R_P 到最大值和最小值时从数字示波器观察到高电平输出最大和最小脉宽 t_W，u_C 最高电压 U_{CM} 记录于表10-15中。

表10-15 单稳态触发器各测试参数

输入脉宽		电容电压幅值	输出高电平脉宽 t_W/s	
t_{WIL}/s	t_{WIH}/s	U_{CM}/V	最大	最小
约0.03	约0.06			

2. 施密特触发器功能测试

关掉电源，按图10-21所示电路接线，输出用AX26来显示其1或0状态。开启电源，将电位器 R_P 先调到最高，使 $u_I=V_{CC}=5\text{V}$，u_o 为0，然后将 R_P 向下缓慢调节，使 u_I 由+5V变到0，并注意输出 u_o 刚为1（LED灯亮）停下来用万用表测直流电压，其即为 U_{T-} 负向阈位电压。将 R_P 调到0位，然后将 R_P 向上调，使 u_I 从0V开始增大，直到LED灯刚灭停止调节，用万表测 u_I 即正向阈值电压 U_{T+}，将测得 u_I 的 U_{T-}、U_{T+} 电压值记于表10-16中。

表10-16 施密特触发器的阈值电压

U_{T+}/V	U_{T-}/V

3. 多谐振荡器功能测试

关掉电源，按图10-22（a）所示连线。开启电源，用双踪数字示波器观察 u_C 和 u_o 的波形，并从数字示波器读取 u_o 的高、低电平脉宽 t_{WH} 和 t_{WL} 及高电平电压 U_{oM}，U_C 的最高点电压和最低点电压 U_{CH} 和 U_{CL}，记录于表10-17中。

表 10-17 多谐振荡器参数

输出 U_o			电容 U_c	
t_{WH}/ms	t_{WL}/ms	U_{oM}/V	U_{CH}/V	U_{CL}/V

10.7.3 实验报告

1. 预习要求

根据单稳态触发器的输入、输出、U_C 参数和数字示波器观察到波形，相应画出 u_I、U_C、u_o 波形，并叙述其工作特点，并验证所计算脉宽的正确性。

2. 思考题

（1）归纳施密特触发器在输入信号大小变化过程中 u_o 变化的规律与 U_{T+}、U_{T-} 值的关系。

（2）试画出多谐振荡器数字示波器所观察到 u_C 和 u_o 波形，根据 t_{WH} 和 t_{WL} 计算振荡器频率。

10.8 D/A 和 A/D 电路

【学习内容】

学习基本 A/D 和 D/A 转换器的工作原理及集成芯片的技术指标和使用注意问题；学习集成芯片的逻辑框图和引脚排列图；学习 A/D 和 D/A 转换器的集成芯片的典型应用。

【学习要求】

- 了解 D/A 和 A/D 转换器的基本工作原理和基本结构；
- 掌握大规模集成 D/A 和 A/D 转换器的功能及其典型应用；
- 设计实现一个 D/A 或 A/D 电路。

【实验仪器仪表及器件】

+5V 直流电源、±12V 直流电源、双踪数字示波器、直流数字电压表、DAC0832、ADC0809、741、电阻（1kΩ、15kΩ）、电容（0.1μF）、二极管（4148）、电位器（22kΩ）。

10.8.1 实验原理

在数字电子技术的很多应用场合中往往需要把模拟量转换为数字量，称为模/数转换器（A/D 转换器，ADC）；或把数字量转换成模拟量，称为数/模转换器（D/A 转换器，DAC）。完成这种转换的线路有多种，特别是单片大规模集成 A/D、D/A 转换器的问世，为实现上述的转换提供了极大的方便。使用者可借助手册提供的器件性能指标及典型应用电路，即可正确使用这些器件。本实验将采用大规模集成电路 DAC0832 实现 D/A 转换，ADC0809 实现 A/D 转换。

1. D/A 转换器 DAC0832

DAC0832 是采用 CMOS 工艺制成的单片电流输出型 8 位数/模转换器。图 10-23 所示的是 DAC0832 单片 D/A 转换器的逻辑框图和引脚排列。

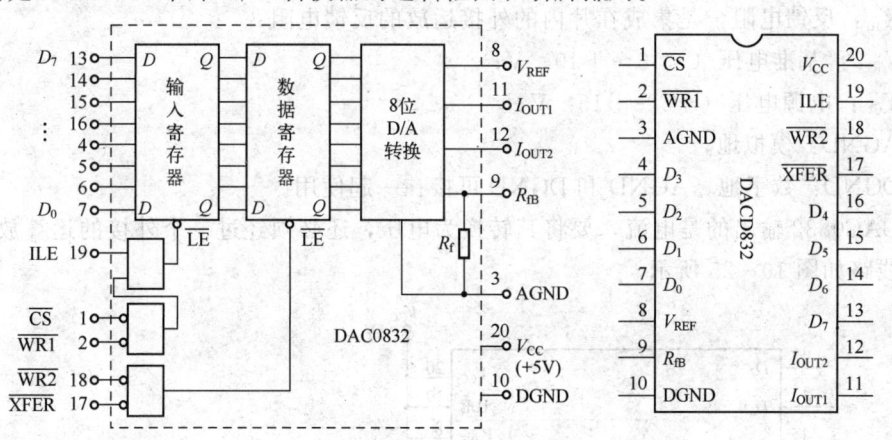

图 10-23　DAC0832 单片 D/A 转换器的逻辑框图和引脚排列

器件的核心部分采用倒 T 形电阻网络的 8 位 D/A 转换电路，如图 10-24 所示。它由倒 T 形 $R-2R$ 电阻网络、模拟开关、运算放大器和参考电压 V_{REF} 四部分组成。

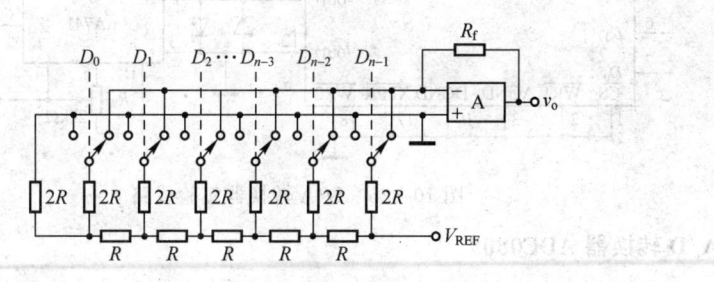

图 10-24　倒 T 形电阻网络的 8 位 D/A 转换电路

运放的输出电压为

$$v_o = \frac{V_{REF} \cdot R_f}{2^n R}(D_{n-1} \times 2^{n-1} + D_{n-2} \times 2^{n-2} + \cdots + D_0 \times 2^0)$$

由上式可见，输出电压 v_o 与输入的数字量成正比，这就实现了从数字量到模拟量的转换。

一个 8 位的 D/A 转换器，它有 8 个输入端（每个输入端表示 8 位二进制数的一位），有一个模拟输出端。其输入可有 $2^8 = 256$ 个不同的二进制组态，输出为 256 个电压之一，即输出电压不是整个电压范围内任意值，而只能是 256 个可能值。

DAC0832 的引脚功能说明如下。

$D_0 \sim D_7$：数字信号输入端；

ILE：输入寄存器允许，高电平有效；

$\overline{CS}$：片选信号，低电平有效；

$\overline{WR1}$：写信号 1，低电平有效；

$\overline{XFER}$：传送控制信号，低电平有效；

$\overline{WR2}$：写信号 2，低电平有效；

I_{OUT1}，I_{OUT2}：DAC 电流输出端；

R_{fB}：反馈电阻，是集成在片内的外接运放的反馈电阻；

V_{REF}：基准电压（-10～+10）V；

V_{CC}：电源电压（+5～+15）V；

AGND：模拟地；

DGND：数字地，AGND 和 DGND 可接在一起使用。

DAC0832 输出的是电流，要将其转换为电压，还必须经过一个外接的运算放大器，实验线路如图 10-25 所示。

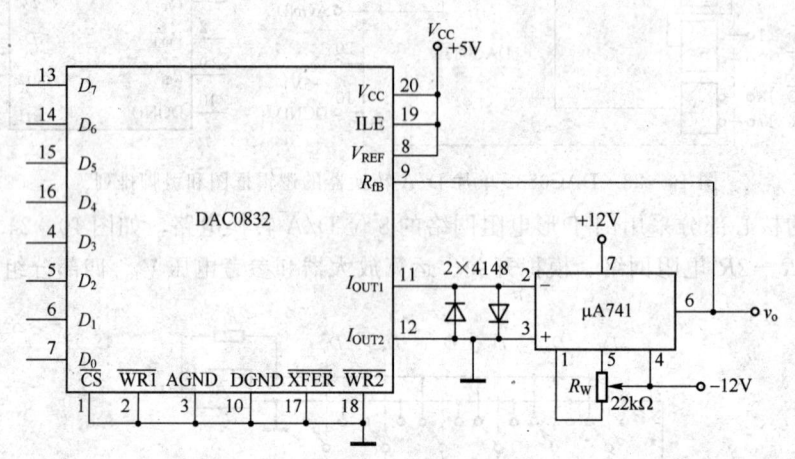

图 10-25　D/A 转换器实验线路

2. A/D 转换器 ADC0809

ADC0809 是采用 CMOS 工艺制成的单片 8 位 8 通道逐次渐近型模/数转换器，其逻辑框图及引脚排列如图 10-26 所示。

器件的核心部分是 8 位 A/D 转换器，它由比较器、逐次逼近寄存器、D/A 转换器及控制和定时 5 部分组成。

ADC0809 的引脚功能说明如下。

$IN_0 \sim IN_7$：8 路模拟信号输入端；

A_2、A_1、A_0：地址输入端；

ALE：地址锁存允许输入信号，在此脚施加正脉冲，上升沿有效，此时锁存地址码，从而选通相应的模拟信号通道，以便进行 A/D 转换；

START：启动信号输入端，应在此脚施加正脉冲，当上升沿到达时，内部逐次逼

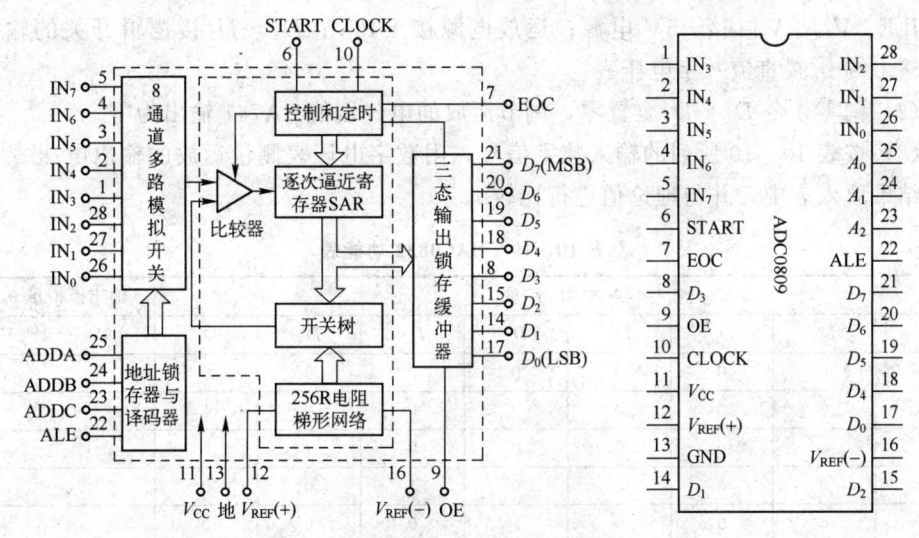

图 10 - 26　ADC0809 转换器逻辑框图及引脚排列。

近寄存器复位，在下降沿到达后，开始 A/D 转换过程；

EOC：转换结束输出信号（转换结束标志），高电平有效；

OE：输入允许信号，高电平有效；

CLOCK（CP）：时钟信号输入端，外接时钟频率一般为 640kHz；

V_{CC}：+5V 单电源供电；

$V_{REF}(+)$、$V_{REF}(-)$：基准电压的正极、负极。一般 $V_{REF}(+)$ 接 +5V 电源，$V_{REF}(-)$ 接地；

$D_5 \sim D_0$：数字信号输出端。

(1) 模拟量输入通道选择。

8 路模拟开关由 A_2、A_1、A_0 三地址输入端选通 8 路模拟信号中的任何一路进行 A/D 转换，地址译码与模拟输入通道的选通关系如表 10 - 18 所示。

表 10 - 18　8 路模拟开关地址译码与模拟输入通道的选通关系

被选模拟通道道		IN_0	IN_1	IN_2	IN_3	IN_4	IN_5	IN_6	IN_7
地址	A_2	0	0	0	0	1	1	1	1
	A_1	0	0	1	1	0	0	1	1
	A_0	0	1	0	1	0	1	0	1

(2) D/A 转换过程。

在启动端（START）加启动脉冲（正脉冲），D/A 转换即开始。如将启动端（START）与转换结束端（EOC）直接相连，转换过程将是连续的。在用这种转换方式时，开始应在外部加启动脉冲。

10.8.2　实验内容

1. D/A 转换器——DAC0832

(1) 按图 10 - 25 所示接线，电路接成直通方式，即 $\overline{CS}$、$\overline{WR1}$、$\overline{WR2}$、$\overline{XFER}$ 接

地；ILE、V_{CC}、V_{REF}接+5V电源；运放电源接±12V；$D_0 \sim D_7$接逻辑开关的输出插口，输出端v_o接直流数字电压表。

（2）调零，令$D_0 \sim D_7$全置零，调节运放的电位器使μA741输出为零。

（3）按表10-19所列的输入数字信号，用数字电压表测量运放的输出电压v_o，将测量结果填入表中，并与理论值进行比较。

表10-19 DAC0832功能表

| 输入数字量 |||||||| 输出模拟量v_o/V |
D_7	D_6	D_5	D_4	D_3	D_2	D_1	D_0	$V_{CC}=+5V$
0	0	0	0	0	0	0	0	
0	0	0	0	0	0	0	1	
0	0	0	0	0	0	1	0	
0	0	0	0	0	1	0	0	
0	0	0	0	1	0	0	0	
0	0	0	1	0	0	0	0	
0	0	1	0	0	0	0	0	
0	1	0	0	0	0	0	0	
1	0	0	0	0	0	0	0	
1	1	1	1	1	1	1	1	

2. A/D转换器——ADC0809

（1）按图10-27所示实验电路接线。

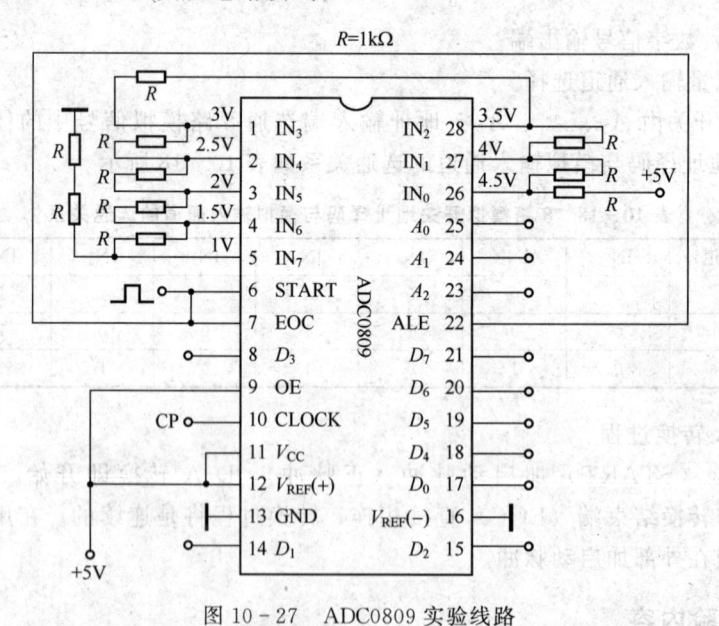

图10-27 ADC0809实验线路

（2）8路输入模拟信号1～4.5V，由+5V电源经电阻R分压组成；变换结果$D_0 \sim D_7$接逻辑电平显示器输入插口，CLOCK（CP）时钟脉冲由计数脉冲源提供，取$f=$

100kHz；$A_0 \sim A_2$ 地址端接逻辑电平输出插口。

(3) 接通电源后，在启动端（START）加一正单次脉冲，下降沿一到即开始 A/D 转换。按表 10-20 所列的要求观察，记录 $IN_0 \sim IN_7$ 八路模拟信号的转换结果，并将转换结果换算成十进制数表示的电压值，并与数字电压表实测的各路输入电压值进行比较，分析误差原因。

表 10-20 ADC0809 功能表

被选模拟通道 IN	输入模拟量 v_I/V	地址 A_2 A_1 A_0	输出数字量 D_7	D_6	D_5	D_4	D_3	D_2	D_1	D_0	十进制数
IN_0	4.5	0 0 0									
IN_1	4.0	0 0 1									
IN_2	3.5	0 1 0									
IN_3	3.0	0 1 1									
IN_4	2.5	1 0 0									
IN_5	2.0	1 0 1									
IN_6	1.5	1 1 0									
IN_7	1.0	1 1 1									

10.8.3 实验报告

1. 预习要求

(1) 复习 A/D、D/A 转换的工作原理。
(2) 熟悉 ADC0809、DAC0832 各引脚功能和使用方法。
(3) 设计好完整的实验线路、具体实验方案和所需的实验记录表格。

2. 思考题

(1) 了解高速 A/D，D/A 芯片，选择不同位数的 A/D，D/A 芯片进行实验拓展。
(2) 整理实验数据，分析实验结果。

第 11 章　数字电子技术设计与综合型实验

11.1　组合逻辑电路的设计

【学习内容】

- 学习加法器、数值比较器的工作原理。
- 理解布尔代数运算法则。
- 学习简单组合逻辑电路的分析及设计方法。
- 学习用标准与非门实现逻辑电路的变换方法与技巧。

【设计思路】

使用中、小规模集成电路来设计的组合电路是最常见的逻辑电路。组合逻辑电路设计流程如图 11-1 所示。

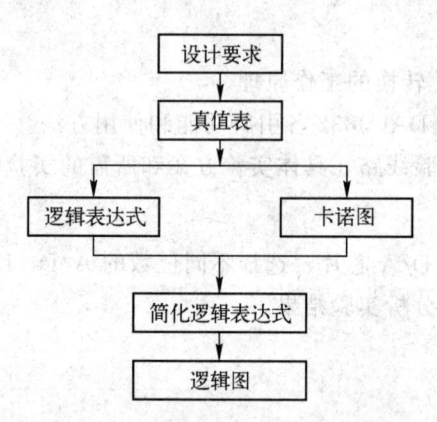

```
设计要求
   ↓
 真值表
   ↓
逻辑表达式 ── 卡诺图
       ↓
   简化逻辑表达式
       ↓
    逻辑图
```

图 11-1　组合逻辑电路设计流程图

根据设计任务的要求建立输入、输出变量，并列出真值表。然后用逻辑表达式或卡诺图化简法求出简化逻辑表达式，并按实际选用逻辑门的类型修改逻辑表达式。根据简化后的逻辑表达式，画出逻辑图，用标准器件构成逻辑电路。最后，用实验来验证设计的正确性。

11.1.1　电路设计举例

用"与非"门设计一个表决电路。当 4 个输入端中有 3 个或 4 个为"1"时，输出端才为"1"。

设计步骤：根据题意列出真值表如表11-1所示，再填入卡诺图表（见表11-2）中。

表11-1 真值表

D	0	0	0	0	0	0	0	0	1	1	1	1	1	1	1	1
A	0	0	0	0	1	1	1	1	0	0	0	0	1	1	1	1
B	0	0	1	1	0	0	1	1	0	0	1	1	0	0	1	1
C	0	1	0	1	0	1	0	1	0	1	0	1	0	1	0	1
Z	0	0	0	0	0	0	0	1	0	0	0	1	0	1	1	1

表11-2 卡诺图表

BC\DA	00	01	11	10
00				
01			1	
11		1	1	1
10			1	

由卡诺图得出逻辑表达式，并演化成"与非"的形式：

$$Z = ABC + BCD + ACD + ABD$$
$$= \overline{\overline{ABC} \cdot \overline{BCD} \cdot \overline{ACD} \cdot \overline{ABC}}$$

根据逻辑表达式画出用"与非门"构成的逻辑电路如图11-2所示。

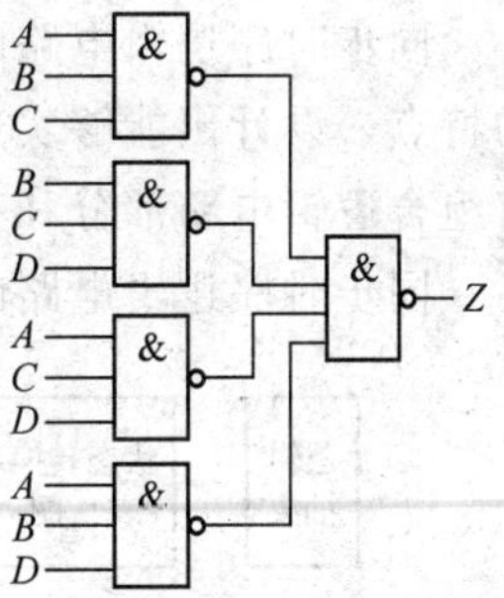

11.1.2 设计要求

1. 设计一个半加器

设计一个半加器，半加器电路是指对两个输入数据位相加，输出一个结果位和进位，没有进位输入的加法器电路。

（1）采用74LS00和74LS04芯片来设计。

（2）采用74LS86和74LS08芯片来设计。

图11-2 表决电路逻辑图

2. 设计一个一位全加器

设计一个一位全加器，全加器是实现两个一位二进制数及低位来的进位数相加（即将3个二进制数相加），求得和数及向高位进位的逻辑电路，要求用异或门、与门、或门组成。

3. 设计一个比较器

要求实现对两个两位无符号的二进制数进行比较，根据第一个数是否大于、等于、小于第二个数，使相应的 3 个输出端中的一个输出为"1"，自选芯片。

11.1.3　实验测试

（1）按设计要求提前完成设计，按时到实验室进行调试。

（2）自选实验仪器及元件，按设计进行接线并验证所设计的逻辑电路是否符合要求。

（3）用实验验证逻辑功能。在实验装置的适当位置选定三个 14P 插座，按照集成块定位标记插好集成块 CC4012。

按图 11-2 所示接线，输入端 A、B、C、D 接至逻辑开关输出插口，输出端 Z 接逻辑电平显示输入插口，按真值表（自拟）要求，逐次改变输入变量，测量相应的输出值，验证逻辑功能，与表 11-1 所列进行比较，验证所设计的逻辑电路是否符合要求。

11.2　时序逻辑电路的设计

【学习内容】

- 学习集成电路计数器使用方法；
- 学习时序逻辑电路的设计方法。

11.2.1　设计思路

同步时序逻辑电路的设计，就是根据逻辑问题的具体要求，结合同步时序逻辑电路的特点，设计出能够实现该逻辑功能的最简同步时序逻辑电路。同步时序逻辑电路中含有组合逻辑电路部分和存储电路部分，存储电路部分用到的主要器件是触发器。

同步时序逻辑电路的设计的过程可以用图 11-3 简单表示。

逻辑抽象 → 状态转换表、图 → 原始状态数化简 → 状态分配 → 状态方程 → 驱动方程，输出方程 → 逻辑电路 → 自启动检查

图 11-3　同步时序逻辑电路的设计过程

具体步骤介绍如下。

1. 根据所给逻辑设计的要求，进行逻辑抽象，将实际问题总结为逻辑问题

根据电路的设计要求，确定输入量和输出量，并且定义输入量和输出量逻辑值的含义，用字母表示出这些变量，例如，输入量用 X 表示，输出量用 Y 或 Z 等表示。

2. 建立原始状态转换图或状态转移表

根据设计要求，确定系统的原始状态数，用字母表示出这些原始状态，例如，用

S_m 来表示（m 为 0、1、2…）。找到原始状态 S_m 之间的转换关系，做出在各种输入条件下状态间的转换图或状态转移表，标明输入和输出的逻辑值。

3. 原始状态数的化简

在建立原始状态数时，主要是反映逻辑电路设计的要求，定义的原始状态图可能比较复杂，含有的状态数也较多，也可能包含了一些重复的状态。在设计中要用最少的逻辑器件达到设计要求，如果逻辑状态较多，相应用到的触发器也较多，设计的电路就较为复杂。为此，应该对原始状态数进行化简，进行状态合并，消去多余的状态，从而得到最简化的状态转换图。

4. 状态分配

状态合并之后就得到了最少的状态数 m，则可以得知需要用的触发器数 n，n 的值应该满足：

$$2^{n-1} \leqslant m \leqslant 2^n$$

状态的分配就是给化简后的各个状态分别分配一组代码。例如，化简后得到的状态有 S_0、S_1、S_2 和 S_3，可知应该用 2 个触发器来实现，状态编码可以用二进制编码方式，令 $S_0=00$、$S_1=01$、$S_2=10$、$S_3=11$，也可以用循环码来编码，令 $S_0=00$、$S_1=01$、$S_2=11$、$S_3=10$。

5. 求出状态方程和驱动方程及输出方程

首先根据状态转移表或者状态转换图做出卡诺图，也就是用卡诺图来表示状态转移表（或图）。以卡诺图的横向和纵向组合对应的逻辑值为初始状态，在小方格中填入次态结果。

6. 根据所选触发器画出逻辑电路

根据所选的触发器画出逻辑电路图。

7. 自启动检查

在状态编码中可能还存在偏离状态，这时就要进行自启动检查。在将偏离状态值代入状态转移方程中，检查这些偏离状态能否进入到正常的计数循环中去，如果能够进入，则说明所设计的电路能自启动，否则不能自启动，需要修改状态转移方程，电路也该做相应的修改。

11.2.2 电路设计举例

设计一个五进制计数器，进位输出端 Y，分别用 JK 触发器和 D 触发器来实现该设计电路。

步骤 1 根据题意，该设计为计数器电路，所以除了时钟信号，没有其他的输入量，输出量为 Y，表示进位，用 1 表示有进位，0 表示没有进位。

步骤 2 由于题中已经明确了计数器是五进制计数器，应该用 5 个状态来表示五进制计数器对应的 5 个逻辑状态循环，设这 5 个状态分别为 S_0、S_1、S_2、S_3 和 S_4。

步骤 3 由于五进制计数器必定有 5 个状态循环，它们在相同的输入状态下会转移到不同的次态，所以原始状态图已经不可以进一步化简，没有可以合并的状态。这一步骤可以省去。

步骤 4　要表示 5 个逻辑状态的循环，至少要用 3 位二进制数来表示，所以用到的触发器数为 3。对于状态 S_0、S_1、S_2、S_3 和 S_4 的编码这里采用二进制数方式，令 $S_0=000$、$S_1=001$、$S_2=010$、$S_3=011$、$S_4=100$。

不同的触发器，电路的复杂程度也是不同的，电路的设计还与状态编码有关。根据卡诺图化简得到的状态方程，进而画出逻辑电路如图 11-4 所示，图 11-4（a）为用 JK 触发器实现的五进制计数器，图 11-4（b）为用 D 触发器和与-非门实现的五进制计数器。

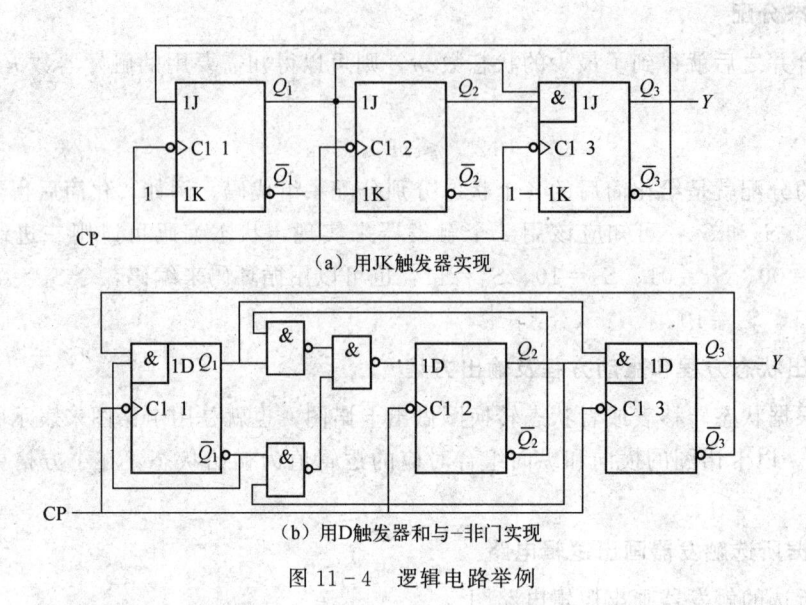

（a）用 JK 触发器实现

（b）用 D 触发器和与-非门实现

图 11-4　逻辑电路举例

11.2.3　设计要求

采用 74LS112 JK 触发器来实现以下计数器：
（1）设计 4 位二进制加法计数器。
（2）设计 4 位二进制减法计数器。
（3）设计二-十进制数计数器。

11.2.4　实验测试

（1）按设计要求提前完成设计，按时到实验室进行调试。
（2）按设计的实验线路图来接线。
（3）计数器输出端接逻辑电平显示器，CP 端接单次脉冲，观测显示结果。
（4）在 CP 端加连续脉冲，观测并记录 CP、Q_1、Q_2、Q_3、Q_4 的波形。
（5）列真值表显示结果。

11.3 智力竞赛抢答器设计

【学习内容】

● 学习数字电路中 D 触发器、分频电路、多谐振荡器、CP 时钟脉冲源等单元电路的综合运用；
● 熟悉智力竞赛抢赛器的工作原理；
● 了解简单数字系统实验、调试及故障排除方法。

11.3.1 设计思路

智力竞赛抢答器设计思路如图 11-5 所示。

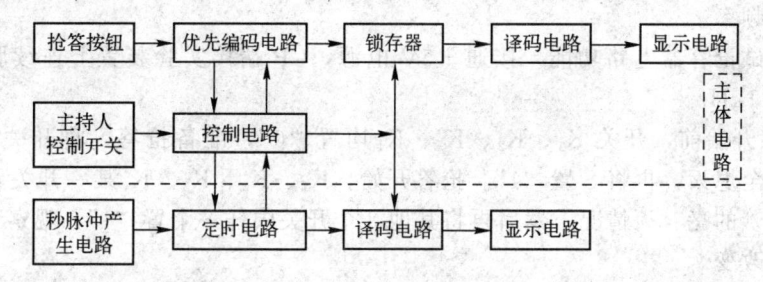

图 11-5 智力竞赛抢答器设计思路

11.3.2 电路设计举例

图 11-6 为供 4 人用的智力竞赛抢答装置原理图，用以判断抢答优先权。

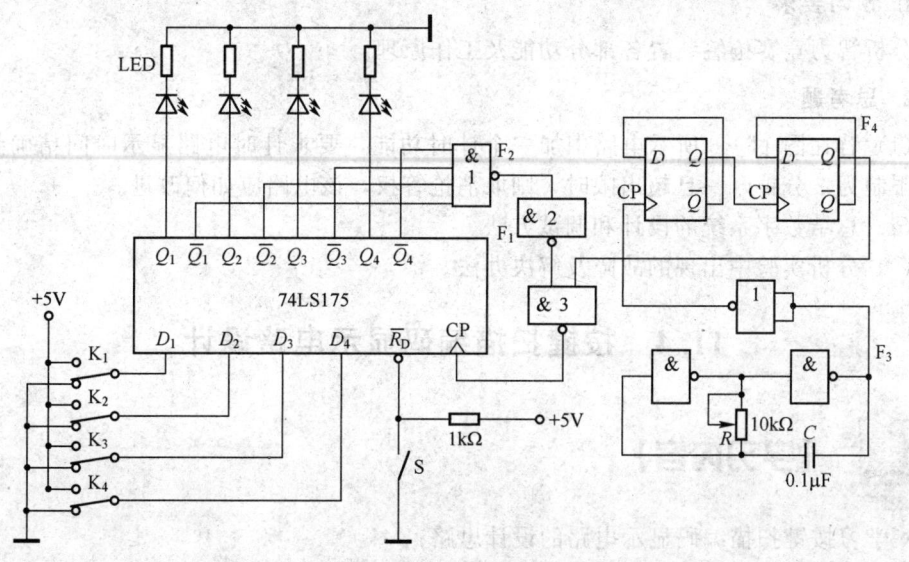

图 11-6 供 4 人用的智力竞赛抢答装置原理图

图中 F_1 为四 D 触发器 74LS175，它具有公共置 0 端和公共 CP 端，F_2 为双 4 输入与非门 74LS20；F_3 是由 74LS00 组成的多谐振荡器；F_4 是由 74LS74 组成的四分频电路，F_3、F_4 组成抢答电路中的 CP 时钟脉冲源。抢答开始时，由主持人清除信号，按下复位开关 S，74LS175 的输出 $Q_1 \sim Q_4$ 全为 0，所有发光二极管 LED 均熄灭，当主持人宣布"抢答开始"后，首先做出判断的参赛者立即按下开关，对应的发光二极管点亮，同时，通过与非门 F_2 送出信号锁住其余 3 个抢答者的电路，不再接受其他信号，直到主持人再次清除信号为止。

11.3.3 实验测试

（1）测试各触发器及各逻辑门的逻辑功能。

（2）按图 11-6 所示接线，抢答器的 5 个开关接实验装置上的逻辑开关，发光二极管接逻辑电平显示器。

（3）断开抢答器电路中的 CP 脉冲源电路，单独对多谐振荡器 F_3 及分频器 F_4 进行调试，调整多谐振荡器 10kΩ 电位器，使其输出脉冲频率约 4kHz，观察 F_3 及 F_4 输出波形及测试其频率。

（4）测试抢答器电路功能。接通＋5V 电源，CP 端接实验装置上连续脉冲源，取重复频率约 1kHz。

① 抢答开始前，开关 K_1、K_2、K_3、K_4 均置"0"，准备抢答，将开关 S 置"0"，发光二极管全熄灭，再将 S 置"1"。抢答开始，K_1、K_2、K_3、K_4 某一开关置"1"，观察发光二极管的亮、灭情况，然后再将其他 3 个开关中任一个置"1"，观察发光二极的亮、灭有否改变。

② 重复①的内容，改变 K_1、K_2、K_3、K_4 任一个开关状态，观察抢答器的工作情况。

（5）断开实验装置上的连续脉冲源，接入 F_3 及 F_4，再进行实验。

11.3.4 实验报告

1. 预习要求

分析智力竞赛抢答装置各部分功能及工作原理。

2. 思考题

（1）若在图 11-6 所示电路中加一个计时功能，要求计时电路显示时间精确到秒，最多限制为 2 分钟，一旦超出限时，则取消抢答权，该电路应如何改进。

（2）总结数字系统的设计和调试方法。

（3）分析实验中出现的故障及解决办法。

11.4 按键扫描编码显示电路设计

【学习内容】

- 学习按键扫描编码显示电路的设计思路；
- 实现该显示电路。

11.4.1 设计思路

按键扫描编码显示电路原理框图如图 11-7 所示。

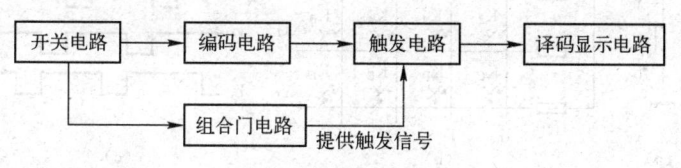

图 11-7 按键扫描编码显示电路原理框图

11.4.2 电路设计举例

按键扫描编码显示电路设计如图 11-8 所示。

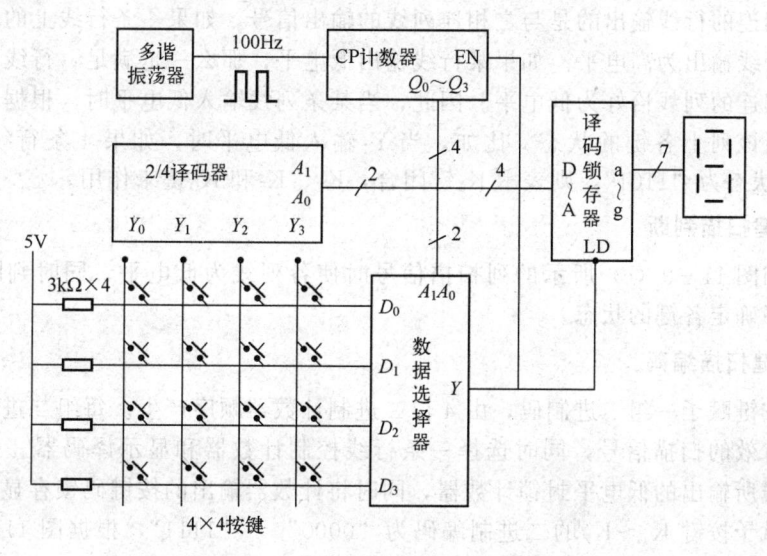

图 11-8 按键扫描编码显示电路设计

11.4.3 设计要求

设计一个按键状态扫描电路。以 0~9 十个数符标识 10 个按键。当有键按下时,显示其标识符,并保持显示符直到新的按键作用。如果多个按键同时被按下,则只响应最先按下的按键。

11.4.4 实验测试

1. 单键状态判断

图 11-9（a）所示电路可以将按键通、断的状态转换成代表"0"与"1"二值逻辑的低电平和高电平,通过判断电路输出 X 的电平即可了解按键的状态。

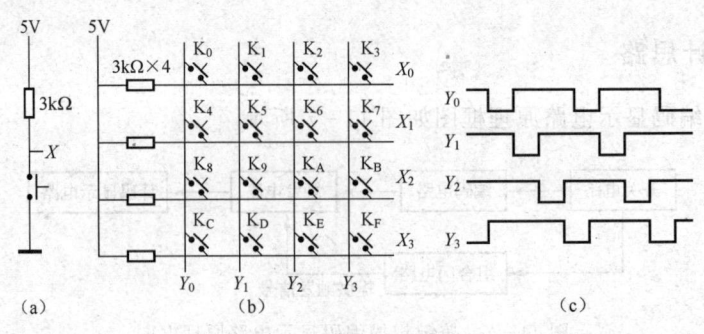

图 11-9 按键状态判断原理

2. 按键阵列状态判断

图 11-9（b）所示的是 16 键构成的 4×4 阵列电路，列信号 $Y_0 \sim Y_3$ 为阵列输入，行信号 $X_0 \sim X_3$ 为阵列输出。每个按键跨接在一条行线和一条列线间，当某按键闭合时，与之相连的行线输出的是与之相连列线的输出信号。如果一条行线上的所有按键都未闭合，行线输出为高电平。如果某行线输出低电平，那么一定满足：行线上某键闭合同时与之相连的列线恰好为低电平。因此，当某条列线输入低电平时，根据各行线的输出就可判断该列上各键的状态。比如，当 Y_1 输入低电平时，如果 4 条行线 X_0、X_1、X_2、X_3 的状态为"1101"，则表示 K_9 键闭合，K_1、K_5 和 K_D 键未作用。

3. 按键扫描判断

产生如图 11-9（c）所示的列扫描信号时使各列线为低电平，同时判断行线的电平，再顺序确定各键的状态。

4. 按键扫描编码

每个按键赋予一组二进制码，由 4 位二进制计数器顺序产生。每组二进制码产生一列低电平有效的扫描信号，同时选择一条行线控制计数器和显示译码器。当按键闭合时，该行线所输出的低电平封锁计数器，同时将计数器输出的按键码锁存显示。

如果赋予按键 $K_0 \sim K_F$ 的二进制编码为"0000"～"1111"，根据图 11-9（b）所示的阵列分布，各组码与扫描信号、选择信号的关系如表 11-1 所示。

11.4.5 实验报告

1. 预习要求

熟悉译码器、锁存器、数据选择器和按键阵列等芯片器件的原理和使用规则。

2. 思考题

如何减少按键电路的误触发？

11.5 倒计时器设计

11.5.1 设计思路

倒计时器能直观地显示剩余时间的长短，在科研、生产及生活中起着重要的作用。倒计时电路主要由振荡器、分频器、减 1 计数器、译码、显示及控制等电路组成。

图 11-10 为倒计时系统的原理框图。工作时，开启电路，先对减 1 计数器的天、时、分等各位赋初值。然后，按下开关 K，倒计时电路开始工作。计时开始后，显示器也显示出剩余时间的长短，当减 1 计数器各位均为 0 时，判零电路才输出控制信号 1，表明倒计时结束。

主要器件：双踪数字示波器、万用表、74LS00、74LS30、74LS20、74LS193、74LS48、BS201、1MHz 晶振和电阻电容等若干。

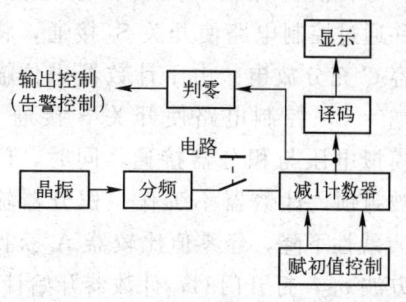

图 11-10 倒计时系统的原理框图

11.5.2 设计要求

(1) 显示"天"为 1 位，"时"为 2 位，"分"为 2 位。
(2) 在 0 分～9 天内，能任意设置倒计时的长短。
(3) 倒计时结束，能发出告警信号（声、光）或控制信号。
(4) 设计并画出整机逻辑电路及原理框图，写出调试方法以及电路是否工作正常的快速校对电路、故障分析等方面的总结报告，并画出必要的波形图。

11.5.3 实验测试

根据设计要求逐条进行功能测试，对未实现的功能实现调试解决。

11.6 $3\frac{1}{2}$ 位直流数字电压表

【学习内容】

- 了解双积分式 A/D 转换器的工作原理；
- 熟悉 CC7107 型 A/D 转换器的性能及其引脚功能；
- 掌握用 CC7107 型 A/D 转换器构成直流数字电压表的方法。

11.6.1 设计思路

直流数字电压表的核心器件是一个间接型 A/D 转换器，它首先将输入的模拟电压信号变换成易于准确测量的时间量，然后在这个时间宽度里用计数器计时，计数结果是正比于输入模拟电压信号的数字量。

(1) V-T 变换型双积分 A/D 转换器

图 11-11 是双积分 ADC 的控制逻辑框图。它由积分器（包括运算放大器 A_1 和 RC 积分网络）、过零比较器 A_2、N 位二进制计数器、开关控制电路、门控电路、参考电

压 V_R 与时钟脉冲源 CP 组成。

转换开始前，先将计数器清零，并通过控制电路使开关 S_0 接通，将电容 C 充分放电。由于计数器进位输出 $Q_C=0$，控制电路使开关 S 接通 V_i，模拟电压与积分器接通，同时，门 G 被封锁，计数器不工作。积分器输出 v_A 线性下降，经零值比较器 A_2 获得一方波 v_C，打开门 G，计数器开始计数，当输入 2^n 个时钟脉冲后 $t=T_1$，各触发器输出端 $D_{n-1} \sim D_0$ 由 111…1 回到 000…0，其进位输出 $Q_C=1$，作为定时控制信号，通过控制电路将开关 S 转换至基准电压源 $-V_R$，积分器向相反方向积分，v_A 开始线性上升，计数器重新从 0 开始计数，直到 $t=T_2$，v_C 下降到 0，比较器输出的正方波结束，此时计数器中暂存二进制数字就是 V_i 相对应的二进制数码。

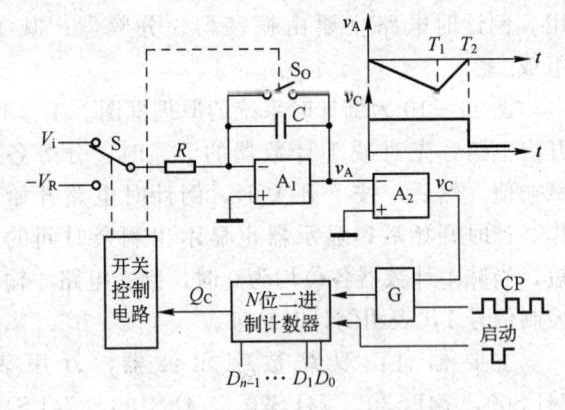

图 11-11 双积分 ADC 的控制逻辑图

(2) CC7107 型 A/D 转换器的性能特点

CC7107 型 A/D 转换器是把模拟电路与数字电路集成在一块芯片上的大规模的 CMOS 集成电路，它具有功耗低、输入阻抗高、噪声低的特点，不需另加驱动器件就能直接驱动共阳极 LED 显示器，简化转换电路，并具有自动调零、较高输入阻抗，以及较强抑制共模、差模干扰信号的能力。因此，已广泛应用于电流、电压、转速、温度等各种物理量的测量显示系统中，如：XMB、XWD 等数字显示报警仪、KBD 馈电开关过流整定装置等。

该芯片采用双列直插式，共有 40 个引脚，其引脚排列如图 11-12 所示，引脚功能如表 11-3 所示。

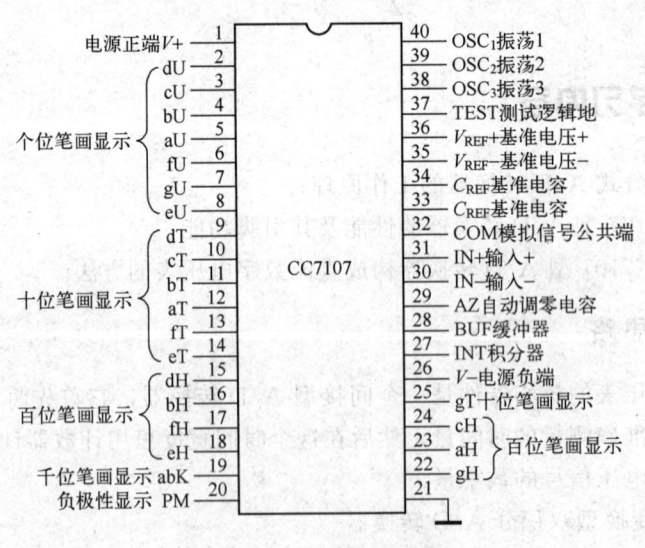

图 11-12 CC7107 引脚排列

表 11-3 引脚功能说明

端　名	功　能
V_+ 和 V_-	电源的正极和负极
aU~gU aT~gT aH~gH	个位、十位、百位笔画的驱动信号，依次接至个位、十位、百位数码管的相应笔画电极
abK	千位笔画驱动信号，接千位数码管的 a、b 两个笔画电极
PM	负极性指示的输出端，接千位数码管的 g 段。PM 为低电位时显示负号
INT	积分器输出端，接积分电容
BUF	缓冲放大器的输出端，接积分电阻
AZ	积分器和比较器的反相输入端，接自动调零电容
IN+、IN-	模拟量输入端，分别接输入信号的正端与负端
COM	模拟信号公共端，即模拟地
C_{REF}	外接基准电容端
$V_{REF}+$、$V_{REF}-$	基准电压的正端和负端
TEST	测试端。该端经 500Ω 电阻接至逻辑线路的公共地。当作"测试指示"时，把它与 V+ 短接后，LED 全部笔画点亮，显示数 1888
OSC_1~OSC_3	时钟振荡器的引出端，外接阻容元件组成多谐振荡器

11.6.2　电路设计举例——$3\frac{1}{2}$位直流数字电压表的组成（实验线路）

线路结构如图 11-13 所示。双积分 A/D 转换器 CC7107 大规模集成电路，只需要很少的简单外围元件组成的数字电压表模块。通过改变某些周边元件的参数，就可达到设计要求的显示效果。

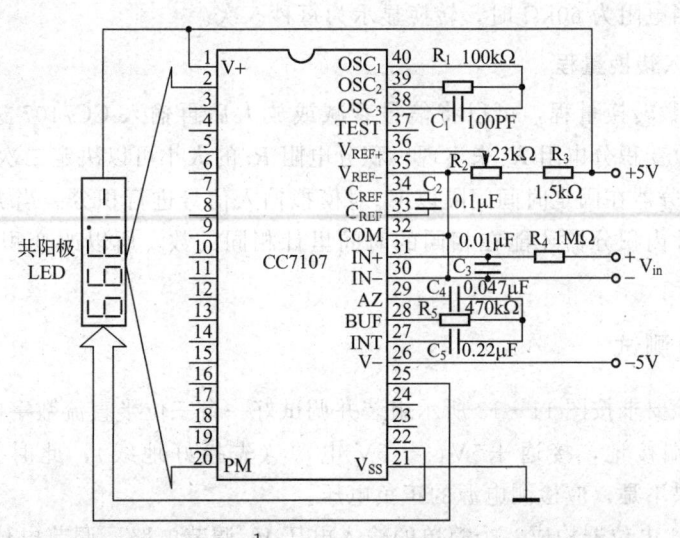

图 11-13　$3\frac{1}{2}$位直流数字电压表的实验线路

电路中外围元件的作用介绍如下。

(1) R_1、C_1 为时钟振荡器的 RC 网络。

(2) R_2、R_3 组成基准电压的分压电路。利用 R_2 可使基准电压 $V_{REF}=1V$。

(3) R_4、C_3 组成输入端阻容滤波电路，以提高电压表的抗干扰能力，并能增强它的过载能力。

(4) C_2、C_4 分别是基准电容和自动调零电容。

(5) R_5、C_5 分别是积分电阻和积分电容。

(6) CC7107 的第 21 脚（GND）为逻辑地，第 37 脚（TEST）经过芯片内部的 500Ω 电阻与 GND 接通。

(7) 芯片本身功耗小于 15mW（不包括 LED），能直接驱动共阳极的 LED。

(8) 显示器不需要另加驱动器件，在正常亮度下每个数码管的全亮电流为 40～50mA。

(9) CC7107 没有专门的小数点驱动信号，使用时可将共阳极数码管的公共阳极接 $V+$，小数点接 GND 时点亮，接 $V+$ 时熄灭。

由 CC7107 组成的电压表模块可以通过相应参数的改变，实现不同的功能和特性。

1. 改变 A/D 转换显示时间

OSC 引脚所接电阻 R_1、电容 C_1 与内部电路组成 RC 振荡电路，产生的振荡信号经过内部四分频后，就是 A/D 转换、逻辑控制的时钟脉冲信号。模/数转换一次约 4000 个时钟周期，显示也在 4000 个时钟周期时刷新一次。振荡器产生振荡信号的频率 f_0 与上述电阻、电容的关系是 $f=0.45/R_1C_1$，可见改变电阻、电容值就可以改变模/数转换时间及显示刷新时间。当测量变化较快的物理量时，可减小电阻或电容数值。当测量信号变化较慢时，可增大电阻或电容数值。如电容为 100pF，电阻为 12kΩ 时，转换为每秒 2.5 次。当电阻为 60kΩ 时，转换显示为每秒 5 次。

2. 改变输入转换量程

要改变模/数转换量程，可以将信号衰减或放大后再输入 CC7107 进行转换显示；或者可以通过改变积分电阻 R_4 来实现，积分电阻 R_4 的大小可以决定二次积分速度。输入信号 V_{in}，积分器在固定时间间隔以 V_{in} 对模拟输入信号进行积分。当 R_4 增大时，V_{in} 必须增大，芯片内积分器才能在相同的时间里计相同的数，所以改变积分电阻可改变量程。

11.6.3 实验测试

(1) 本实验要求按图 11-13 所示组装并调试好一台三位半直流数字电压表。

① 将输入端接地，接通 +5V，-5V 电源（先接好地线），此时显示器将显示 "000" 值，如果不是，应检测电源的正负电压。

② 用电阻、电位器构成一个简单的输入电压 V_{in} 调节电路，调节电位器，4 位数码将相应变化，然后进行精调。

③ 用标准数字电压表（或用数字万用表代）测量输入电压，调节电位器，使 $V_{in}=$

1.000V，这时被调电路的电压指示值不一定显示"1.000"，应调整基准电压源，使指示值与标准电压表误差个位数在 5 之内。

④ 改变输入电压 V_{in} 极性，使 $V_i = -1.000V$，检查"-"是否显示，并按④所示方法校准显示值。

⑤ 在 -1.999V～0～+1.999V 量程内再一次仔细调整（调基准电源电压），使全部量程内的误差均不超过个位数在 5 之内。

至此一个测量范围在 ±1.999V 的 3 位半数字直流电压表调试成功。

（2）记录输入电压为 ±1.999，±1.500，±1.000，±0.500，0.000 时（标准数字电压表的读数）被调数字电压表的显示值，列表记录之。

（3）用自制数字电压表测量正、负电源电压。测量时，尝试设计扩程测量电路。

（4）若积分电容 C_1、C_2（0.1μF）换成普通金属化纸介电容，再观察测量精度的变化。

11.6.4 实验报告

1. 预习要求

仔细分析图 11-13 所示各部分电路的连接及其工作原理。

2. 思考题

（1）参考电压 V_R 上升，显示值增大还是减小？

（2）要使显示值保持某一时刻的读数，电路应如何改动？

（3）绘出三位半直流数字电压表的电路接线图，并阐明组装、调试步骤。

（4）说明调试过程中遇到的问题和解决的方法，总结组装、调试数字电压表的心得体会。

第 5 篇 仿真及编程实验

第 12 章 仿真软件简介

12.1 Multisim 仿真软件简介

EDA（就是"Electronic Design Automation"的缩写）技术，借助计算机存储量大、运行速度快的特点，可对设计方案进行人工难以完成的模拟评估、设计检验、设计优化和数据处理等工作，在电子设计领域得到广泛应用。一台电子产品的设计过程，从概念的确立，到包括电路原理、PCB 版图、单片机程序、机内结构、FPGA 的构建及仿真、外观界面、热稳定分析、电磁兼容分析在内的物理级设计，再到 PCB 钻孔图、自动贴片、焊膏漏印、元器件清单、总装配图等生产所需资料等全部在计算机上完成。EDA 技术已经成为集成电路、印制电路板、电子整机系统设计的主要技术手段。美国 NI 公司（美国国家仪器公司）的 Multisim 9 软件就是这方面很好的一个工具。而且 Multisim 9 计算机仿真与虚拟仪器技术（LabVIEW 8）可以很好地结合理论教学与实际动手实验，实现计算机仿真与虚拟仪器技术。

Multisim 是 NI 公司推出的以 Windows 为基础的仿真工具，是专门用于电子电路仿真与设计的 EDA 工具软件。NI Multisim 是一个完整的集成化设计环境，适用于板级的模拟/数字电路板的设计工作。它包含电路原理图的图形输入、电路硬件描述语言输入方式，具有丰富的仿真分析能力。Multisim 11 的前身 EWB 也是人们所熟悉的电子电路仿真软件，由于篇幅的限制，在此仅对该软件的主要功能进行简要介绍。

1. 直观的图形界面和丰富的元器件

整个操作界面就像一个电子实验工作台，绘制电路所需的元器件和仿真所需的测试仪器均可直接拖放到屏幕上，轻点鼠标就可用导线将它们连接起来，软件仪器的控制面板和操作方式都与实物相似，测量数据、波形和特性曲线如同在真实仪器上看到的；提供了世界主流元件提供商的超过 17000 多种元件，同时能方便地对元件各种参数进行编辑修改，能利用模型生成器以及代码模式创建模型等功能，创建自己的元器件。

2. 强大的仿真能力

以 SPICE3F5 和 Xspice 的内核作为仿真的引擎，通过 Electronic workbench 带有的增强设计功能将数字和混合模式的仿真性能进行优化，包括 SPICE 仿真、RF 仿真、MCU 仿真、VHDL 仿真、电路向导等功能。

3. 丰富的测试仪器

提供了如下 22 种虚拟仪器进行电路动作的测量：

- Multimeter（万用表）；
- Function Generatoer（函数信号发生器）；
- Wattmeter（瓦特表）；
- Oscilloscope（数字示波器）；
- Bode Plotter（波特仪）；
- Word Generator（字符发生器）；
- Logic Analyzer（逻辑分析仪）；
- Logic Converter（逻辑转换仪）；
- Distortion Analyer（失真度仪）；
- Spectrum Analyzer（频谱仪）；
- Network Analyzer（网络分析仪）；
- Measurement Pribe（测量探针）；
- Four Channel Oscilloscope（四踪数字示波器）；
- Frequency Counter（频率计数器）；
- IU Analyzer（伏安特性分析仪）；
- Agilent Simulated Instruments（安捷伦仿真仪器）；
- Agilent Oscilloscope（安捷伦示波器）；
- Tektronix Simulated Oscilloscope（泰克仿真示波器）；
- Voltmeter（伏特表）；
- Ammeter（安培表）；
- Current Probe（电流探针）；
- LabVIEW Instrument（LabVIEW 仪器）。

这些仪器的设置和使用与真实的一样，可以动态交互显示。除了 Multisim 提供的默认的仪器，它还可以创建 LabVIEW 的自定义仪器，使得在图形环境中可以灵活地升级测试、测量及控制应用程序的仪器。

4. 完备的分析手段

Multisimt 提供了如下分析功能：

- DC Operating Point Analysis（直流工作点分析）；
- AC Analysis（交流分析）；
- Transient Analysis（瞬态分析）；
- Fourier Analysis（傅里叶分析）；
- Noise Analysis（噪声分析）；
- Distortion Analysis（失真度分析）；
- DC Sweep Analysis（直流扫描分析）；
- DC and AC Sensitvity Analysis（直流和交流灵敏度分析）；

- Parameter Sweep Analysis（参数扫描分析）；
- Temperature Sweep Analysis（温度扫描分析）；
- Transfer Function Analysis（传输函数分析）；
- Worst Case Analysis（最差情况分析）；
- Pole Zero Analysis（零级分析）；
- Monte Carlo Analysis（蒙特卡罗分析）；
- Trace Width Analysis（线宽分析）；
- Nested Sweep Analysis（嵌套扫描分析）；
- Batched Analysis（批处理分析）；
- User Defined Analysis（用户自定义分析）。

它们利用仿真产生的数据进行分析，分析范围很广，从基本的、极端的到不常见的都有，并可以将一个分析作为另一个分析的一部分自动进行。集成 LabVIEW 和 Signalexpress 快速进行原型开发和测试设计，具有符合行业标准的交互式测量和分析功能。

5. 独特的射频（RF）模块

提供基本射频电路的设计、分析和仿真功能。射频模块由 RF-specific（射频特殊元件，包括自定义的 RF SPICE 模型）、用于创建用户自定义的 RF 模型的模型生成器、两个 RF-specific 仪器（Spectrum Analyzer 频谱分析仪和 Network Analyzer 网络分析仪）、一些 RF-specific 分析（电路特性、匹配网络单元、噪声系数）等组成。

6. 强大的 MCU 模块

支持 4 种类型的单片机芯片，支持对外部 RAM、外部 ROM、键盘和 LCD 等外围设备的仿真，分别对 4 种类型芯片提供汇编和编译支持；所建项目支持 C 语言代码、汇编代码以及十六进制代码，并兼容第三方工具源代码；包含设置断点、单步运行、查看和编辑内部 RAM、特殊功能寄存器等高级调试功能。

7. 完善的后处理

对分析结果进行的数学运算操作类型包括算术运算、三角运算、指数运行、对数运算、复合运算、向量运算和逻辑运算等；能够呈现材料清单、元件详细报告、网络报表、原理图统计报告、多余门电路报告、模型数据报告、交叉报表 7 种报告。

8. 兼容性好的信息转换

提供了转换原理图和仿真数据到其他程序的方法，可以输出原理图到 PCB 布线（如 Ultiboard、OrCAD、PADS Layout2005、P-CAD 和 Protel），输出仿真结果到 MathCAD、Excel 或 LabVIEW，输出网络表文件，以及提供 Internet Design Sharing（互联网共享文件）。

12.1.1 Multisim 的工作界面

进入 Multisim 电路设计平台，计算机显示出它的基本界面，如图 12-1 所示。

从图中可以看到，在窗口界面中主要包含了以下几个部分：菜单栏（Menu）、系统工具栏（System）、元器件库（Component Bars）、仪表工具栏（Instruments

Toolbar)、设计工具栏（Mutisim Design Bar）、主操作窗口（Circuit Window）等。这里主要介绍菜单栏的功能。

File 菜单如图 12-2 所示。Edit 编辑，它包含一些基本的编辑操作命令，如 Cut、Copy、Paste、Undo 等命令。元件的位置操作命令，如可以使元件进行旋转和对称操作的 Flip Horizontal，Flip Vertical，90 Clockwise，90 CounterCW 等命令。Place 菜单如图 12-3 所示。View 菜单如图 12-4 所示。Simulate 菜单如图 12-5 所示。Transfer 菜单如图 12-6 所示。Tools 菜单如图 12-7 所示。Options 菜单如图 12-8 所示。

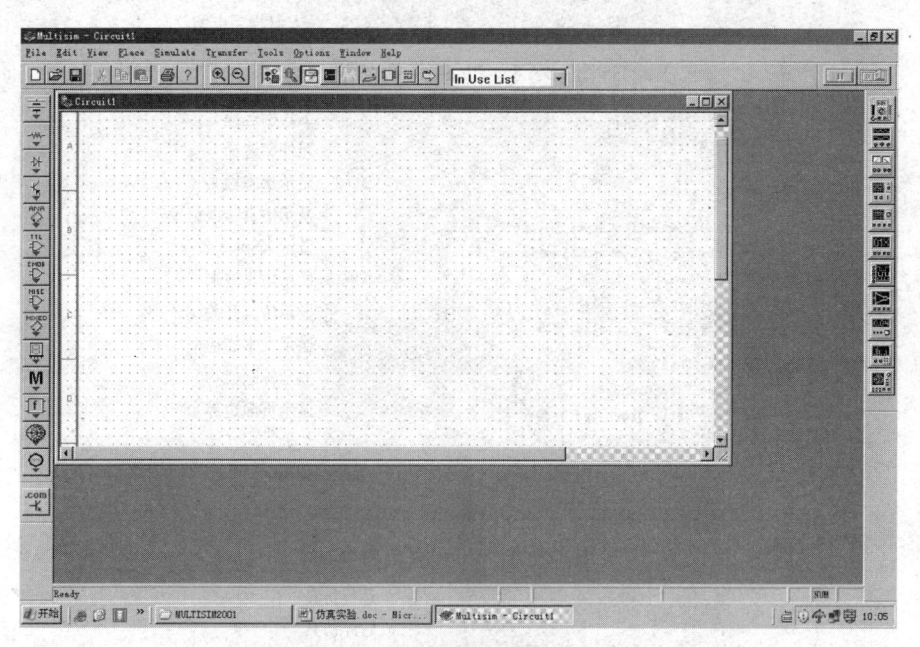

图 12-1 Multisim 基本界面

图 12-2 File 菜单内容

· 175 ·

Place Component...	Ctrl+W	放置元件
Place Junction	Ctrl+J	放置节点
Place Bus	Ctrl+U	放置总线
Place Input/Output	Ctrl+I	放置输入/输出
Place Hierarchical Block	Ctrl+H	放置层次电路板
Place Text	Ctrl+T	放置文字
Place Text Description Box	Ctrl+D	放置文本描述框
Replace Component...		替换元件
Place as Subcircuit	Ctrl+B	放置子电路
Replace by Subcircuit	Ctrl+Shift+B	替换子电路

图 12-3　Place 菜单内容

Toolbars	▶	工具栏选择
Component Bars	▶	元件库选择
Project Workspace		显示状态栏
✓ Status Bar		
Show Simulation Error Log/Audit Trail		显示仿真错误记录
Show XSpice Command Line Interface		显示 XSpice 命令
Show Grapher	Ctrl+G	显示仿真波形
✓ Show Simulate Switch		显示仿真开关
Show Text Description Box	Ctrl+D	显示文本描述框
✓ Show Grid		显示标题栏
Show Page Bounds		
✓ Show Title Block and Border		显示页面边界
Zoom In	F8	放大
Zoom Out	F9	缩小
Find...	Ctrl+F	查找元件

图 12-4　View 菜单内容

Run	F5	运行仿真
Pause	F6	暂停仿真
Default Instrument Settings...		默认仪表设置
Digital Simulation Settings...		数字电路仿真设置
Instruments	▶	仿真仪表选择
Analyses	▶	仿真方式选择
Postprocess...		后处理
VHDL Simulation		VHDL 仿真
Verilog HDL Simulation		
Auto Fault Option...		自动设置电路障碍
Global Component Tolerances...		全部元件容差参数设置

图 12-5　Simulate 菜单内容

Transfer to Ultiboard	电路图传送到 Ultiboard
Transfer to other PCB Layout	电路图传送到其他 PCB
Backannotate from Ultiboard	Ultiboard 回传
VHDL Synthesis	电路图生成 VHDL 格式
Export Simulation Results to MathCAD	输出仿真结果到 MathCAD
Export Simulation Results to Excel	输出仿真结果到 Excel
Export Netlist	输出网络表

图 12-6　Transfer 菜单内容

Create Component...	创建元件		Preferences...	参数设置
Edit Component...	编辑元件		Modify Title Block...	修改标题栏的内容
Copy Component...	拷贝元件		Global Restrictions...	整体限制设置密码
Delete Component...	删除元件		Circuit Restrictions...	电路限制项
Database Management...	元件库管理			
Update Components	升级元件			
Remote Control / Design Sharing	遥控/设计共享			
EDAparts.com	连接网站			

图 12-7　Tools 菜单内容 　　　　　　　　图 12-8　Options 菜单内容

12.1.2　Multisim 仿真库元器件的提取

所有仿真元器件包含在元件栏中，如图 12-9 所示。

图 12-9　元件栏内容

1. 各种信号源库

- 电路地，各个接地点电位相同，均为 0；
- 数字地，标号可以改动；
- 电源，电压值可以改动；
- CMOS 电源，电压值可以改动。
- 电池，即直流电压源，图 12-10～图 12-13 所示为电池的各种参数设置；

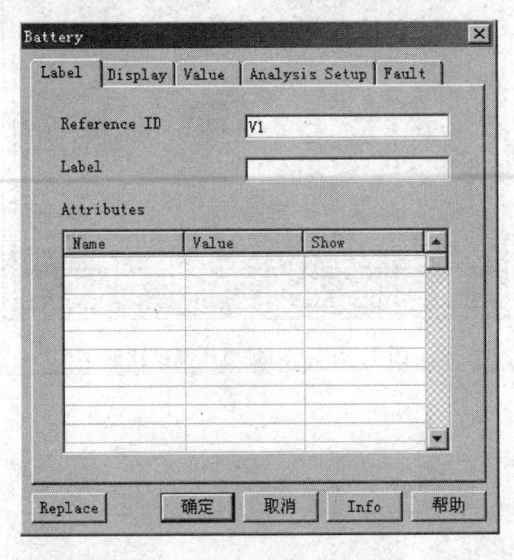

图 12-10　电池标号设置框 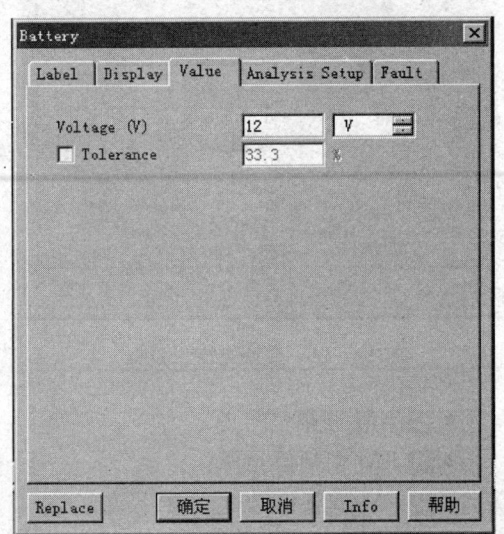　　　　　图 12-11　电池电压值设置框

· 177 ·

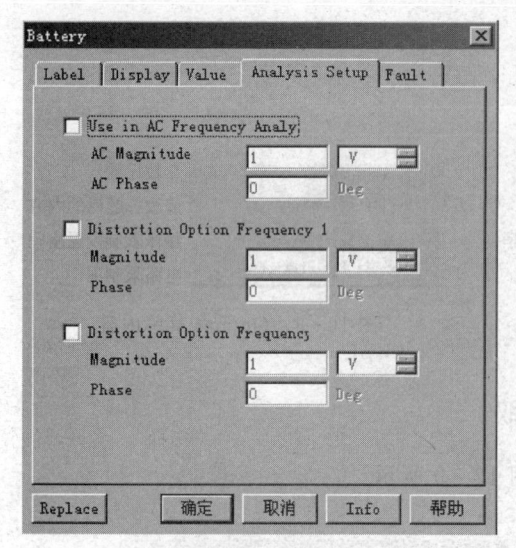

图 12-12 电池仿真分析设置框　　　　图 12-13 电池故障设置框

- ❖ 直流电流源；
- ❖ 交流电压源，参数设置如图 12-14 所示；
- ❖ 交流电流源；
- ❖ 时钟电压源，即脉冲信号源，参数设置如图 12-15 所示；

图 12-14 交流电压设置框　　　　图 12-15 时钟电压源设置框

- ❖ AM 调幅信号源；
- ❖ FM 调频信号源；
- ❖ FM 调频信号电流源；
- ❖ FSK 信号源；
- ❖ 压控正弦信号源。举例如图 12-16 和图 12-17 所示；

· 178 ·

图 12-16 压控正弦信号源连线举例 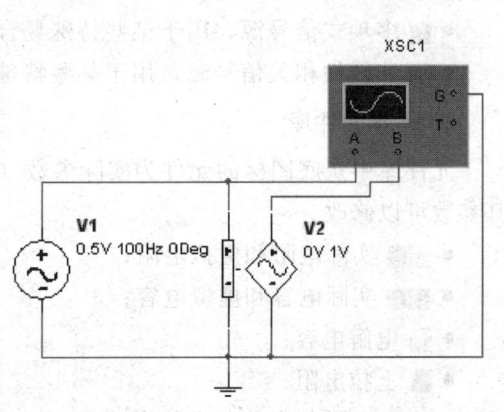　　　图 12-17 压控正弦信号源连线举例

- 压控方波信号源，使用方法类似压控正弦信号源；
- 压控三角波信号源，使用方法类似压控正弦信号源；
- 压控电压增益源，增益以 $K_v=$ V/V、mV/V、kV/V 等形式表示；
- 脉冲电压信号源，参数设置见图 12-18；
- 脉冲电流信号源；
- 指数电压信号源，参数设置见图 12-19；

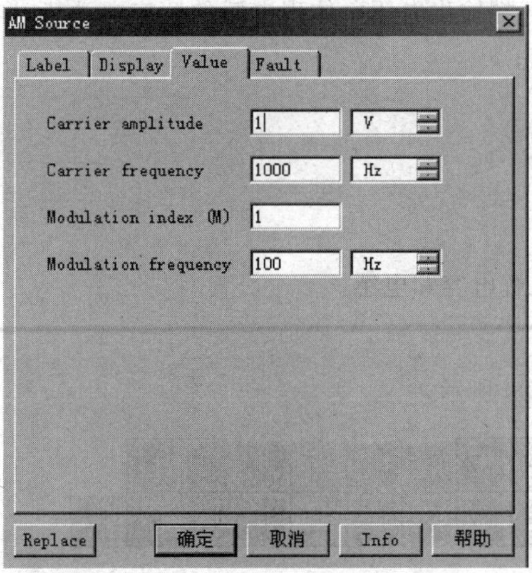

图 12-18 调幅信号源参数设置框 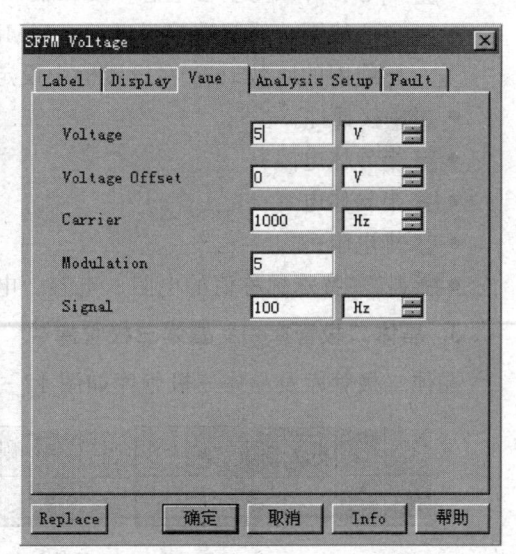　　　图 12-19 调频信号源参数设置框

- 指数电流信号源；
- 分段线性电压源，即 PWL 信号源；
- 分段线性电流源；

- ▦ 压控分段线性电压源；
- ▦ 受控脉冲源，类似施密特变换，参数设置中 Clock trigger value 为触发电平设置；
- ▦ 多项式信号源，用于某些特殊场合；
- ▦ 非线性相关信号源，用于某些特殊场合。

2. 基本元件库

元件库中灰底图标的元件为实际参数（型号）元件，绿底图标的元件为虚拟元件，其参数可以修改。

- ▦ 实际电阻和虚拟电阻；
- ▦ 实际电容和虚拟电容；
- ▦ 电解电容；
- ▦ 上拉电阻；
- ▦ 实际电感和虚拟电感；
- ▦ 实际电位器和虚拟电位器。电位器的中心点可以通过设定键盘字母的大小写进行正反向调节，默认值每步调节 5%，同时按 Shift 键为反方向调节；
- ▦ 实际可变电容和虚拟可变电容。调节方式和电位器相同；
- ▦ 开关，包括电压控制开关、电流控制开关和手动控制开关；
- ▦ 继电器，选择型号时应注意线包电压和触电电流；
- ▦ 磁（铁）心变压器；
- ▦ 磁心，可以与空心电感（变压器）构成磁心电感（变压器）；
- ▦ 空心线圈，线圈端接入电源，MMF 端输出电压，体现电感的感应电动势，电感线圈的匝数 turn 在设置框中设定；
- ▦ 接插件；
- ▦ 半导体电阻；
- ▦ 半导体电容；
- ▦ 排电阻；
- ▦ 特殊标称值的电阻、电容、电解电容和电感。

3. 晶体二极管库 ▦ 及晶体三极管库 ▦

晶体二极管库及晶体三极管库如图 12-20 所示。

图 12-20 晶体二极管库及晶体三极管库

- ▦ 实际二极管和虚拟二极管；
- ▦ 引线二极管；
- ▦ 齐纳二极管；

- ▫ 发光二极管；
- ▫ 二极管桥；
- ▫ 肖特基二极管；
- ▫ 单向可控硅；
- ▫ 双向二极管；
- ▫ 双向可控硅；
- ▫ 变容二极管。

4. 运放库 ▫

- ▫▫▫ 三端、五端、七端虚拟运放，理想化器件；
- ▫ 普通运放；
- ▫ 诺顿运放，电流放大运放；
- ▫ 宽频带运放，工作频率较高，可达 100MHz；
- ▫▫ 实际比较器和虚拟比较器；
- ▫ 特殊功能运放。

5. TTL 器件库 ▫ 及 CMOS 器件库 ▫

这里包含各类 TTL 器件及 CMOS 器件。

6. 数字模拟混合库 ▫

- ▫ ADC、DAC 器件；
- ▫ 555 时基集成；
- ▫▫ 实际模拟开关和虚拟模拟开关；
- ▫ 单稳态器件，其器件引脚介绍如下：CT、RT/CT 为定时端，脉冲定时宽度 $T_w=0.639RC$；A1、A2 分别为上升沿触发和下降沿触发；Q、W 分别为正和非输出。举例如图 12-21 所示；
- ▫ 锁相环器件。

7. 指示元件库 ▫

- ▫▫ 电压指示器和电流指示器，当简易电压表和电流表来使用；
- ▫ 电平探测器，单引脚使用，高电平时发亮，低电平时不亮，属性框可以设置高电平阈值；
- ▫ 灯泡，当电压和功率满足条件时会发亮，但是灯泡两端的电压超过一定值时会被烧毁；
- ▫ 数码管，包括带 4—7 译码的四端数码管和不带译码的共阴七段数码管；
- ▫ 条状电压指示器，左边为正端，右边为负端，每条发亮所需电压为 1.5V，总共 10 条；
- ▫ 蜂鸣器，当接入端电压到达要求，蜂鸣器会通过计算机的喇叭发出叫声，其工作电压、电流、发声频率可以设置。

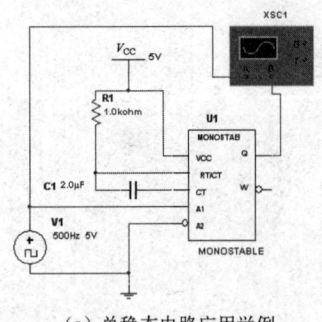

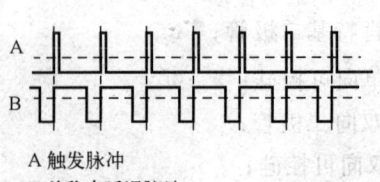

(a) 单稳态电路应用举例　　　　　　(b) 举例电路波形

图 12-21　电路举例

8. 杂散元器件库

- 晶体和虚拟晶体；
- 光耦器件和虚拟光耦器件；
- 实际电子管和虚拟电子管；
- 三端稳压电源；
- 电压基准器件；
- 过压保护器件，类似双向二极管和压敏电阻；
- 直流励磁电机，为理想器件；
- 开关电源的压降和升压模型器件，实现直流—直流的转换；
- 开关电源升压降压模型器件；
- 保险丝；
- 无损传输线；
- 有损传输线，损耗电阻、分布电容均可设定；
- 网表模型。

12.1.3　仿真仪器库的使用

1. 数字万用表

数字万用表提供交直流的电流、电压、电阻 dB 的测量，可以通过面板的 SET 设置电表的属性。目前设置的是直流电流挡，如图 12-22 所示。

图 12-22　数字万用表面板

2. 信号发生器

信号发生器提供了正弦波、三角波、矩形波的输出信号。信号的频率、占空比、幅度、偏移量均可在面板中设置，矩形波还可以设置其上升沿和下降沿的时间。目前使用的是占空比 30%、50Hz、电压 12V 的方波发生器，如图 12-23 所示。

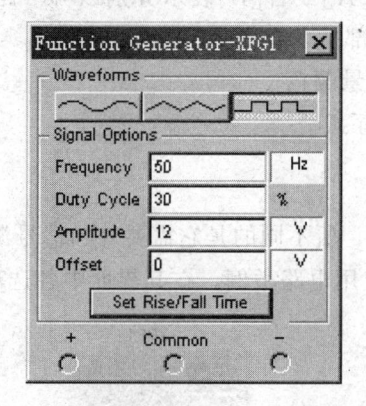

图 12-23 信号发生器面板

3. 功率表

功率表用于测量电路的功率即电压与电流的乘积，单位为 W，例如，测量有效值 220V、50Hz 交流电流过容性负载的情况。

表中指示功率为 4.352W，功率因数为 0.3，如图 12-24 所示。

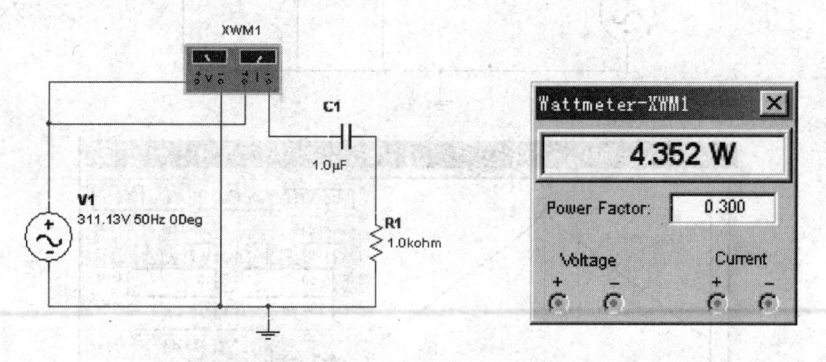

图 12-24 功率表应用电路举例

4. 双踪数字示波器

双踪数字示波器面板功能有以下几种。

- 屏幕上两个小三角直线（游标）为时间轴测量参考线 T1、T2。
- VA1、VA2、VB1、VB2 为时间轴测量参考线 T1、T2 对应的 A、B 输入电压瞬时值。
- Timebase 下 Scale 为 X 轴扫描比率；X Position 为 X 轴起始电压；Y/T 表示幅度与时间的关系；B/A 或 A/B 表示两个输入波相除。

· 183 ·

- Channel A 或 Channel B 为两个输入通道；Scale 为信号幅度比率；Y Position 为 Y 轴偏移量；[AC]为交流输入，[0]为输入短路，[DC]为直流输入。
- Trigger 为触发方式选择：Edge 表示触发是采用上升沿还是下降沿触发；Level 表示触发电平的大小；[Sing]表示单脉冲触发；[Nor]表示一般脉冲触发；[Auto]表示内触发；[A]或者[B]表示分别以哪一路信号作为触发信号，[Ext]表示面板 T 端口的外部触发有效。
- [Reverse]用于变换背景颜色。
- [Save]用于当前波形存盘。

5. 波特图仪

波特图仪 类似扫频仪，所不同的是它需要外加信号源。

图 12-25 为波特图仪应用电路举例。在其界面中各选项介绍如下。

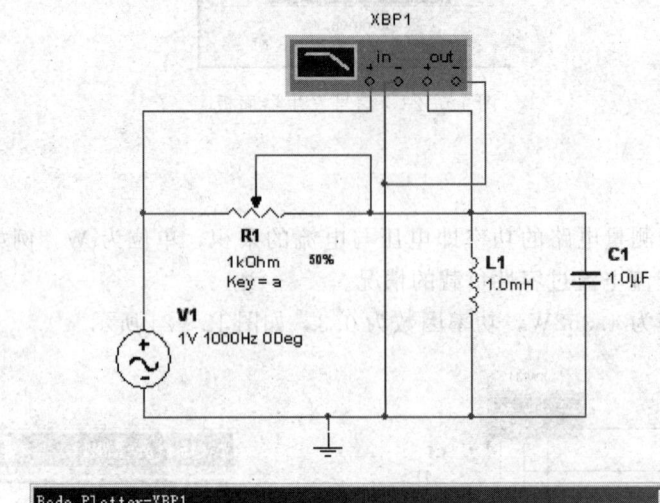

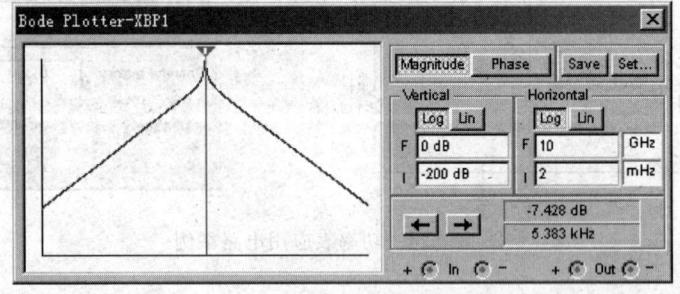

图 12-25 波特图仪应用电路举例

- [Magnitude]：幅频特性。
- [Phase]：相频特性。
- [Save]：分析结果存盘。
- [Set]：波形精度设置。
- Vertical：Y 轴选用对数型或线性型分布，对应 F 为最终值，I 为初始值。

- Horizontal：X 轴选用对数型或线性型分布，同样 F 为最终值，I 为初始值。
- 左右箭头移动游标：右边的数字分别为游标对应的幅度和频率。

12.1.4 仿真步骤

1. 编辑仿真电路图

编辑仿真电路图的步骤如下：

(1) 进入 Multisim 工作界面，会自动弹出以 Circuit1 命名的新文档，根据电路需要将所需的元器件和仪表拖入工作平台。编辑完毕可另行换名在一定的路径下存盘。

(2) 可选择 File→Open 调用已建立的文档。

(3) 工作界面的设置。选择 Options→Preferences 后在打开的对话框中进行参数设置。Circurt 电路参数设置，如图 12-26 所示。

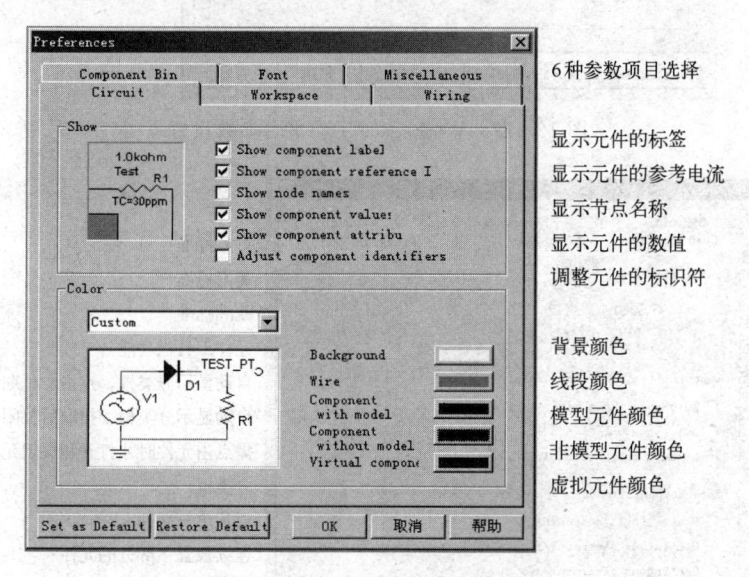

图 12-26 Circurt 电路参数设置

Workspace 工作平台参数设置，如图 12-27 所示。

Component Bin 元件箱的使用，如图 12-28 所示。

工作界面中其他参数设置说明如下。

Miscellaneous 工作界面用于设置自动备份时间间隔、文件访问路径、虚拟元件仿真（较快）真实元件仿真（较慢）、PCB 的接地（数字地）处理。

Font 工作界面用于元件标签和引脚等的文字处理。

Wiring 工作界面用于画线线宽设定、自动连线与移动。

(4) 选择 Options→Modify Title Block，在打开的对话框中进行参数设置，如图 12-29 所示。

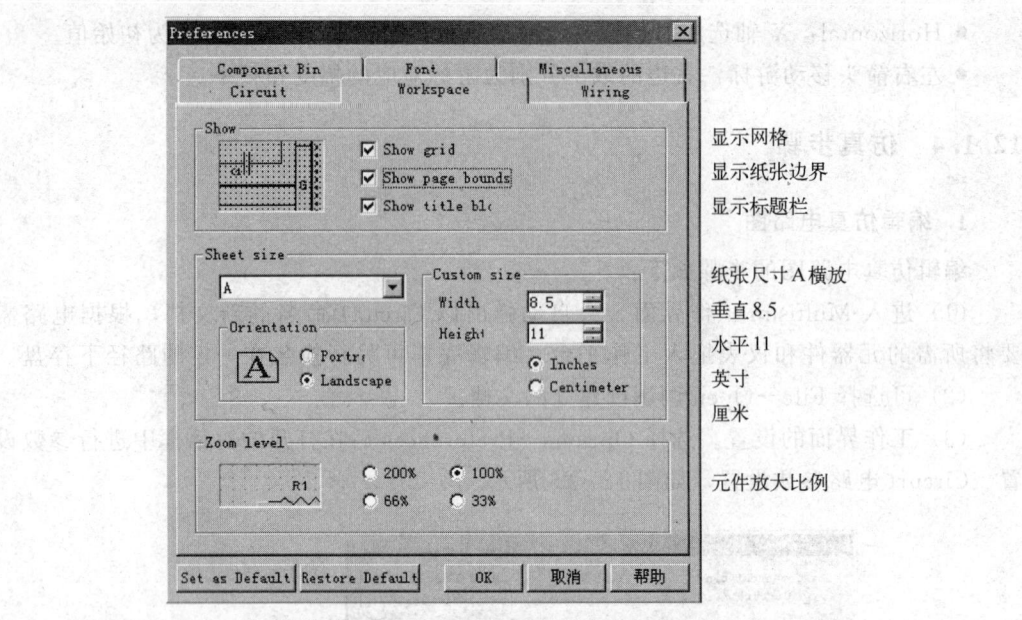

图 12-27 Workspace 工作平台参数设置

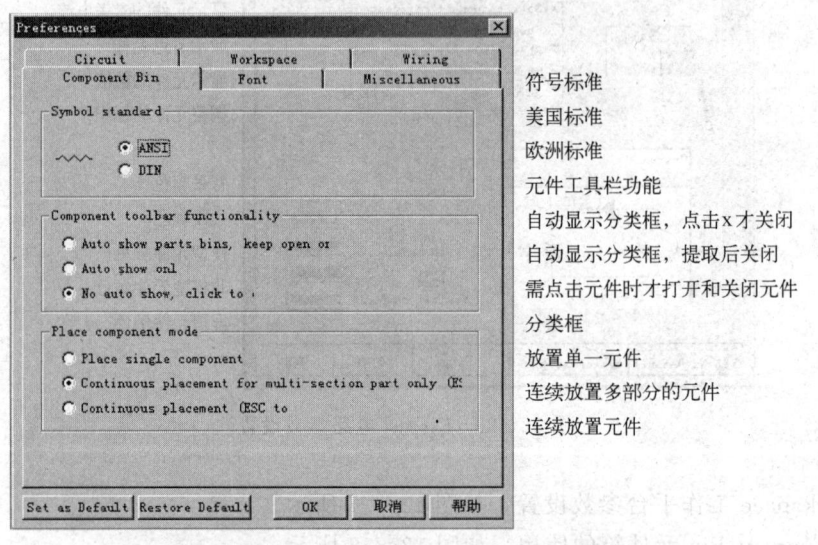

图 12-28 Component Bin 工作平台参数设置

图 12-29 标题栏设置

· 186 ·

(5) 绘制仿真电路图。Multisim 绘制仿真电路图非常简单，容易掌握，这里仅提供几个技巧。
- 交叉连线点：有时交叉线中需要连接导通，可以通过菜单栏的 Place Junction 或者按 Ctrl+J 组合键增加一个节点放在线的交叉处。
- 删除连线和节点：单击线段或节点，确认后可以用键盘的 Del 键或者直接右击线段或节点在弹出的快捷菜单中选择 Delete 删除。
- 线段位置调整：单击线段，确认后，当光标靠近时会出现箭头，再用鼠标进行拖放。
- 线段与线段之间增加连线：先在某线段增加一个节点，再从节点向另一线段连线。
- 删除电路：单击某个元件、线段、节点等将其删除，也可以用鼠标拖拉出一个区域进行删除。
- 放置总线：通过菜单栏的 Place Bus 或者按 Ctrl+U 组合键画出总线，再将元件引脚和总线用普通连线即可。
- 创建子电路：将电路的各输入、输出等引脚用 I/O 连接好，并用鼠标拖框选中全部电路，再选择菜单栏 Place 中的 Replace by Subcicuit，会弹出对话框，确认命名后，该电路将会暂时保存在 In Use List 下拉列表中，调用时，只需选择菜单栏 Place 中的 Place as Subcicuit，然后在弹出的对话框中，填写要调用的子电路名称即可，或者在 In Use List 下拉列表中选中该电路名称。由于该电路只是暂时保存的，为了长期保存，应将其命名存盘，方便以后调用。

2. 运行仿真以及观察与分析仪表仿真结果

仿真步骤介绍如下：
（1）按电路的要求将元件、仪表连线接好，启动右上角的仿真开关，若电路设计得科学且无误，仿真时则不会显示出错提示，否则应依照出错提示将其改正后再进行仿真，直到无出错提示。
（2）单击打开相应的仪表进行观察，仿真一段时间后，最好关闭仿真开关来进行静态分析，需要时再打开仿真开关。
（3）观察结果和分析数据可以参考仪表操作。

12.2 Altium Designer 仿真软件简介

Altium Designer 是 Protel（经典版本为 Protel 99se）的升级版本，提供了统一的应用方案，其综合了电子产品一体化开发所需的所有必需技术和功能。Altium Designer 在单一设计环境中集成了板级和 FPGA 系统设计、基于 FPGA 和分立处理器的嵌入式软件开发以及 PCB 版图设计、编辑和制造，并集成了现代设计数据管理功能，提供电子产品开发的完整解决方案。

进入 Altium Designer 电路设计平台，计算机显示出它的基本界面，如图 12-30 所示。

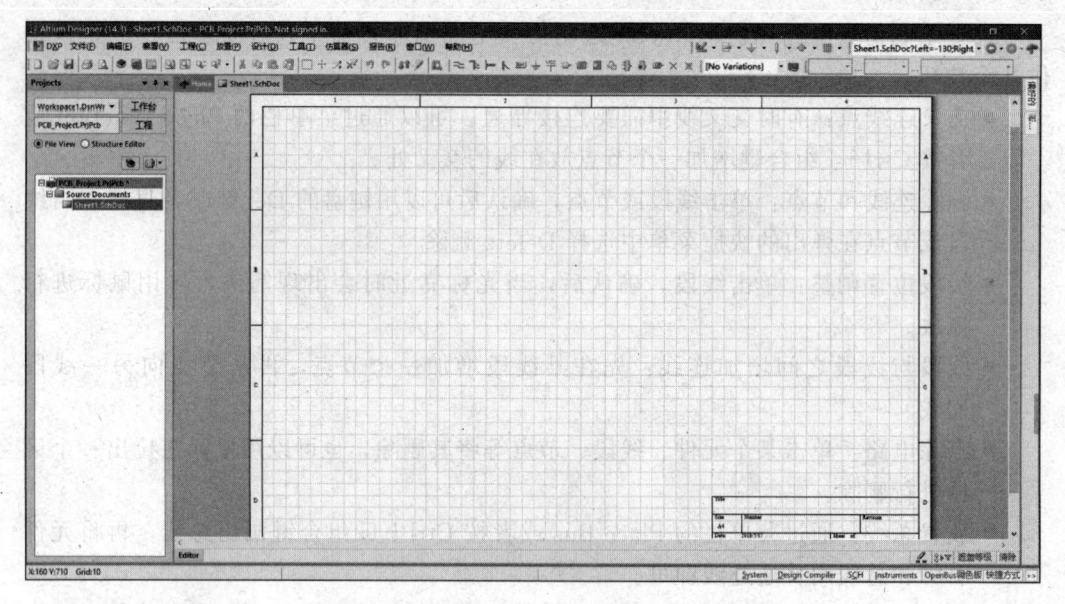

图 12-30 Altium Designer 设计平台界面

从图中可以看到，在该界面中主要包含了以下几个部分：工程库（Projects）、主操作窗口（Circuit Window）等。这里主要介绍菜单栏的功能。

- Design（设计，见图 12-31）；

图 12-31 Design 菜单栏界面

- Edit（编辑，见图 12-32）：Edit 包含一些基本的编辑操作命令，如 Cut、Copy、Paste、Undo 等命令；元件的位置操作命令，如可以使元件进行旋转和对称操作的 Flip Horizontal，Flip Vertical，90 Clockwise，90 CounterCW 等命令；
- File（文件，见图 12-33）；

Edit 菜单				File 菜单		
Nothing to Undo	Ctrl+Z	无撤销操作		New		新建
Nothing to Redo	Ctrl+Y	无重做操作		Open...	Ctrl+O	打开
Cut	Ctrl+X	剪切		Import		载入文档
Copy	Ctrl+C	复制		Close	Ctrl+F4	关闭当前文件
Copy As Text		以文本形式复制		Open Project...		打开工程
Paste	Ctrl+V	粘贴		Open Design Workspace...		打开设计工作区
Smart Paste...	Shift+Ctrl+V	选择性粘贴		Check Out...		检查
Clear	Del	清除		Save	Ctrl+S	保存
Find Text...	Ctrl+F	查找文本		Save As...		另存为
Replace Text...	Ctrl+H	替代文本		Save Copy As...		副本另存为
Find Next	F3	查找下一个		Save All		保存所有文档
Select		选择		Save Project As...		另存工程为
DeSelect		取消选择		Save Design Workspace As...		另存设计工作区为
Delete		删除		Link Sheet to Vault...		链接工作表
Break Wire		打断线		Release Sheet To Vault...		释放工作表
Duplicate	Ctrl+D	复制		Release Manager...		释放管理区
Rubber Stamp	Ctrl+R			Page Setup...		页面设置
Change		改变		Print Preview...		打印预览
Move		移动		Print...	Ctrl+P	打印
Refactor		重建		Default Prints...		默认打印选项
Align		排列		Smart PDF...		智能 PDF
Jump		跳过		Import Wizard		导入向导程序
Selection Memory				Recent Documents		最近文件
Increment Part Number				Recent Projects		最近工程
Find Similar Objects	Shift+F			Recent Design Workspaces		最近设计工作空间
				Exit	Alt+F4	退出

图 12-32　Edit 菜单栏界面 　　　　图 12-33　File 菜单栏界面

- Help（帮助，见图 12-34）；

Getting Started with Altium Designer	AD入门
Altium Wiki	Altium百科
User Forums	用户论坛
SUPPORTcenter	支持中心
TRAININGcenter	训练中心
Popups	弹出窗口
About...	关于

图 12-34　Help 菜单栏界面

- Place（放置，见图 12-35）；
- Project（工程，见图 12-36）；
- Reports（报告，见图 12-37）；
- Simulator（仿真器，见图 12-38）；
- Tool（工具，见图 12-39）；
- View（查看，见图 12-40）；

· 189 ·

图 12-35 Place 菜单栏界面

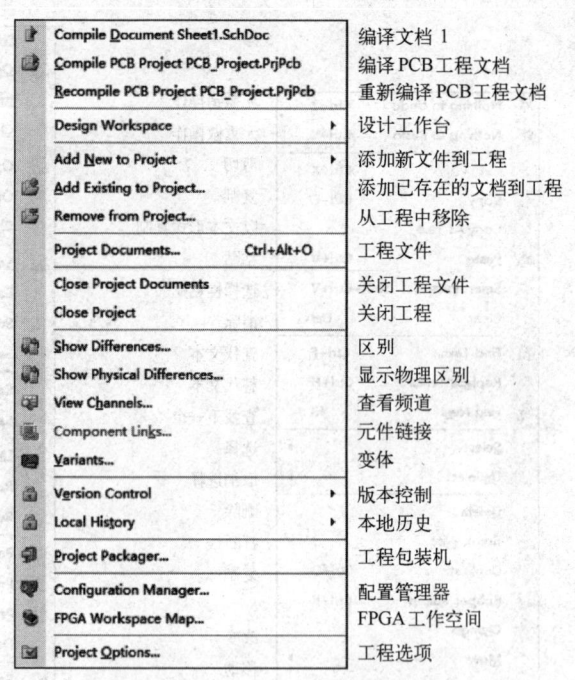

Bus	总线
Bus Entry	总线入口
Part...	零件
Manual Junction	手动连接
Power Port	电源端口
Wire	线
Net Label	网络标号
Port	端口
Off Sheet Connector	从表连接
Sheet Symbol	图纸符号
Add Sheet Entry	添加图纸入口
Device Sheet Symbol	设备图表符
Harness	日常工作
Directives	指令
Text String	文本字符串
Hyperlink	超链接
Text Frame	文本框
Drawing Tools	绘图工具
Notes	注释

图 12-36 Project 菜单栏界面

Compile Document Sheet1.SchDoc	编译文档 1
Compile PCB Project PCB_Project.PrjPcb	编译 PCB 工程文档
Recompile PCB Project PCB_Project.PrjPcb	重新编译 PCB 工程文档
Design Workspace	设计工作台
Add New to Project	添加新文件到工程
Add Existing to Project...	添加已存在的文档到工程
Remove from Project...	从工程中移除
Project Documents... Ctrl+Alt+O	工程文件
Close Project Documents	关闭工程文件
Close Project	关闭工程
Show Differences...	区别
Show Physical Differences...	显示物理区别
View Channels...	查看频道
Component Links...	元件链接
Variants...	变体
Version Control	版本控制
Local History	本地历史
Project Packager...	工程包装机
Configuration Manager...	配置管理器
FPGA Workspace Map...	FPGA 工作空间
Project Options...	工程选项

图 12-37 Reports 菜单栏界面

Bill of Materials	材料清单
Component Cross Reference	元件交叉引用
Report Project Hierarchy	报告工程分级
Simple BOM	简易 BOM
Report Single Pin Nets	单引脚节点报告
Measure Distance Ctrl+M	测距
Port Cross Reference	端口交叉引用

图 12-38 Simulator 菜单栏界面

Create VHDL Testbench
Create Verilog Testbench

图 12-39 Tool 菜单栏界面

Find Component...	查找元件
Up/Down Hierarchy	升高/降低等级
Parameter Manager...	参数管理器
Footprint Manager...	脚本管理器
Update From Libraries...	从库中更新
Update Parameters From Database...	从数据库中更新参数
Item Manager...	项目管理器
NoERC Manager...	NoERC 管理器
Harness Definition Problem Finder...	工作定义问题寻找器
Annotate Schematics...	注释原理图
Reset Schematic Designators...	重置原理图标志符
Reset Duplicate Schematic Designators...	重置复制图例
Annotate Schematics Quietly...	注释图表
Force Annotate All Schematics...	强制注释所有图表
Back Annotate Schematics...	后退注释图表
Number Schematic Sheets...	编号原理图
Board Level Annotate... Ctrl+L	表层面注释
Annotate Compiled Sheets...	注释编译文件表
Signal Integrity...	信号完整性
Import FPGA Pin File	导入 FPGA 引脚文件
FPGA Signal Manager...	FPGA 信号管理器
PCB To FPGA Project Wizard	PCB 至 FPGA 工程向导程序
Convert	转换
Cross Probe	交互定位
Cross Select Mode	交叉选择模式
Select PCB Components	选择 PCB 元件

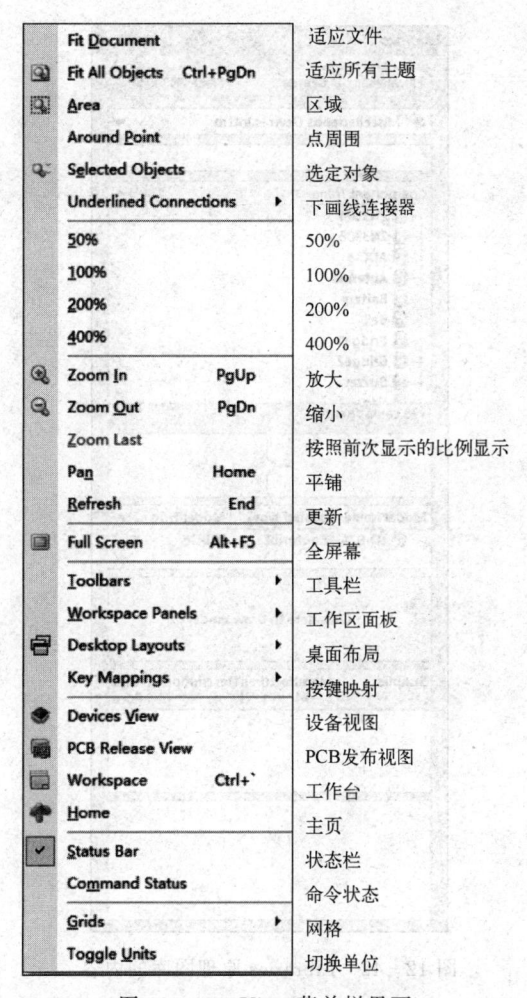

菜单项	快捷键	中文
Fit Document		适应文件
Fit All Objects	Ctrl+PgDn	适应所有主题
Area		区域
Around Point		点周围
Selected Objects		选定对象
Underlined Connections		下画线连接器
50%		50%
100%		100%
200%		200%
400%		400%
Zoom In	PgUp	放大
Zoom Out	PgDn	缩小
Zoom Last		按照前次显示的比例显示
Pan	Home	平铺
Refresh	End	更新
Full Screen	Alt+F5	全屏幕
Toolbars		工具栏
Workspace Panels		工作区面板
Desktop Layouts		桌面布局
Key Mappings		按键映射
Devices View		设备视图
PCB Release View		PCB发布视图
Workspace	Ctrl+`	工作台
Home		主页
Status Bar		状态栏
Command Status		命令状态
Grids		网格
Toggle Units		切换单位

图 12-40 View 菜单栏界面

- Window（窗口，见图 12-41）;

菜单项	快捷键	中文
Tile	Shift+F4	展开
Tile Horizontally		水平展开
Tile Vertically		垂直展开
Arrange All Windows Horizontally		调整所有窗口为水平排列
Arrange All Windows Vertically		调整所有窗口为竖直排列
Hide All		全部隐藏
Close Documents		关闭文档
Close All		关闭所有文档
https://www.altium.com/ad-start/		
Sheet1.SchDoc		

图 12-41 Window 菜单栏界面

- Libraries（库，见图 12-42）;
- DXP（见图 12-43）。

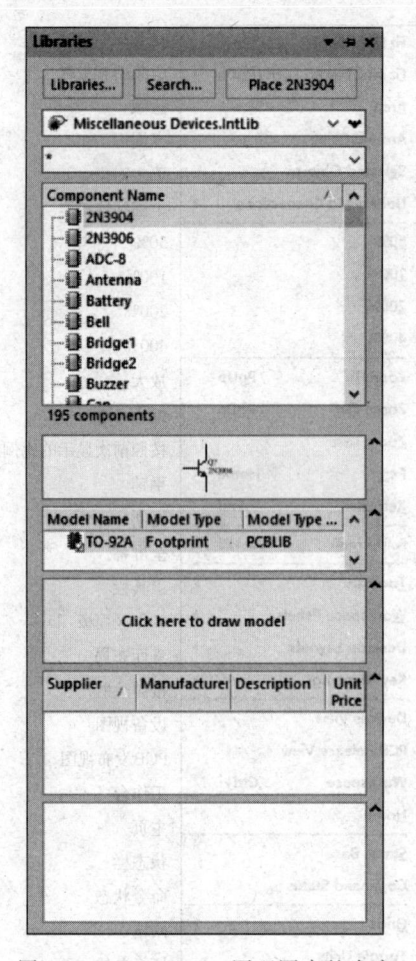

图 12-42 Libraries 原理图库的内容

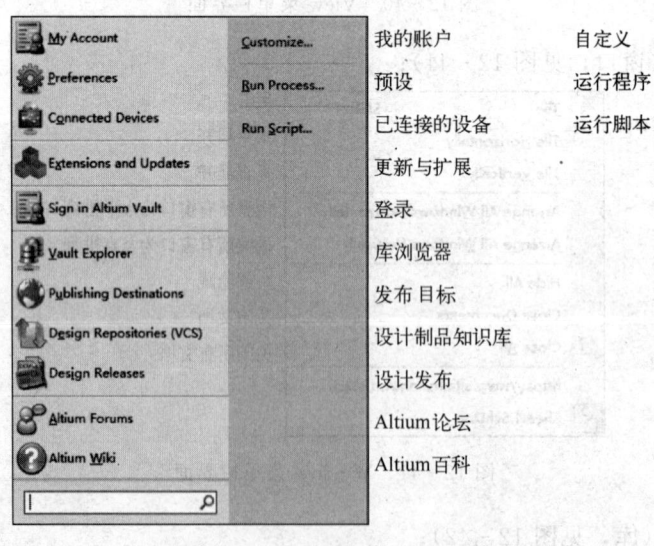

我的账户	自定义	
预设	运行程序	
已连接的设备	运行脚本	
更新与扩展		
登录		
库浏览器		
发布目标		
设计制品知识库		
设计发布		
Altium 论坛		
Altium 百科		

图 12-43 DXP 用户菜单栏内容

第13章 仿真实验举例

13.1 组合电路的设计与分析

【学习内容】

- 掌握组合逻辑电路的特点；
- 利用逻辑转换仪对组合逻辑电路进行分析与设计。

实验任务

1. 利用逻辑转换仪对已知电路进行分析

待分析的逻辑电路 A 如图 13-1 所示。

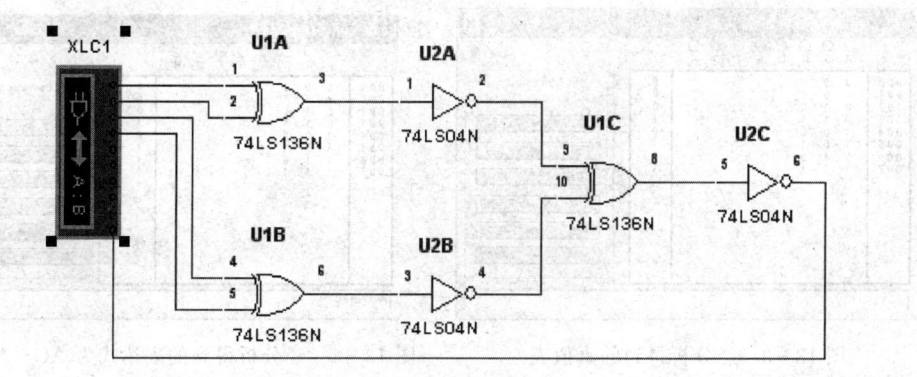

图 13-1 待分析的逻辑电路 A

(1) 按图 13-1 所示连接电路。

(2) 在逻辑转换仪面板上单击按钮 ⇒ → 101 （由逻辑电路转换为真值表）和按钮 101 SIMP A/B （由真值表导出简化表达式）后，得到图 13-2 所示结果。观察真值表可知这是一个 4 位输入信号的奇偶校验电路。

2. 根据要求利用逻辑转换仪进行逻辑电路设计

(1) 设计要求：有一火灾报警系统，设有烟感、温感和紫外线感知三种不同的火灾探测器。为了防止误报警，只有当其中两种或两种以上的探测器发出火灾探测信号时，报警系统才产生报警控制信号，试设计报警控制信号的电路。

(2) 在逻辑转换仪面板上经分析得到的真值表如图 13-3 所示：令 A、B、C 分别表示烟感、温感和紫外线感知三种探测器的探测输出信号，为报警器的输入；令 F 为报警控制电路的输出，则当 A（或 B、C）的取值为 1（高电平），表示有火灾；取值为 0（低电平），表示无火灾。F 输出为 1（高电平），表示有火灾报警；为 0（低电平），表示无火灾。

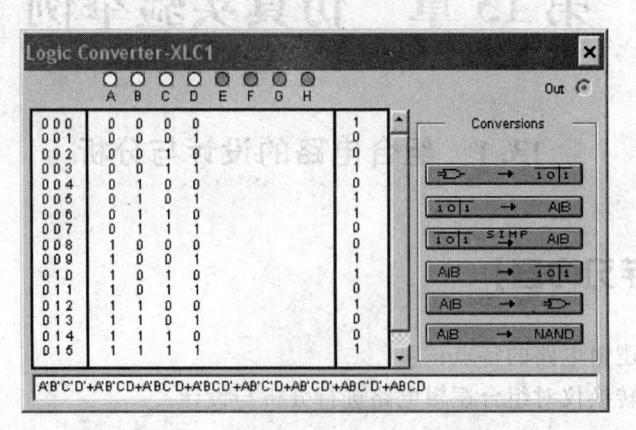

图 13-2 经分析得到的真值表和表达式

（3）在逻辑转换仪面板上单击按钮 [1 0 1 SIMP A|B]（由真值表导出简化表达式）得到如图 13-4 所示的最简化表达式。

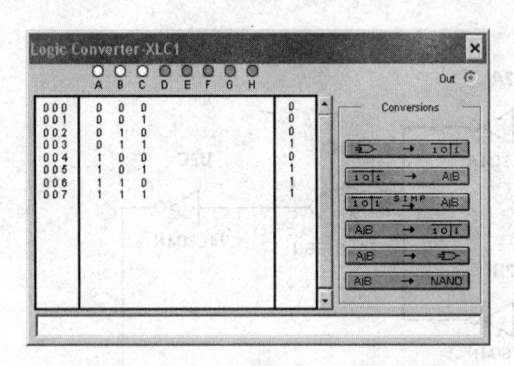

图 13-3 经分析得到的真值表 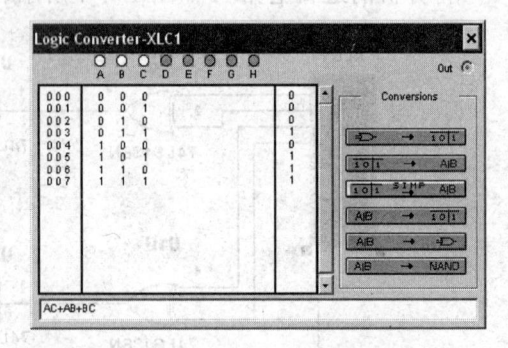　　图 13-4 经分析得到的表达式为 AC＋AB＋BC

（4）在图 13-4 的基础上单击按钮 [A|B → ▷]（由逻辑表达式得到逻辑电路）得到如图 13-5 所示的报警器控制信号电路。

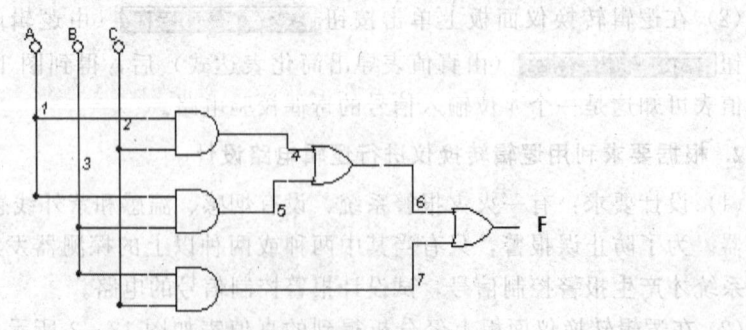

图 13-5 生成的报警器控制信号电路

3. 逻辑转换仪介绍

逻辑转换仪是在 Multisim 软件中常用的数字逻辑电路设计和分析的仪器，使用方便、简洁。逻辑转换仪的图标和面板如图 13-6 所示。

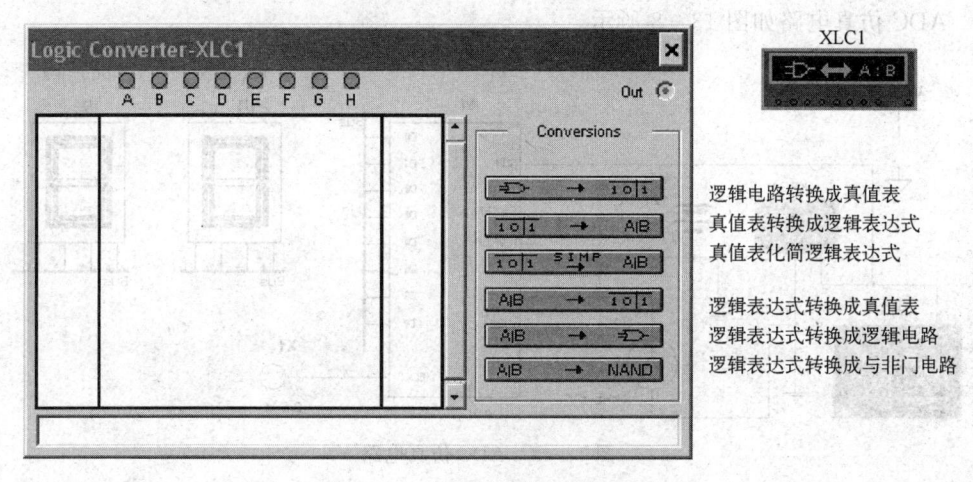

逻辑电路转换成真值表
真值表转换成逻辑表达式
真值表化简逻辑表达式
逻辑表达式转换成真值表
逻辑表达式转换成逻辑电路
逻辑表达式转换成与非门电路

图 13-6　逻辑转换仪图标和面板

思考题：
(1) 设计一个 4 人表决电路，即如果 3 人或 3 人以上同意则通过，反之则被否决。
(2) 利用逻辑转换仪对图 13-7 所示逻辑电路进行分析。

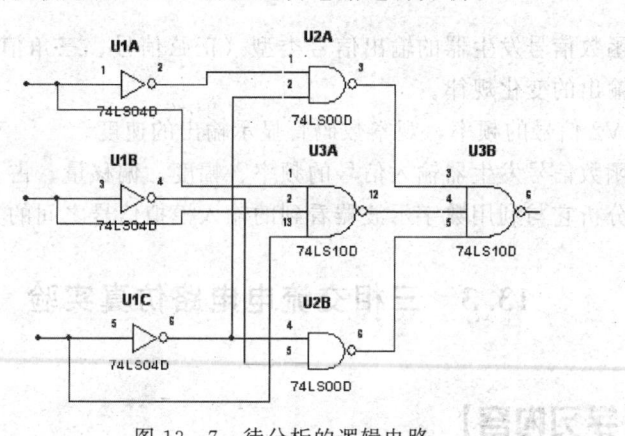

图 13-7　待分析的逻辑电路

13.2　ADC 电路仿真实验

【学习内容】

- 了解 ADC 的作用及描述它的主要技术指标；
- 掌握 ADC 的基本工作原理；

● 熟悉 ADC 集成电路的使用方法。

13.2.1 实验参考电路

ADC 仿真电路如图 13-8 所示。

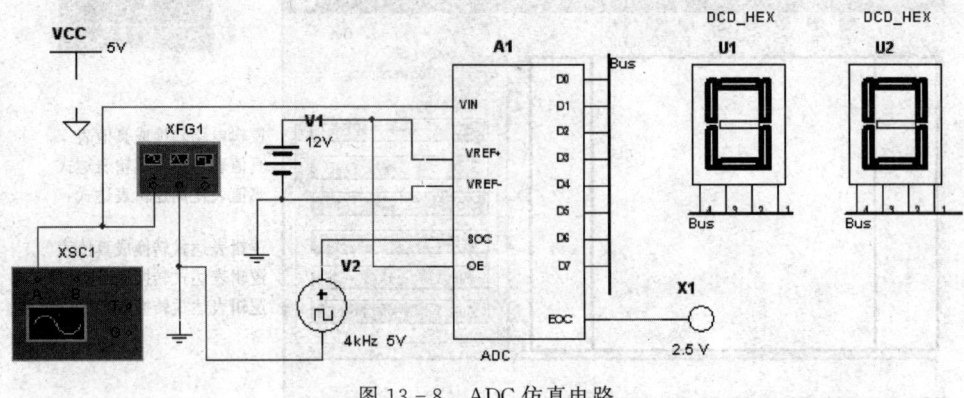

图 13-8 ADC 仿真电路

13.2.2 实验任务

（1）观察数码管显示输出，并分析它与利用数字示波器看到的输入模拟信号之间的关系。

（2）调整函数信号发生器的输出信号类型（正弦信号、三角信号、方波信号），观察数码管显示输出的变化规律。

（3）调整 V2 信号的频率，观察数码管显示输出的速度。

（4）调整函数信号发生器输入信号的频率、幅度、偏移量、占空比等，观察数码管显示输出，并分析它与利用数字示波器看到的输入模拟信号之间的关系。

13.3 三相交流电电路仿真实验

【学习内容】

通过基本的星形三相交流电的供电系统实验，着重研究三相四线制和三相三线制，以及对它们中的某一相开路或者短路所带来的问题，从而掌握三相交流电的特性。

13.3.1 实验参考电路

三相交流电仿真电路如图 13-9 所示。

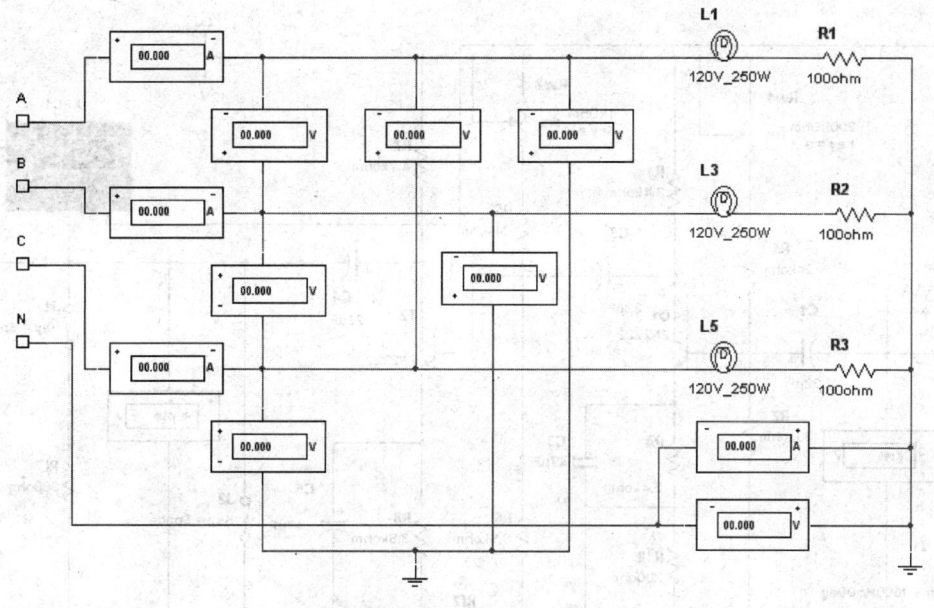

图 13-9 三相交流电仿真电路

13.3.2 实验任务

(1) 中线正常,进行三相负载平衡电路性能研究。
(2) 中线正常,进行三相负载不平衡电路性能研究。
(3) 中线正常,进行三相中一相短路研究。
(4) 中线正常,进行三相中一相开路研究。
(5) 没有中线,进行三相负载平衡研究。
(6) 没有中线,进行三相负载不平衡研究。

13.4 负反馈放大器仿真实验

【学习内容】

- 研究负反馈对放大器输出信号的影响;
- 掌握负反馈对放大器输入电阻和输出电阻的影响;
- 了解负反馈对放大器通频带的影响和对非线性失真的改善。

13.4.1 实验电路

实验电路如图 13-10 所示,电路说明如下:
(1) 三极管 T1、T2 组成两极共射放大。
(2) Rf2 引入电压串联负反馈。

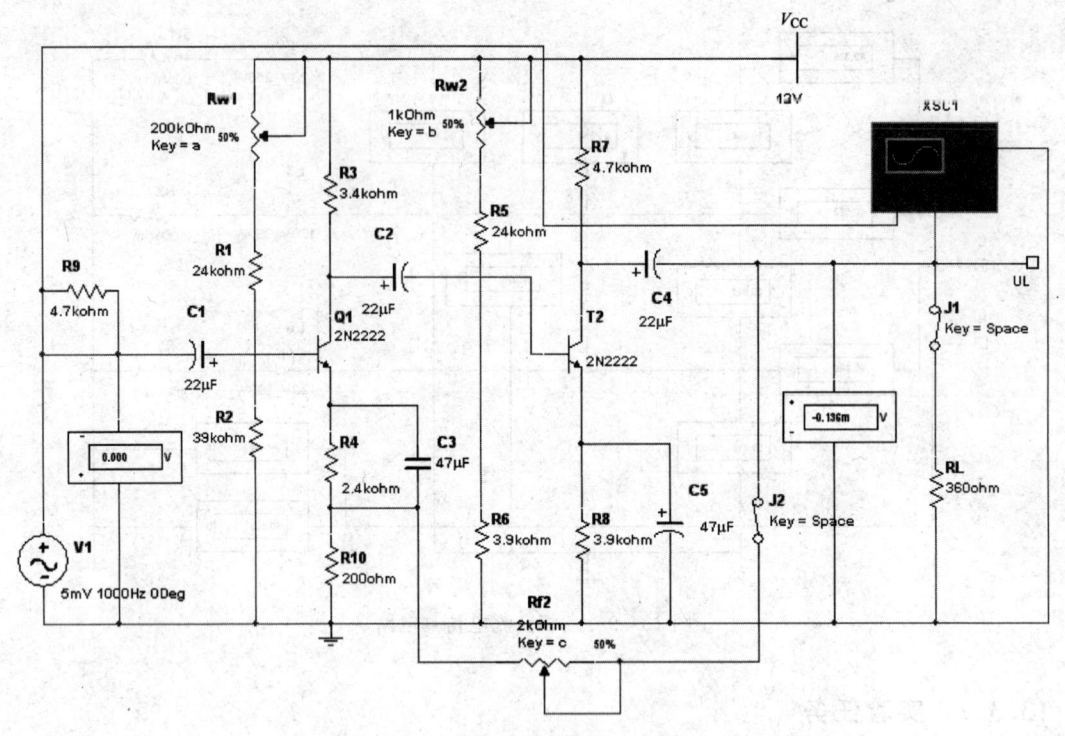

图 13-10　电压串联型负反馈电路

13.4.2　实验任务

（1）测量电压放大倍数。
（2）测量输入电阻。
（3）测量输出电阻。
（4）观察负反馈对非线性失真的改善情况。
（5）观察负反馈对放大器频率的影响。
（6）改变负反馈电阻 Rf2，分析图 13-10 所示电路增益的变化。
（7）研究电源电压波动 10% 对负反馈增益的影响。

13.5　方波和三角波发生电路

【学习内容】

- 学习用集成运算放大器构成方波和三角波发生电路的设计方法；
- 学习方波和三角波发生电路主要性能指标的测试方法。

13.5.1　实验参考电路

方波和三角波发生器示例电路图如图 13-11 所示。

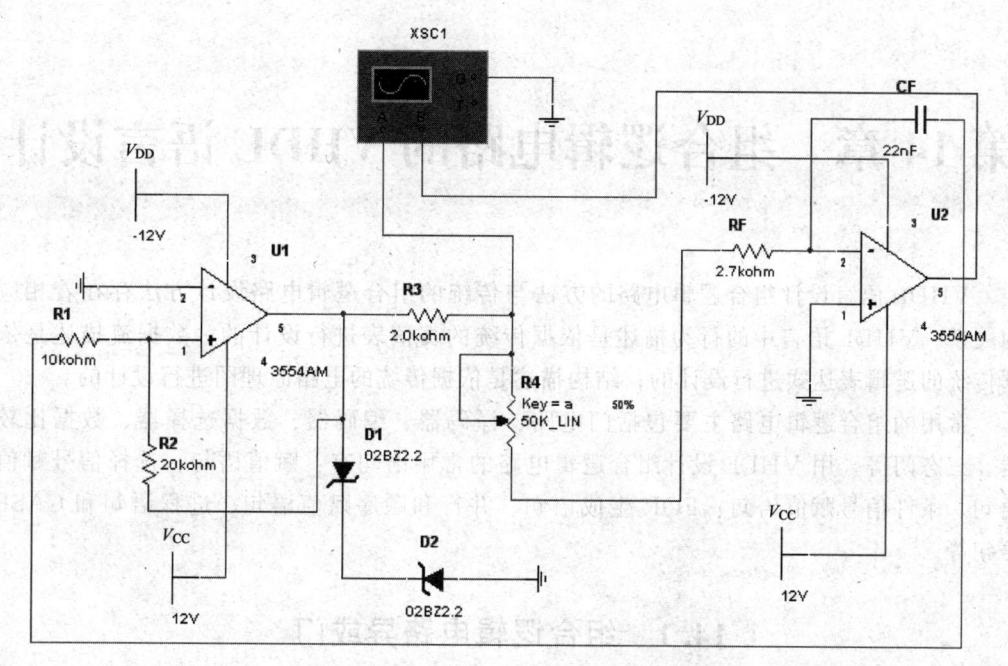

图 13-11 方波和三角波发生器示例电路图

13.5.2 实验任务

（1）用数字示波器观察并测量方波的幅值 V_{om}、频率 f_0（即频率调节范围）。

（2）测量三角波的幅值 V_{om} 及其调节范围。注意观察在调节过程中波形的变化，并分析其原因。

第 14 章 组合逻辑电路的 VHDL 语言设计

VHDL 语言设计组合逻辑电路的方法与传统的组合逻辑电路设计方法存在着相应的关系。VHDL 语言中的行为描述是依据传统的真值表进行设计的;数据流描述是依据传统的逻辑表达式进行设计的;结构描述是依据传统的电路原理图进行设计的。

常用的组合逻辑电路主要包括门电路、译码器、编码器、数据选择器、数据比较器、三态门等。用 VHDL 设计组合逻辑电路的常用语句有:赋值语句、选择信号赋值语句、条件信号赋值语句、FOR 生成语句、并行和顺序赋值语句、进程语句和 CASE 语句等。

14.1 组合逻辑电路异或门

14.1.1 异或门的行为描述

行为描述主要对输入与输出间转换的行为进行描述,不需包含任何结构信息。它对设计实体按算法的路径来描述。行为描述在 EDA 工程中通常被称为高层次描述,设计工程师只需要注意正确的实体行为、准确的函数模型和精确的输出结果,无须关注实体的电路组织和门级实现。

例如,采用 PROCESS—IF 语句设计的源程序如下所示:

```
LIBRARY IEEE;
USE IEEE.STD_LOGIC_1164.ALL;
ENTITY XOR_1 is
PORT (A,B : IN BIT;
Y : OUT BIT);
END XOR_1 ;
ARCHITECTURE FWM OF XOR_1 IS
BEGIN
PROCESS (A,B)
BEGIN
IF A=B THEN Y<='0';
ELSE Y<='1';
END IF;
END PROCESS;
END FWM;
```

采用行为描述的异或门仿真波形如图 14-1 所示。

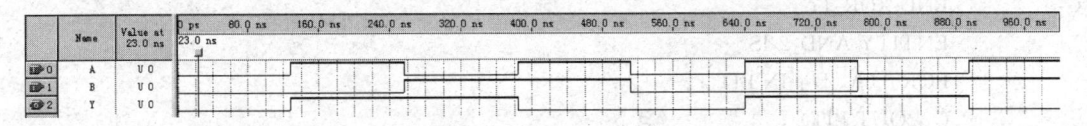

图 14-1 采用行为描述的异或门仿真波形

14.1.2 异或门的数据流描述

数据流描述表示行为，也隐含表示结构，它描述了数据流的运动路线、运动方向和运动结果。

例如，采用数据流描述电路的源程序如下所示：

```
LIBRARY IEEE;
USE IEEE.STD_LOGIC_1164.ALL;
ENTITY XOR_1 IS
PORT (A,B : IN BIT;
Y : OUT BIT);
END XOR_1;
ARCHITECTURE FWM OF XOR_1 IS
BEGIN
Y <= (A AND (NOT B)) OR ((NOT A) AND B);
END FWM;
```

采用数据流描述的异或门仿真波形如图 14-2 所示。

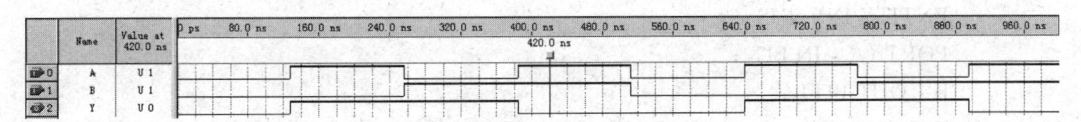

图 14-2 采用数据流描述的异或门仿真波形

14.1.3 异或门的结构描述

结构化描述方式就是在多层次的设计中，高层次的设计可以调用低层次的设计模块，或直接用门电路设计单元来构成一个复杂逻辑电路的方法。利用结构化描述方法将已有的设计成果方便地用于新的设计中，能大大提高设计效率。在结构化描述中，建模的焦点是端口及其互连关系。

例如，采用结构描述电路的源程序如下所示：

```
LIBRARY IEEE;
USE IEEE.STD_LOGIC_1164.ALL;
ENTITY XOR_1 IS
PORT (A, B : IN BIT;
```

```
            Y : OUT BIT) ;
            END XOR_1;
            ENTITY AND_2 IS
            PORT (A, B : IN BIT ;
            C : OUT BIT) ;
            END AND_2;
            ARCHITECTURE BHV OF AND_2 IS
            BEGIN
            PROCESS(A,B)
            BEGIN
            C <= A AND B ;
            END PROCESS;
            END BHV;
            ENTITY OR_2 IS
            PORT (A, B : IN BIT ;
            C : OUT BIT) ;
            END OR_2;
            ARCHITECTURE BHV OF OR_2 IS
            BEGIN
            PROCESS(A,B)
            BEGIN
            C <= A OR B ;
            END PROCESS;
            END BHV;
            ENTITY INV_1 IS
            PORT (A : IN BIT ;
            B : OUT BIT) ;
            END INV_1;
            ARCHITECTURE BHV OF INV_1 IS
            BEGIN
            PROCESS(A)
            BEGIN
            B <= NOT A;
            END PROCESS;
            END BHV;
            ARCHITECTURE FWM OF XOR_1 IS
            COMPONENT INV_1
            PORT (A: IN BIT;
            B: OUT BIT);
            END COMPONENT;
            COMPONENT AND_2
            PORT (A,B: IN BIT;
```

```
        C: OUT BIT);
    END COMPONENT;
    COMPONENT OR_2
    PORT (A,B: IN BIT;
        C: OUT BIT);
    END COMPONENT;
    SIGNAL T1,T2,T3,T4: BIT;
BEGIN
    U1: INV_1 PORT MAP (A=>A, B=>T1);
    U2: INV_1 PORT MAP (A=>B, B=>T2);
    U3: AND_2 PORT MAP (A=>A, B=>T2, C=>T3);
    U4: AND_2 PORT MAP (A=>B, B=>T1, C=>T4);
    U5: OR_2 PORT MAP (A=>T3, B=>T4, C=>Y);
END FWM;
```

采用结构描述的异或门仿真波形如图 14-3 所示。

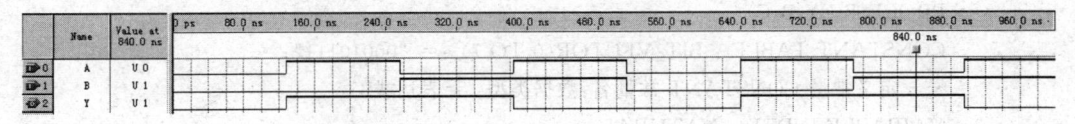

图 14-3 采用结构描述的异或门仿真波形

14.2 三人表决器设计

14.2.1 三人表决器的行为描述

采用 WITH—SELECT 语句设计的源程序如下所示:

```
LIBRARY IEEE;
USE IEEE.STD_LOGIC_1164.ALL;
ENTITY BJQ1 IS
PORT (A,B,C : IN BIT;
    Y : OUT BIT);
END BJQ1;
ARCHITECTURE FWM OF BJQ1 IS
BEGIN
    WITH A&B&C SELECT  --& 为并置符
    Y <= '1' WHEN "110"|"101"|"011"|"111", --|表示或关系符
         '0' WHEN OTHERS;
END FWM;
```

采用结构描述的三人表决器仿真波形如图 14-4 所示。

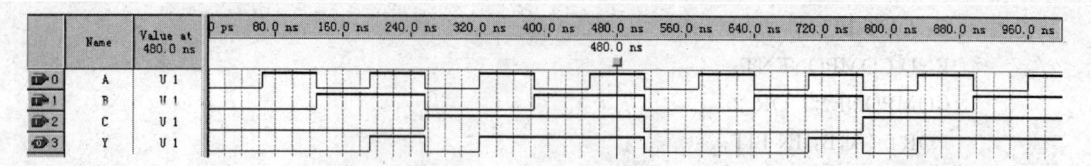

图 14-4　采用结构描述的三人表决器仿真波形（WITH-SELECT）

采用 PROCESS—IF 语句设计的源程序如下所示：

```
LIBRARY IEEE;
USE IEEE.STD_LOGIC_1164.ALL;
ENTITY BJQ1 IS
PORT (A,B,C : IN BIT;
Y : OUT BIT);
END BJQ1;
ARCHITECTURE FWM OF BJQ1 IS
BEGIN
PROCESS (A,B,C)
CONSTANT TABLE : BIT_VECTOR(0 TO 7) := "00010111";
－－定义常量 CONSTANT 常量名:数据类型:=表达式
VARIABLE INDEX : NATURAL;
－－NATURAL－－大于等于 0 的整数
－－定义变量 VARIABLE 变量名:数据类型 约束条件:=表达式
BEGIN
INDEX := 0; －－每次处理完成后 INDEX 必须清零
IF A = '1' THEN INDEX := INDEX + 1; END IF;
IF B = '1' THEN INDEX := INDEX + 2; END IF;
IF C = '1' THEN INDEX := INDEX + 4; END IF;
Y <= TABLE(INDEX);
END PROCESS;
END FWM;
```

采用结构描述的三人表决器仿真波形如图 14-5 所示。

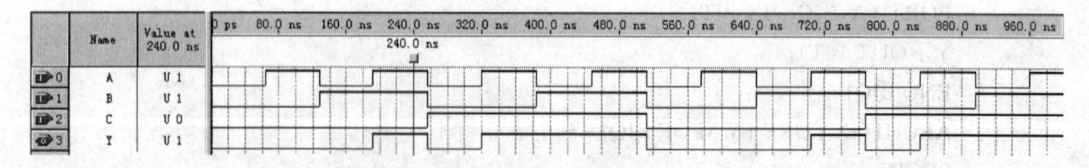

图 14-5　采用结构描述的三人表决器仿真波形（PROCESS-IF）

14.2.2　三人表决器的数据流描述

采用数据流描述电路的源程序如下所示：

```
LIBRARY IEEE;
USE IEEE.STD_LOGIC_1164.ALL;
ENTITY BJQ1 IS
PORT (A,B,C : IN BIT;
Y : OUT BIT);
END BJQ1;
ARCHITECTURE FWM OF BJQ1 IS
BEGIN
Y<=(A AND B) OR (B AND C) OR (A AND C);
END FWM;
```

采用数据流描述的三人表决器仿真波形如图 14-6 所示。

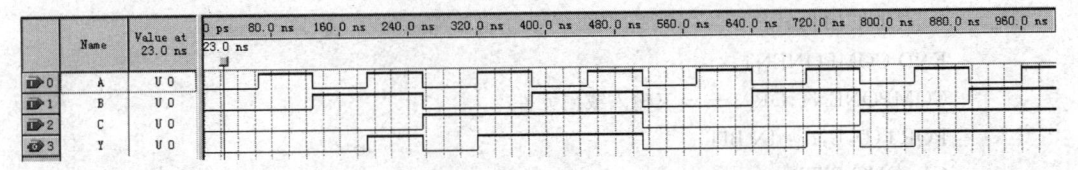

图 14-6 采用数据流描述的三人表决器仿真波形

14.2.3 三人表决器的结构描述

采用结构描述电路的源程序如下所示：

```
LIBRARY IEEE;
USE IEEE.STD_LOGIC_1164.ALL；
ENTITY BJQ1 IS
PORT (A,B,C : IN BIT;
Y : OUT BIT);
END BJQ1；
ENTITY AND_2 IS ——二输入与门的实体
PORT (A,B : IN BIT ;
C : OUT BIT）；
END AND_2；
ARCHITECTURE BHV OF AND_2 IS ——二输入与门的结构体
BEGIN
AND2： PROCESS(A，B)
BEGIN
C <= A AND B；
END PROCESS；
END BHV；
ENTITY OR_3 IS ——三输入或门的实体
PORT (D,E,F: IN BIT ;
G : OUT BIT）；
```

```
END OR_3；
ARCHITECTURE BHV OF OR_3 IS ――三输入或门的结构体
BEGIN
OR3：PROCESS(D, E, F)
BEGIN
G <= D OR E OR F；
END PROCESS；
END BHV；
ARCHITECTURE FWM OF BJQ1 IS
SIGNAL T1，T2，T3：BIT；
COMPONENT AND_2 ――二输入与门元件
PORT(A,B：IN BIT；
C：OUT BIT)；
END COMPONENT；
COMPONENT OR_3 ――三输入或门元件
PORT(D,E,F：IN BIT；
G：OUT BIT)；
END COMPONENT；
BEGIN
U0：AND_2 PORT MAP ( A => A, B => B, C => T1)；
U1：AND_2 PORT MAP ( A => B, B => C, C => T2)；
U2：AND_2 PORT MAP ( A => A, B => C, C => T3)；
U3：OR_3 PORT MAP ( D => T1, E => T2, F => T3, G => Y)；
END FWM；
```

采用结构描述的三人表决器仿真波形如图14-7所示。

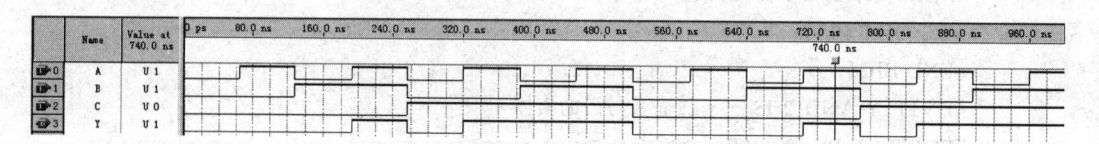

图14-7 采用结构描述的三人表决器仿真波形

14.3　4输入8位数据选择器

多路数据选择器又称多路数据复用器。它是一种数据开关，可以从 n 个数据源中选一个数据，连接到其输出端。

14.3.1　采用 PROCESS—CASE 语句表达多路数据选择器

多路数据选择器电路的源程序如下所示：

```
LIBRARY IEEE；
```

```
USE IEEE.STD_LOGIC_1164.ALL;
ENTITY XZQ IS
PORT(A,B,C,D:IN STD_LOGIC_VECTOR( 7 DOWNTO 0);
SEL :IN STD_LOGIC_VECTOR( 1 DOWNTO 0);
Y: OUT STD_LOGIC_VECTOR(7 DOWNTO 0));
END XZQ;
ARCHITECTURE FWM OF XZQ IS
BEGIN
PROCESS(SEL,A,B,C,D)
BEGIN
CASE SEL IS
WHEN "00" =>Y<=A;
WHEN "01" =>Y<=B;
WHEN "10" =>Y<=C;
WHEN "11" =>Y<=D;
WHEN OTHERS =>Y<=(OTHERS =>'U');
END CASE;
END PROCESS;
END FWM;
```

多路数据选择器电路的仿真波形如图 14-8 所示。

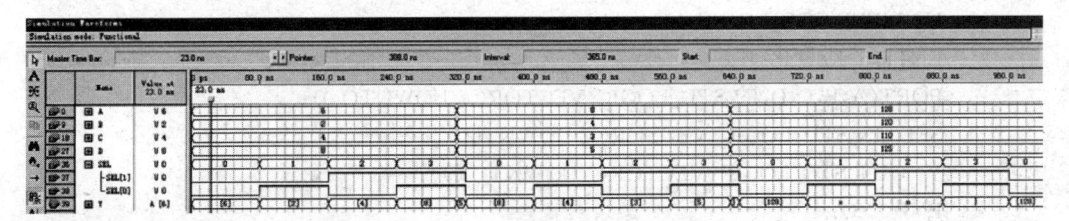

图 14-8 多路数据选择器电路的仿真波形

14.3.2 采用 WITH—SELECT—WHEN 语句表达多路数据选择器

多路数据选择器电路的源程序如下所示：

```
LIBRARY IEEE;
USE IEEE.STD_LOGIC_1164.ALL;
ENTITY XZQ IS
PORT(A,B,C,D:IN STD_LOGIC_VECTOR( 7 DOWNTO 0);
SEL :IN STD_LOGIC_VECTOR( 1 DOWNTO 0);
Y: OUT STD_LOGIC_VECTOR(7 DOWNTO 0));
END XZQ;
ARCHITECTURE FWM OF XZQ IS
BEGIN
WITH SEL SELECT Y<=
```

```
                A WHEN "00",
                B WHEN "01",
                C WHEN "10",
                D WHEN "11",
                (OTHERS => 'U') WHEN OTHERS;
                END FWM;
```

多路数据选择器电路的仿真波形如图 14-9 所示。

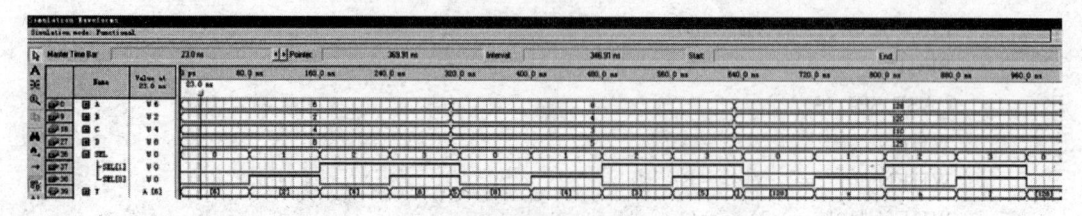

图 14-9 多路数据选择器电路的仿真波形

14.3.3 用 PROCESS—CASE 语句表达非标准的 4 输入 8 位数据选择器

非标准的 4 输入 8 位数据选择器电路的源程序如下所示：

```
        LIBRARY IEEE;
        USE IEEE.STD_LOGIC_1164.ALL;
        ENTITY XZQ IS
        PORT(A,B,C,D:IN STD_LOGIC_VECTOR( 7 DOWNTO 0);
        SEL :IN STD_LOGIC_VECTOR( 2 DOWNTO 0);
        Y: OUT STD_LOGIC_VECTOR(7 DOWNTO 0));
        END XZQ;
        ARCHITECTURE FWM OF XZQ IS
        BEGIN
        PROCESS(SEL,A,B,C,D)
        BEGIN
        CASE SEL IS
        WHEN "000"|"010"|"100"|"110" =>Y<=A;
        WHEN "001"|"111" =>Y<=B;
        WHEN "011" =>Y<=C;
        WHEN "101" =>Y<=D;
        WHEN OTHERS =>Y <=(OTHERS => 'U');
        END CASE;
        END PROCESS;
        END FWM;
```

非标准的 4 输入 8 位数据选择器电路的仿真波形如图 14-10 所示。

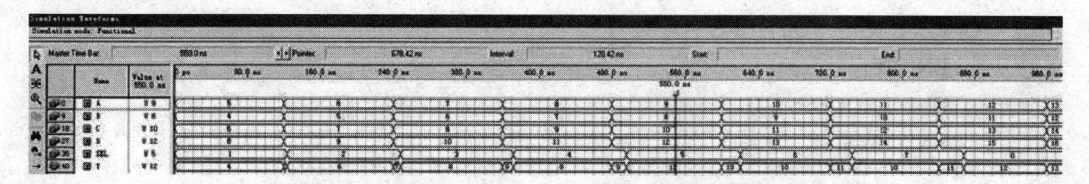

图 14-10　非标准的 4 输入 8 位数据选择器电路的仿真波形

14.3.4　用 PROCESS：IF—THEN—ELSE—ENDIF 语句表达 4 个 8 位三态门

4 个 8 位三态门电路的源程序如下所示：

```
LIBRARY IEEE;
USE IEEE.STD_LOGIC_1164.ALL;
ENTITY STM IS
PORT(EN:IN STD_LOGIC;
SEL :IN STD_LOGIC_VECTOR(1 DOWNTO 0);
A,B,C,D:IN STD_LOGIC_VECTOR( 1 TO 8);
X:OUT STD_LOGIC_VECTOR( 1 TO 8));
END STM;
ARCHITECTURE FWM OF STM IS
BEGIN
U1：PROCESS(EN,SEL,A)
BEGIN
IF EN='0' AND SEL="00" THEN X<=A;
ELSE X<=(OTHERS =>'Z');  -- (OTHERS =>'Z')=="ZZZZZZZZ"
END IF;
END PROCESS U1;
U2:PROCESS(EN,SEL,B)
BEGIN
IF EN='0' AND SEL="01" THEN X<=B;
ELSE X<=(OTHERS =>'Z');
END IF;
END PROCESS U2;
U3:PROCESS(EN,SEL,C)
BEGIN
IF EN='0' AND SEL="10" THEN X<=C;
ELSE X<=(OTHERS =>'Z');
END IF;
END PROCESS U3;
U4:PROCESS(EN,SEL,D)
BEGIN
IF EN='0' AND SEL="11" THEN X<=D;
```

　　　　ELSE X<=(OTHERS =>'Z');
　　　END IF;
　　END PROCESS U4;
　END FWM;

4个8位三态门电路的仿真波形如图14-11所示。

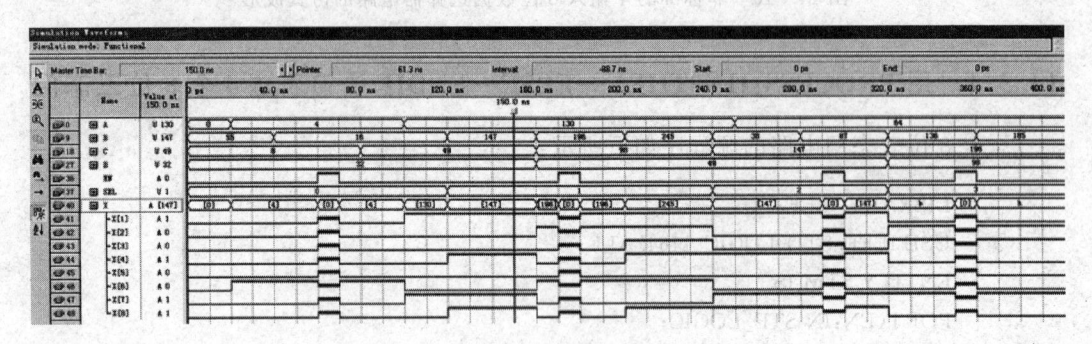

图14-11　4个8位三态门电路的仿真波形

第 15 章　常用时序逻辑电路的 VHDL 设计

常用时序逻辑电路主要包括触发器、寄存器、计数器、分频器和存储器等。它们都是构成复杂数字电路与系统的基础。

15.1　D 触发器

在触发器中最简单、最常用，并最具代表性的时序电路是 D 触发器，它是现代数字系统设计中最基本的时序单元和底层元件。D 触发器的描述包含了 VHDL 对时序电路的最基本和典型的表达方式，同时也包含了 VHDL 中许多最具特色的语言现象。

1. 简单 D 触发器电路

采用赋值语句描述简单 D 触发器电路源程序如下所示：

```
LIBRARY IEEE;
USE IEEE.STD_LOGIC_1164.ALL;
ENTITY dff_1 IS
PORT(clk,d : IN STD_LOGIC;
q :OUT STD_LOGIC);――定义 q 为输出端口
END dff_1;
ARCHITECTURE fwm OF dff_1 IS
SIGNAL q_tmp :STD_LOGIC;
BEGIN
q_tmp<= d WHEN(RISING_EDGE(clk)) ELSE q_tmp;――时钟上升边沿描述
q<= q_tmp;
END fwm;
```

简单 D 触发器电路的仿真波形如图 15-1 所示。

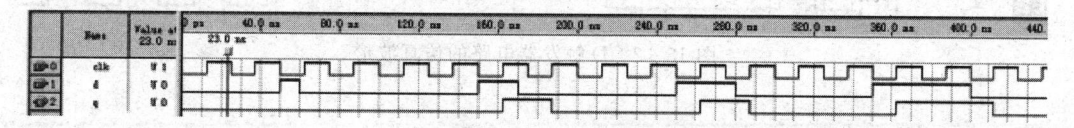

图 15-1　简单 D 触发器电路的仿真波形

2. 采用 PROCESS：IF—THEN—ENDIF 语句描述带清零置数端的 D 触发器电路

D 触发器电路源程序如下所示：

```
LIBRARY IEEE;
```

· 211 ·

```
USE IEEE.STD_LOGIC_1164.ALL;
ENTITY DFF1 IS
PORT(D,CLK,RST,SET :IN STD_LOGIC;
Q,QN :OUT STD_LOGIC);
END DFF1;
ARCHITECTURE FWM OF DFF1 IS
SIGNAL Q_TMP,QN_TMP:STD_LOGIC;
BEGINPROCESS(CLK,RST,SET,Q_TMP,QN_TMP)
BEGIN
IF RST='0' AND SET='1' THEN
Q_TMP<='0';
QN_TMP<='1';
ELSIF RST='1' AND SET='0' THEN
Q_TMP<='1';
QN_TMP<='0';
ELSIF RST='1' AND SET='1' THEN
Q_TMP<=Q_TMP;
QN_TMP<=QN_TMP;
ELSIF CLK'EVENT AND CLK='1' THEN
Q_TMP<=D;
QN_TMP<=NOT D;
END IF;
END PROCESS;
Q<=Q_TMP;
QN<=QN_TMP;
END FWM;
```

D 触发器电路的仿真波形如图 15-2 所示。

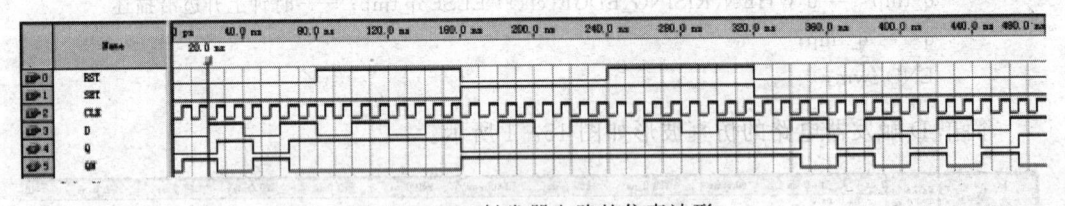

图 15-2 D 触发器电路的仿真波形

15.2 寄 存 器

寄存器是时序电路的基本模块之一。寄存器按其功能特点一般可分为数码寄存器和移位寄存器。数码寄存器可用来存放一组二进制代码,移位寄存器具有存储代码和移位的功能。

这里采用 PROCESS：IF—THEN—ENDIF 语句描述 8 位左移移位寄存器电路。
8 位左移移位寄存器电路源程序如下所示：

```
LIBRARY IEEE;
USE IEEE.STD_LOGIC_1164.ALL;
USE IEEE.STD_LOGIC_UNSIGNED.ALL;
ENTITY YWJCQ IS
PORT ( CLK : IN STD_LOGIC;
RST:IN STD_LOGIC;
DIN : IN STD_LOGIC;
QB : OUT STD_LOGIC_VECTOR (7 DOWNTO 0));
END YWJCQ;
ARCHITECTURE FWM OF YWJCQ IS
BEGIN
PROCESS (CLK,RST,DIN)
VARIABLE REG8 : STD_LOGIC_VECTOR (7 DOWNTO 0);
BEGIN
IF RST='0' THEN REG8:="00000000";ELSIF CLK'EVENT AND CLK = '1' THEN
REG8 (7 DOWNTO 1) := REG8 (6 DOWNTO 0);
REG8(0) := DIN;
END IF;
QB <= REG8;
END PROCESS;
END FWM;
```

8 位左移移位寄存器电路的仿真波形如图 15-3 所示。

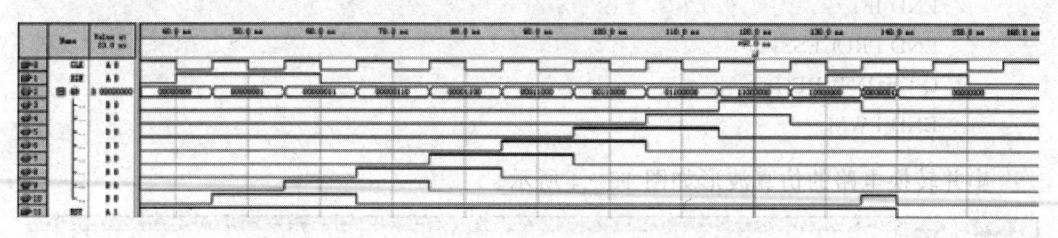

图 15-3 8 位左移移位寄存器电路的仿真波形

15.3 串 并 转 换

串并转换是在时钟的驱动下，将单比特的位数据流输入寄存器，并依次逐位移动，直到寄存器满了为止，然后直接读取并行的输出。

串并转换电路源程序如下所示：

```
LIBRARY IEEE;
```

· 213 ·

```vhdl
USE IEEE.STD_LOGIC_1164.ALL;
USE IEEE.STD_LOGIC_UNSIGNED.ALL;
ENTITY CBZH IS
GENERIC (N: POSITIVE :=8);
PORT(CLK,RST,DI : IN STD_LOGIC;
Q:OUT STD_LOGIC_VECTOR( (N-1) DOWNTO 0));
END CBZH;
ARCHITECTURE FWM OF CBZH IS
SIGNAL INT_REG:STD_LOGIC_VECTOR((N-1) DOWNTO 0);
SIGNAL INDEX : INTEGER :=0;
BEGIN
PROCESS
BEGIN
WAIT UNTIL RISING_EDGE (CLK);
IF RST ='0'THEN
INT_REG<="00000000";
INDEX<=0;
ELSE
INT_REG(INDEX)<=DI;
IF INDEX =7 THEN
INDEX<=0;
ELSE
INDEX<=INDEX+1;
END IF;
END IF;
END PROCESS;
Q<=INT_REG;
END FWM;
```

串并转换电路的仿真波形如图 15-4 所示。

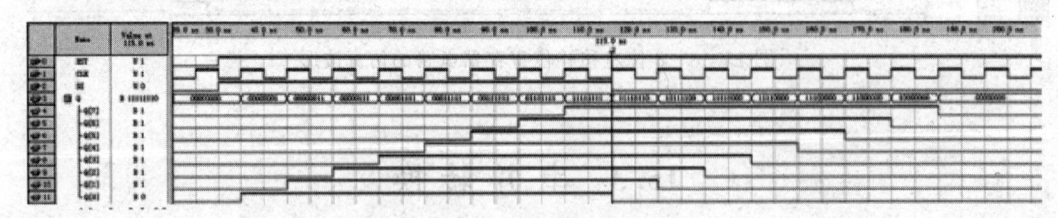

图 15-4 串并转换电路的仿真波形

15.4 并串转换

并串转换包含两个阶段：第一阶段是载入并行数据；第二阶段是寄存器内的数据在

时钟的驱动下逐位移出。

并串转换电路源程序如下所示：

```vhdl
LIBRARY IEEE;
USE IEEE.STD_LOGIC_1164.ALL;
USE IEEE.STD_LOGIC_UNSIGNED.ALL;
ENTITY BCZH IS
GENERIC (N: POSITIVE :=8);
PORT(CLK,LOAD : IN STD_LOGIC;
Q:IN STD_LOGIC_VECTOR( (N-1) DOWNTO 0);
DO : OUT STD_LOGIC);
END BCZH;
ARCHITECTURE FWM OF BCZH IS
SIGNAL INT_REG:STD_LOGIC_VECTOR((N-1) DOWNTO 0);
SIGNAL INDEX : INTEGER :=0;
BEGIN
PROCESS
BEGIN
WAIT UNTIL RISING_EDGE (CLK);IF LOAD ='0'THEN
INT_REG<=Q;
INDEX<=0;
ELSE
DO<=INT_REG(INDEX);
IF INDEX =7 THEN
INDEX<=0;
ELSE
INDEX<=INDEX+1;
END IF;
END IF;
END PROCESS;
END FWM;
```

并串转换电路的仿真波形如图15-5所示。

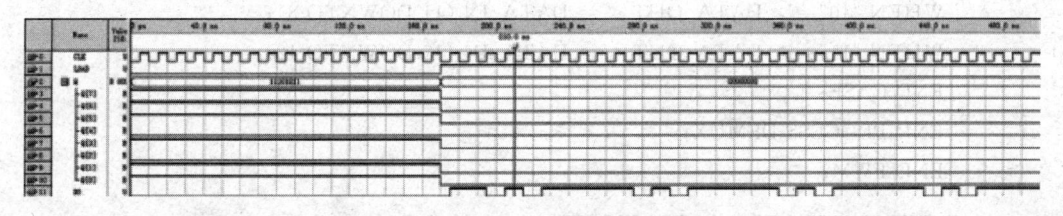

图15-5 并串转换电路的仿真波形

15.5 16位数据选通器

16位数据选通器的外部接口如图15-6所示。其中DATA_IN为16位数据输入,SEL为当前需要选通的地址,DATA_OUT是选通器的4位输出。

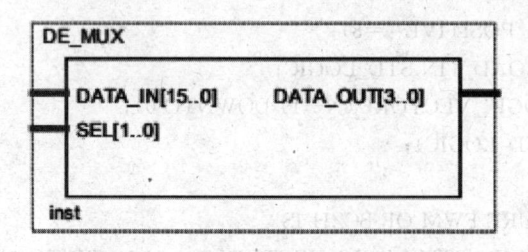

图15-6 16位数据选通器的外部接口

16位数据选通器电路源程序如下所示:

```
LIBRARY IEEE;
USE IEEE.STD_LOGIC_1164.ALL;
USE IEEE.STD_LOGIC_UNSIGNED.ALL;
ENTITY DE_MUX IS
PORT(DATA_IN:IN STD_LOGIC_VECTOR(15 DOWNTO 0);
SEL:IN STD_LOGIC_VECTOR(1 DOWNTO 0);
DATA_OUT :OUT STD_LOGIC_VECTOR(3 DOWNTO 0));
END DE_MUX;
ARCHITECTURE FWM OF DE_MUX IS
BEGIN
DEMUX:PROCESS(DATA_IN,SEL)
BEGIN
CASE SEL IS
WHEN "00"=> DATA_OUT <= DATA_IN (3 DOWNTO 0);
WHEN "01"=> DATA_OUT <= DATA_IN (7 DOWNTO 4);
WHEN "10"=> DATA_OUT <= DATA_IN (11 DOWNTO 8);
WHEN "11"=> DATA_OUT <= DATA_IN (15 DOWNTO 12);
END CASE;
END PROCESS DEMUX;
END FWM;
```

16位数据选通器电路的仿真波形如图15-7所示。

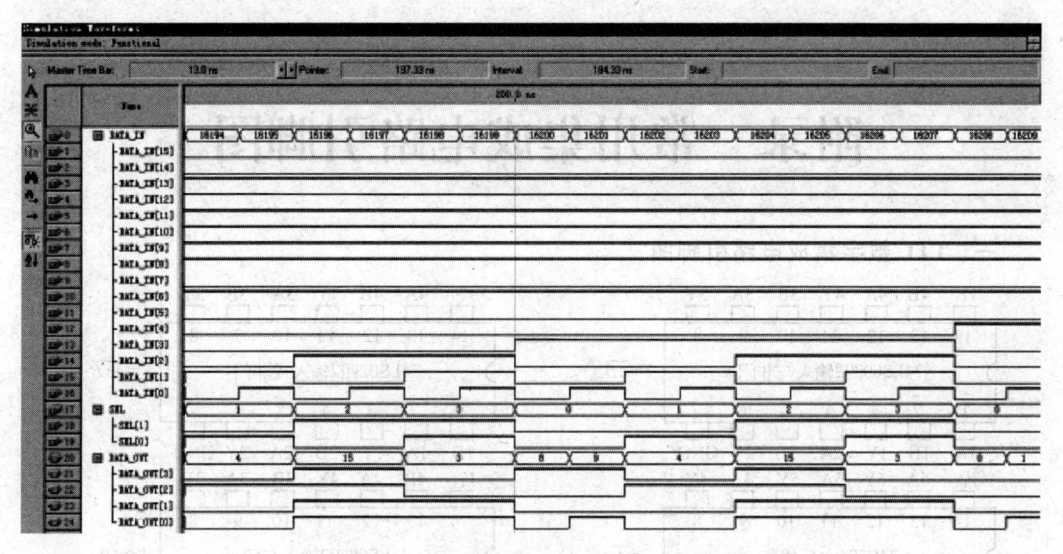

图 15-7 十六位数据选通器电路的仿真波形

附录　常用集成电路引脚图

一、TTL 数字集成电路引脚图

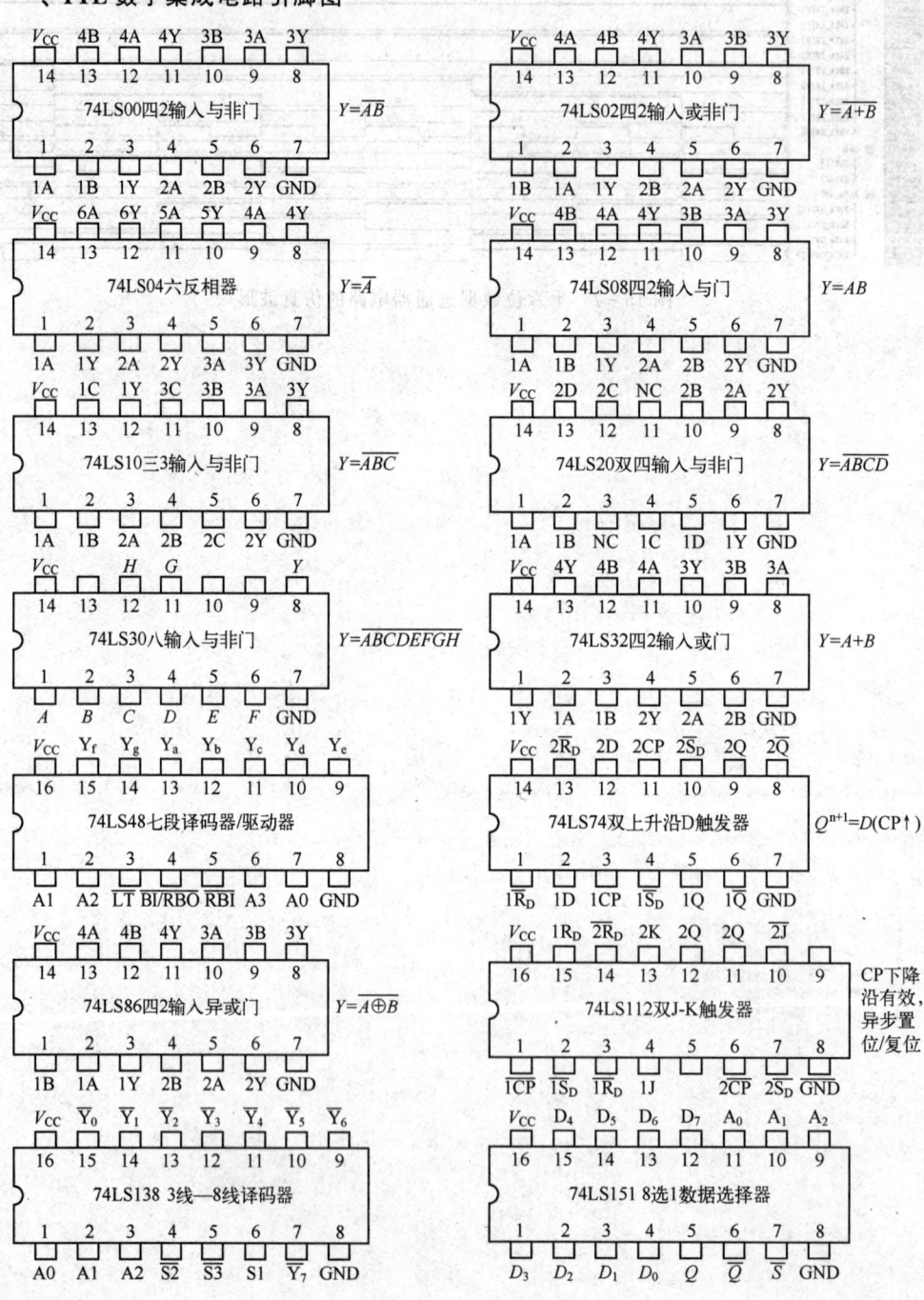

74LS00 四2输入与非门　　$Y=\overline{AB}$

74LS02 四2输入或非门　　$Y=\overline{A+B}$

74LS04 六反相器　　$Y=\overline{A}$

74LS08 四2输入与门　　$Y=AB$

74LS10 三3输入与非门　　$Y=\overline{ABC}$

74LS20 双四输入与非门　　$Y=\overline{ABCD}$

74LS30 八输入与非门　　$Y=\overline{ABCDEFGH}$

74LS32 四2输入或门　　$Y=A+B$

74LS48 七段译码器/驱动器

74LS74 双上升沿D触发器　　$Q^{n+1}=D(CP\uparrow)$

74LS86 四2输入异或门　　$Y=A\oplus B$

74LS112 双J-K触发器　　CP下降沿有效，异步置位/复位

74LS138 3线—8线译码器

74LS151 8选1数据选择器

74LS153双4选1数据选择器
引脚（16-9）: V_{CC}, $2\overline{ST}$, A0, 2D3, 2D2, 2D1, 2D0, 2Y
引脚（1-8）: $1\overline{ST}$, A1, 1D3, 1D2, 1D1, 1D0, 1Y, GND

74LS157四2选1数据选择器
引脚（16-9）: V_{CC}, $\overline{ST}$, 4D0, 4D1, 4Y, 3D0, 3D1, 3Y
引脚（1-8）: A, 1D0, 1D1, 1Y, 2D0, 2D1, 2Y, GND

74LS244 8缓冲器/线驱动器
引脚（20-11）: V_{CC}, $\overline{2G}$, 1Y1, 2A4, 1Y2, 2A3, 1Y3, 2A2, 1Y4, 2A1
引脚（1-10）: $\overline{1G}$, 1A1, 2Y4, 1A2, 2Y3, 1A3, 2Y2, 1A4, 2Y1, GND

74LS160十进制同步计数器
引脚（16-9）: V_{CC}, CO, Q0, Q1, Q2, Q3, CT_T, $\overline{LD}$
引脚（1-8）: $\overline{CR}$, CP, D0, D1, D2, D3, CT_P, GND

74LS245 3态输出8总线收发器
引脚（20-11）: V_{CC}, $\overline{G}$, B1, B2, B3, B4, B5, B6, B7, B8
引脚（1-10）: DIR, A1, A2, A3, A4, A5, A6, A7, A8, GND

74LS161 4位二进制同步加计数器
引脚（16-9）: V_{CC}, CO, Q0, Q1, Q2, Q3, CT_T, LD
引脚（1-8）: $\overline{CR}$, CP, D0, D1, D2, D3, CT_P, GND

74LS273 8D触发器
引脚（20-11）: V_{CC}, 8Q, 8D, 7D, 7Q, 6Q, 6D, 5D, 5Q, CP
引脚（1-10）: $\overline{R_0}$, 1Q, 1D, 2D, 2Q, 3Q, 3D, 4D, 4Q, GND

74LS164 8位移位寄存器
引脚（14-8）: V_{CC}, Q_H, Q_G, Q_F, Q_E, $\overline{R_D}$, CP
引脚（1-7）: A, B, Q_A, Q_B, Q_C, Q_D, GND

74LS373 8D锁存器/触发器
引脚（20-11）: V_{CC}, 8Q, 8D, 7D, 7Q, 6Q, 6D, 5D, 5Q, LE
引脚（1-10）: $\overline{EN}$, 1Q, 1D, 2D, 2Q, 3Q, 3D, 4D, 4Q, GND

74LS175四D触发器
引脚（16-9）: V_{CC}, 4Q, $4\overline{Q}$, 4D, 3D, $3\overline{Q}$, 3Q, $\overline{CP}$
引脚（1-8）: $\overline{CR}$, 1Q, $1\overline{Q}$, 1D, 2D, $2\overline{Q}$, 2Q, GND

74LS194四位双向移位寄存器
引脚（16-9）: V_{CC}, Q0, Q1, Q2, Q3, CP, S_1, S_0
引脚（1-8）: $\overline{CP}$, S_R, D0, D1, D2, D3, S_L, GND

74LS193二进制可预置数加/减计数器
引脚（16-9）: V_{CC}, D_0, CR, $\overline{BO}$, $\overline{CO}$, $\overline{LD}$, D_2, D_3
引脚（1-8）: D_1, Q_1, Q_0, CP_D, CP_U, Q_2, Q_3, GND

二、CMOS集成电路引脚图

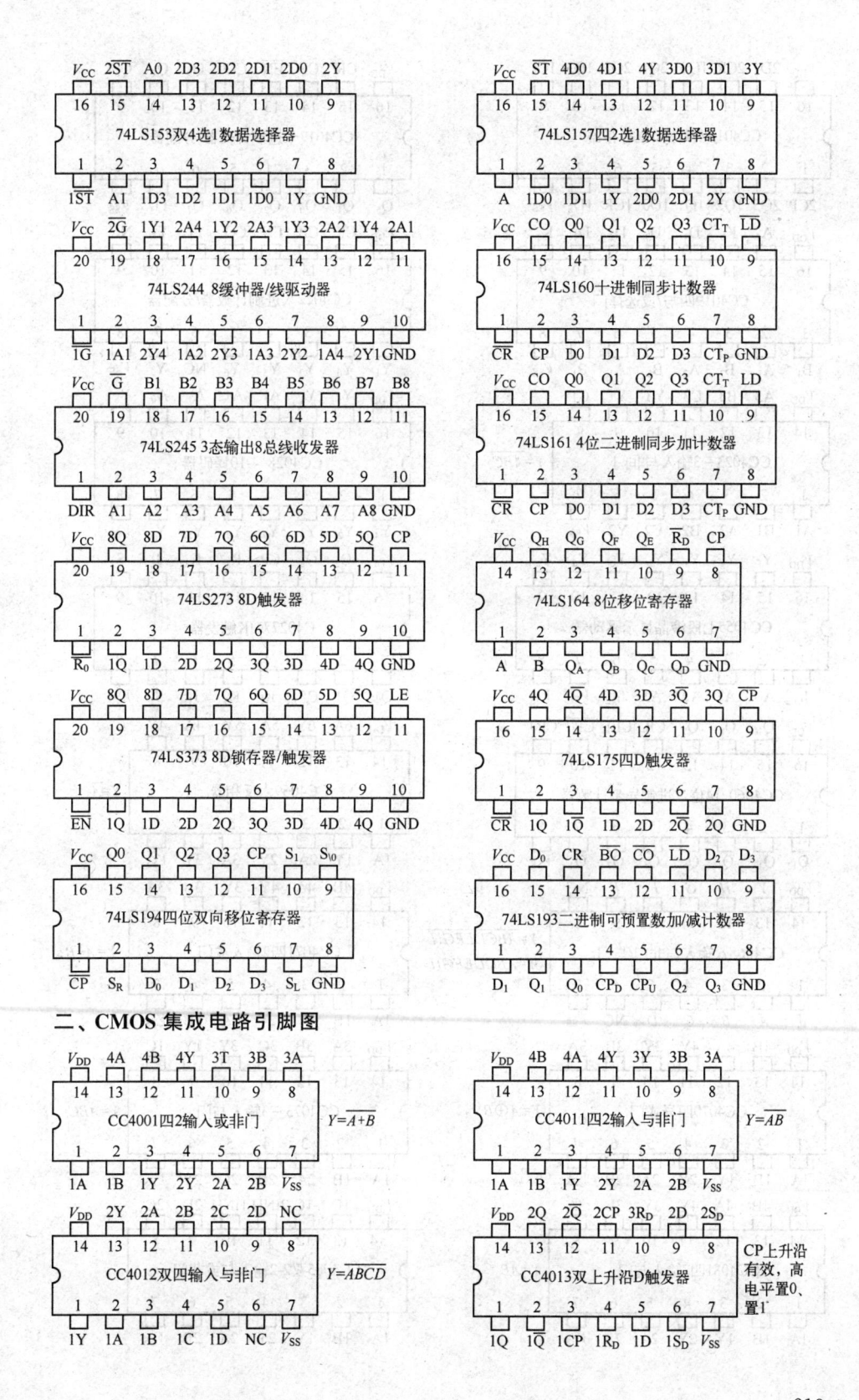

CC4001四2输入或非门 $Y=\overline{A+B}$
引脚（14-8）: V_{DD}, 4A, 4B, 4Y, 3T, 3B, 3A
引脚（1-7）: 1A, 1B, 1Y, 2Y, 2A, 2B, V_{SS}

CC4011四2输入与非门 $Y=\overline{AB}$
引脚（14-8）: V_{DD}, 4B, 4A, 4Y, 3Y, 3B, 3A
引脚（1-7）: 1A, 1B, 1Y, 2Y, 2A, 2B, V_{SS}

CC4012双四输入与非门 $Y=\overline{ABCD}$
引脚（14-8）: V_{DD}, 2Y, 2A, 2B, 2C, 2D, NC
引脚（1-7）: 1Y, 1A, 1B, 1C, 1D, NC, V_{SS}

CC4013双上升沿D触发器
引脚（14-8）: V_{DD}, 2Q, $2\overline{Q}$, 2CP, $3R_D$, 2D, $2S_D$
引脚（1-7）: 1Q, $1\overline{Q}$, 1CP, $1R_D$, 1D, $1S_D$, V_{SS}

CP上升沿有效，高电平置0、置1

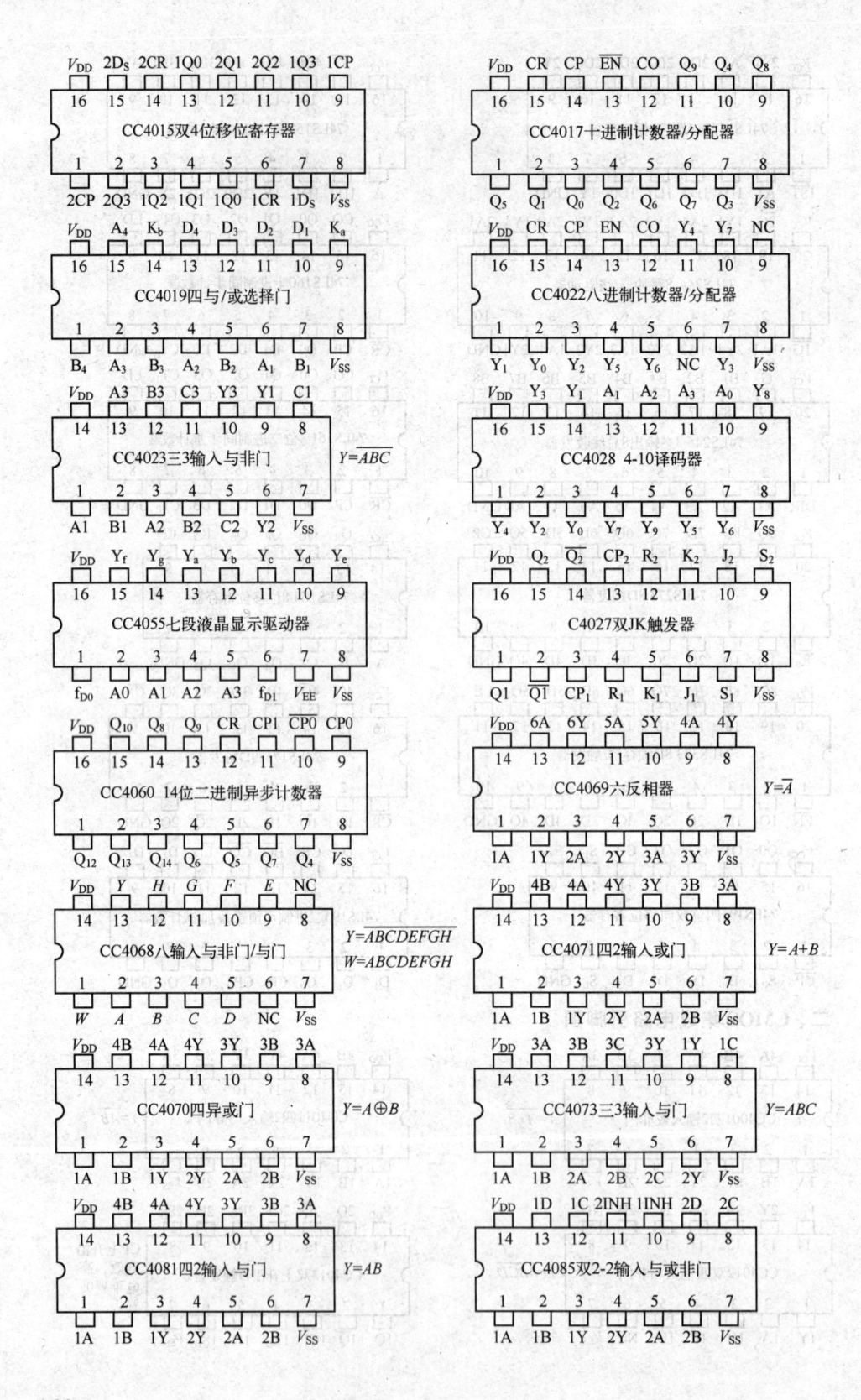

引脚	16	15	14	13	12	11	10	9
上	V_{DD}	2D$_S$	2CR	1Q0	2Q1	2Q2	1Q3	1CP

CC4015 双4位移位寄存器

引脚	1	2	3	4	5	6	7	8
下	2CP	2Q3	1Q2	1Q1	1Q0	1CR	1D$_S$	V_{SS}

引脚	16	15	14	13	12	11	10	9
上	V_{DD}	CR	CP	$\overline{EN}$	CO	Q_9	Q_4	Q_8

CC4017 十进制计数器/分配器

引脚	1	2	3	4	5	6	7	8
下	Q_5	Q_1	Q_0	Q_2	Q_6	Q_7	Q_3	V_{SS}

引脚	16	15	14	13	12	11	10	9
上	V_{DD}	A_4	K_b	D_4	D_3	D_2	D_1	K_a

CC4019 四与/或选择门

引脚	1	2	3	4	5	6	7	8
下	B_4	A_3	B_3	A_2	B_2	A_1	B_1	V_{SS}

引脚	16	15	14	13	12	11	10	9
上	V_{DD}	CR	CP	EN	CO	Y_4	Y_7	NC

CC4022 八进制计数器/分配器

引脚	1	2	3	4	5	6	7	8
下	Y_1	Y_0	Y_2	Y_5	Y_6	NC	Y_3	V_{SS}

引脚	14	13	12	11	10	9	8
上	V_{DD}	A3	B3	C3	Y3	Y1	C1

CC4023 三3输入与非门 $Y=\overline{ABC}$

引脚	1	2	3	4	5	6	7
下	A1	B1	A2	B2	C2	Y2	V_{SS}

引脚	16	15	14	13	12	11	10	9
上	V_{DD}	Y_3	Y_1	A_1	A_2	A_3	A_0	Y_8

CC4028 4-10译码器

引脚	1	2	3	4	5	6	7	8
下	Y_4	Y_2	Y_0	Y_7	Y_9	Y_5	Y_6	V_{SS}

引脚	16	15	14	13	12	11	10	9
上	V_{DD}	Y_f	Y_g	Y_a	Y_b	Y_c	Y_d	Y_e

CC4055 七段液晶显示驱动器

引脚	1	2	3	4	5	6	7	8
下	f_{D0}	A0	A1	A2	A3	f_{D1}	V_{EE}	V_{SS}

引脚	16	15	14	13	12	11	10	9
上	V_{DD}	Q_2	$\overline{Q_2}$	CP_2	R_2	K_2	J_2	S_2

C4027 双JK触发器

引脚	1	2	3	4	5	6	7	8
下	Q1	$\overline{Q1}$	CP_1	R_1	K_1	J_1	S_1	V_{SS}

引脚	16	15	14	13	12	11	10	9
上	V_{DD}	Q_{10}	Q_8	Q_9	CR	CP1	$\overline{CP0}$	CP0

CC4060 14位二进制异步计数器

引脚	1	2	3	4	5	6	7	8
下	Q_{12}	Q_{13}	Q_{14}	Q_6	Q_5	Q_7	Q_4	V_{SS}

引脚	14	13	12	11	10	9	8
上	V_{DD}	6A	6Y	5A	5Y	4A	4Y

CC4069 六反相器 $Y=\overline{A}$

引脚	1	2	3	4	5	6	7
下	1A	1Y	2A	2Y	3A	3Y	V_{SS}

引脚	14	13	12	11	10	9	8
上	V_{DD}	Y	H	G	F	E	NC

CC4068 八输入与非门/与门 $Y=\overline{ABCDEFGH}$ $W=ABCDEFGH$

引脚	1	2	3	4	5	6	7
下	W	A	B	C	D	NC	V_{SS}

引脚	14	13	12	11	10	9	8
上	V_{DD}	4B	4A	4Y	3Y	3B	3A

CC4071 四2输入或门 $Y=A+B$

引脚	1	2	3	4	5	6	7
下	1A	1B	1Y	2Y	2A	2B	V_{SS}

引脚	14	13	12	11	10	9	8
上	V_{DD}	4B	4A	4Y	3Y	3B	3A

CC4070 四异或门 $Y=A\oplus B$

引脚	1	2	3	4	5	6	7
下	1A	1B	1Y	2Y	2A	2B	V_{SS}

引脚	14	13	12	11	10	9	8
上	V_{DD}	3A	3B	3C	3Y	1Y	1C

CC4073 三3输入与门 $Y=ABC$

引脚	1	2	3	4	5	6	7
下	1A	1B	2A	2B	2C	2Y	V_{SS}

引脚	14	13	12	11	10	9	8
上	V_{DD}	4B	4A	4Y	3Y	3B	3A

CC4081 四2输入与门 $Y=AB$

引脚	1	2	3	4	5	6	7
下	1A	1B	1Y	2Y	2A	2B	V_{SS}

引脚	14	13	12	11	10	9	8
上	V_{DD}	1D	1C	2INH	1INH	2D	2C

CC4085 双2-2输入与或非门

引脚	1	2	3	4	5	6	7
下	1A	1B	1Y	2Y	2A	2B	V_{SS}

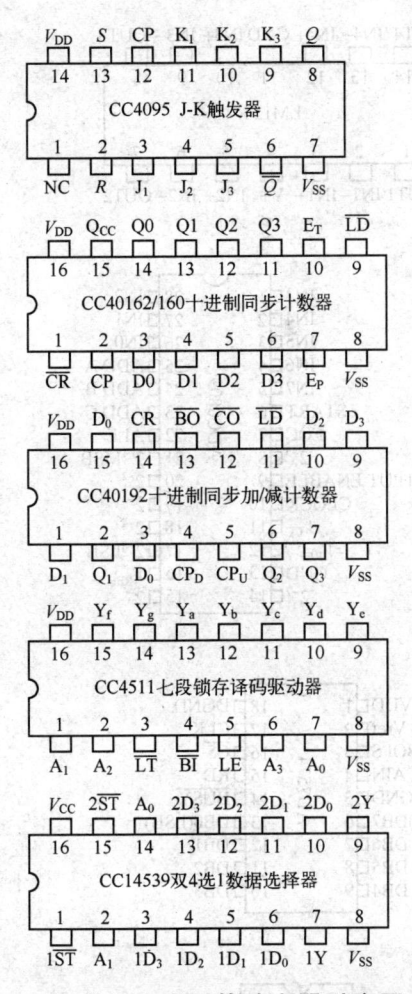

三、常用集成正算放大器引脚图

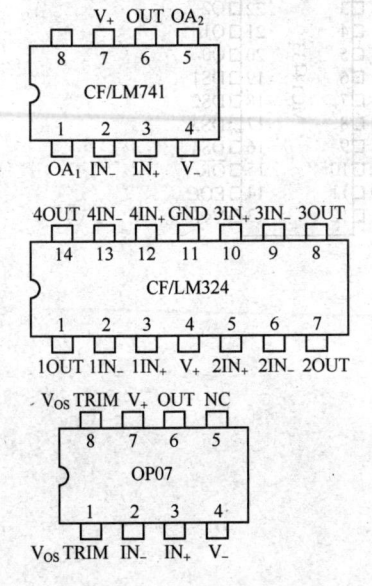

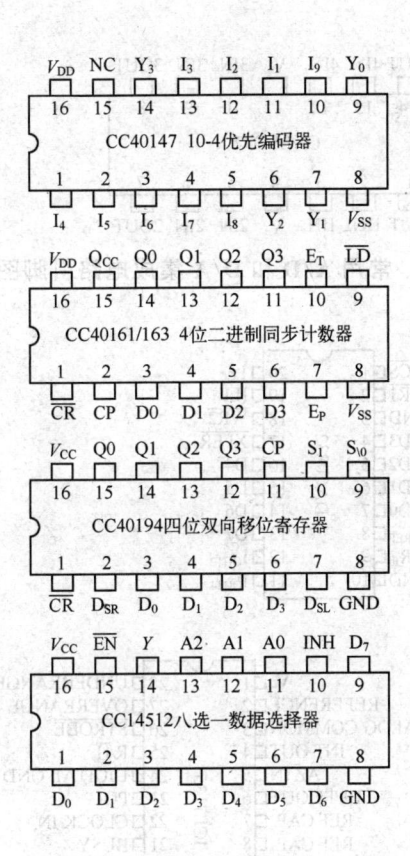

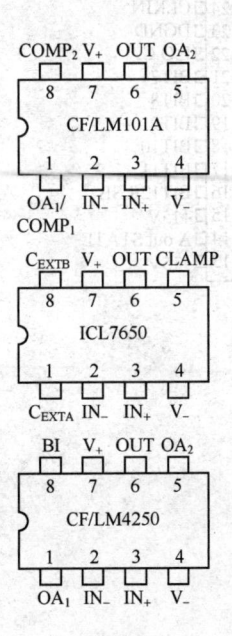

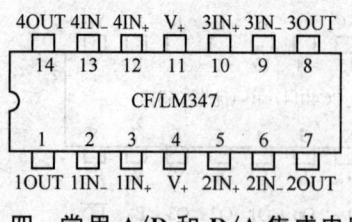

CF/LM347 (14脚)

脚号	14	13	12	11	10	9	8
名称	4OUT	4IN-	4IN+	V+	3IN+	3IN-	3OUT

脚号	1	2	3	4	5	6	7
名称	1OUT	1IN-	1IN+	V-	2IN+	2IN-	2OUT

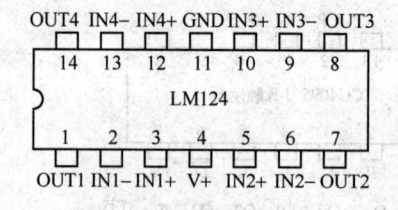

LM124 (14脚)

脚号	14	13	12	11	10	9	8
名称	OUT4	IN4-	IN4+	GND	IN3+	IN3-	OUT3

脚号	1	2	3	4	5	6	7
名称	OUT1	IN1-	IN1+	V+	IN2+	IN2-	OUT2

四、常用 A/D 和 D/A 集成电路引脚图

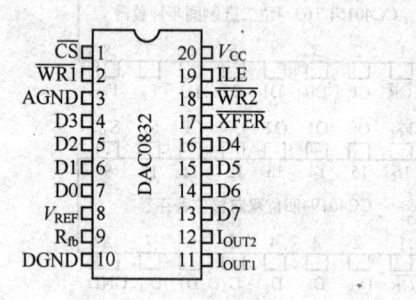

DAC0832

脚	名称	脚	名称
1	$\overline{CS}$	20	V_{CC}
2	$\overline{WR1}$	19	ILE
3	AGND	18	$\overline{WR2}$
4	D3	17	$\overline{XFER}$
5	D2	16	D4
6	D1	15	D5
7	D0	14	D6
8	V_{REF}	13	D7
9	R_{fb}	12	I_{OUT2}
10	DGND	11	I_{OUT1}

ADC0809

脚	名称	脚	名称
1	IN3	28	IN2
2	IN4	27	IN1
3	IN5	26	IN0
4	IN6	25	ADD A
5	IN7	24	ADD B
6	START	23	ADD C
7	EOC	22	ALE
8	2^{-5}	21	2^{-1} MSB
9	OUTPUT ENABLE	20	2^{-2}
10	CLOCK	19	2^{-3}
11	V_{CC}	18	2^{-4}
12	$V_{REF}^{(+)}$	17	2^{-8} LSB
13	GND	16	$V_{REF}^{(-)}$
14	2^{-7}	15	2^{-6}

ICL7135

脚	名称	脚	名称
1	V-	28	UNDERRANGE
2	REFERENCE	27	OVERRANGE
3	ANALOG COMMON	26	$\overline{STROBE}$
4	INT OUT	25	R/$\overline{H}$
5	AZ IN	24	DIGITAL GND
6	BUFF OUT	23	POL
7	REF CAP-	22	CLOCK IN
8	REF CAP+	21	BUSY
9	IN LO	20	(LSD)D1
10	IN HI	19	D2
11	V+	18	D3
12	(MAD)D5	17	D4
13	(LSB)B1	16	(MSB)B8
14	B2	15	B4

AD7574

脚	名称	脚	名称
1	VDD	18	DGND
2	Vref	17	CLK
3	BOFS	16	$\overline{CS}$
4	AIN	15	$\overline{RD}$
5	AGND	14	$\overline{BUSY}$
6	(SB)DB7	13	DB0(LSB)
7	DB6	12	DB1
8	DB5	11	DB2
9	DB4	10	DB3

AD5210

脚	名称	脚	名称
1	Start conv	24	CLKIN
2	+5V	23	DGND
3	Series out	22	E.O.C
4	BIT6	21	BIT7
5	BIT5	20	BIT8
6	BIT4	19	BIT9
7	BIT3	18	BIT10
8	BIT2	17	BIT11
9	MSB/BIT1	16	BIT12/LSB
10	+15V	15	+15V
11	AGND	14	A out STATE
12	REFIN/OUT	13	-15V

MC14433

脚	名称	脚	名称
1	VA GND	24	VDD
2	VREF	23	Q3
3	Vx	22	Q2
4	R1	21	Q1
5	R1/C1	20	Q0
6	C1	19	DS1
7	C01	18	DS2
8	C02	17	DS3
9	DU	16	DS4
10	CLK1	15	$\overline{OR}$
11	CLK0	14	EOC
12	VEE	13	Vss

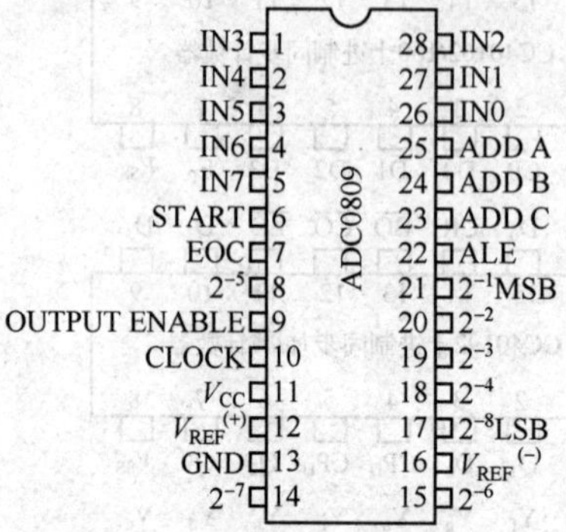

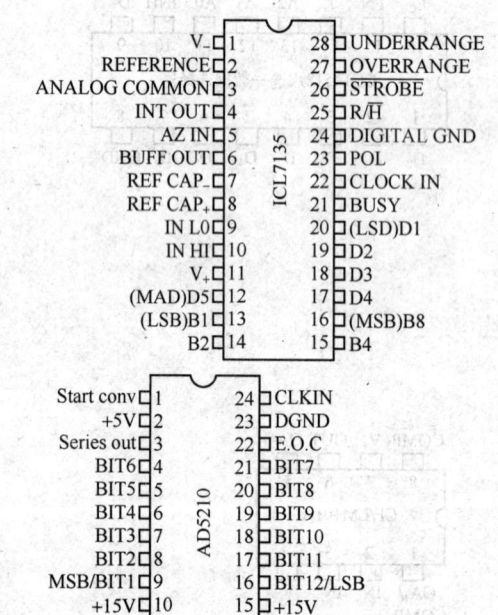

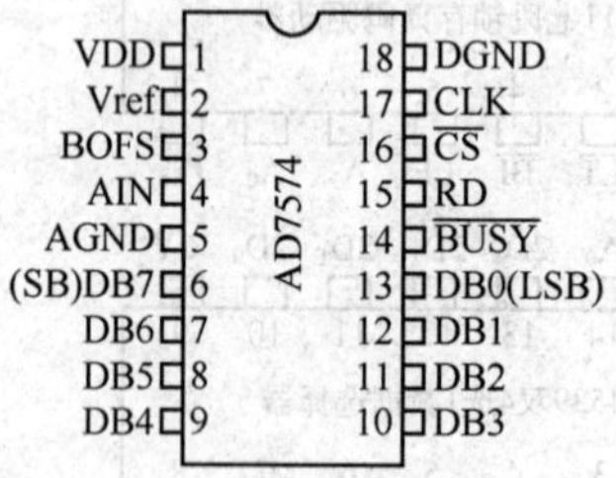

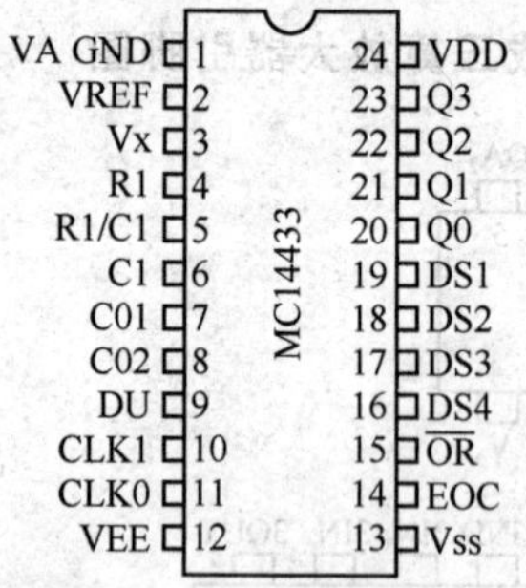

反侵权盗版声明

电子工业出版社依法对本作品享有专有出版权。任何未经权利人书面许可，复制、销售或通过信息网络传播本作品的行为；歪曲、篡改、剽窃本作品的行为，均违反《中华人民共和国著作权法》，其行为人应承担相应的民事责任和行政责任，构成犯罪的，将被依法追究刑事责任。

为了维护市场秩序，保护权利人的合法权益，本社将依法查处和打击侵权盗版的单位和个人。欢迎社会各界人士积极举报侵权盗版行为，本社将奖励举报有功人员，并保证举报人的信息不被泄露。

举报电话：(010) 88254396；(010) 88258888
传　　真：(010) 88254397
E-mail：dbqq@phei.com.cn
通信地址：北京市海淀区万寿路173信箱
　　　　　电子工业出版社总编办公室
邮　　编：100036